R 〈日本複製権センター委託出版物〉

本書を無断で複写複製（コピー）することは，著作権法上の例外を除き，禁じられています．本書をコピーされる場合は，事前に日本複製権センター（電話03-3401-2382）の許諾を受けてください．

日本統計学会公式認定

統計検定データサイエンス発展対応

データサイエンス発展演習

日本統計学会編

まえがき

　急速な社会のデジタル化の進行の中で，仕事や研究の場でデータの存在とその活用への期待が顕在化してきています。その中で，データを扱う基本的な能力として，目的に応じてデータを収集分析し，その結果を正しく解釈して課題解決に繋ぐ技術と思考力が求められています。日本政府においてもAI戦略として，このような能力を有する数理・データサイエンス・AI関連の人材育成を企図して，初等中等から大学等高等教育，企業等での社会人のリスキリング教育に至るまで，体系的な教育改革を強力に押し進めているところです。

　この状況を踏まえ，一般社団法人日本統計学会と一般財団法人統計質保証推進協会では，既にひろく教育機関や企業で活用されている「統計検定」の枠組みの中で，データサイエンス教育の国内外のガイドラインやモデルカリキュラムと学習指導要領に沿ったデータサイエンス人材の質評価の認定を行うため，「データサイエンス基礎」，「データサイエンス発展」，「データサイエンスエキスパート」の３水準の能力評価システムを開発し，試験を実施しています。

　本書は，その中で「データサイエンス発展」の出題範囲に合わせて作成された公式テキストです。データサイエンス発展は，倫理・AI，数理，情報，統計に関する大学教養レベルの問題で構成されており，その出題範囲は，数理・データサイエンス・AI教育強化拠点コンソーシアムが策定・公表したスキルセットおよびモデルカリキュラム（リテラシーレベル）に準拠したものです。データサイエンスの実践においては，数理，情報，統計に関する幅広い知識と，それらの知識を組み合わせて活用する能力が求められます。またデータの扱いやデータ分析から得られた結果の実装においては，倫理的な側面の考慮も必須です。本書はこのような観点からの多様な例題を中心に構成

され，例題を解き基本的事項の説明を理解することによって，試験の準備ができるようになっています。

統計検定の趣旨

日本統計学会が2011年に開始した統計検定の目的の一つは，統計に関する知識や理解を評価し認定する事を通じて，統計的な思考方法を学ぶ機会を提供することにあります。

統計検定の概要（2024年9月現在）

統計検定は以下の種別で構成されています。詳細は統計検定センターのウェブサイトで確認できます。

1級	実社会のさまざまな分野でのデータ解析の遂行
準1級	各種の統計解析法の使い方と解析結果の正しい解釈
2級	大学基礎科目としての統計学の知識と問題解決
3級	データ分析の手法の習得と身近な問題への活用
4級	データ分析の基本の理解と具体的な課題での活用
統計調査士	経済統計に関する基本的知識の習得と利活用
専門統計調査士	統計調査の実施にかかわる専門的知識の修得と調査データの利活用
データサイエンス基礎	問題解決のためのデータ処理と結果の解釈
データサイエンス発展	大学一般レベルのデータサイエンスのスキルの修得
データサイエンスエキスパート	データサイエンスの専門的なスキルの修得と活用

統計検定「データサイエンス発展」試験を通して，読者のみなさまのデータ活用力が評価され，仕事や研究に活かされることを期待しております。一般社団法人日本統計学会と一般財団法人統計質保証推進協会は，今後も統計検定の各種別資格認定を通して，社会における統計・データサイエンス人材育成への貢献に努める所存です。

一般社団法人 日本統計学会

会　長　照井伸彦

理事長　川崎能典

一般財団法人 統計質保証推進協会

出版委員長　矢島美寛

記号表

データサイエンスはさまざまな分野で応用されていることもあって，用いられる記号も，必ずしも統一されていない。本書では記号の統一を図っているが，他の書物を読む場合を考慮すると，実際に利用されている記号を各種紹介することが教育効果が高いと判断し，以下にまとめた。記号によっては大文字と小文字，ハイフンの有無，イタリック体か立体（ローマン体）か，かっこの種類などに違いがあっても同じ意味に使われる場合がある。主要な記号を，アルファベット順を基本としてまとめておく。

代表的な記号	意味
$\approx$, $\fallingdotseq$	近似的に等しい
$\emptyset$, $\varnothing$	空事象，空集合
A^c, $\overline{A}$	事象 A の余事象，集合 A の補集合
$A \cup B$	事象 A と B の和事象，集合 A と B の和集合
$A \cap B$	事象 A と B の積事象，集合 A と B の積集合
$A \subset B$, $B \supset A$	A が B の部分集合
$A \Rightarrow B$	A ならば B（条件 A がなりたてば B もなりたつ）
$A \Leftrightarrow B$	条件 A と条件 B が同値
$\boldsymbol{x} \cdot \boldsymbol{y}$	ベクトル $\boldsymbol{x}$ とベクトル $\boldsymbol{y}$ の内積
$\boldsymbol{x}^T$, $\boldsymbol{A}^T$	ベクトル $\boldsymbol{x}$ の転置，行列 $\boldsymbol{A}$ の転置
$\|\boldsymbol{x}\|$	ベクトル $\boldsymbol{x}$ のノルム，長さ
$B(n, p)$	試行回数 n，成功確率 p の二項分布
$\mathrm{Cov}[X, Y]$, σ_{xy}	確率変数 X と Y の共分散
$E[X]$, μ	確率変数 X の期待値
$f'(x)$, $f''(x)$	関数 f の微分，2階微分
H_0	帰無仮説
H_1	対立仮説
$N(\mu, \sigma^2)$	平均 μ，分散 σ^2 の正規分布
$P(A)$, $\mathrm{Pr}(A)$	事象 A の確率
$P(A \mid B)$	事象 B を与えたもとでの事象 A の条件付き確率

r_{xy}	x と y の相関係数, 他に $r(x,y)$
s^2, s_x^2, s_{xx}	観測値 $x_1,\ldots,x_n$ の分散, $\sum_{i=1}^n (x_i - \overline{x})^2/n$
s_{xy}	x と y の共分散, $\sum_{i=1}^n (x_i - \overline{x})(y_i - \overline{y})/n$
$t(\nu)$, t_ν	自由度 ν の t 分布
$V[X]$, σ^2, σ_{xx}	確率変数 X の分散, 他に $\mathrm{var}(X)$, $\mathrm{Var}(X)$
$x \in A$, $A \ni x$	x が集合 A の元
$X \sim F$	確率変数 X が分布 F に従う
$\overline{x}$	観測値 $x_1,\ldots,x_n$ の（算術）平均,「エックスバー」
θ, $\hat{\theta}$	確率分布の母数とその推定量,「シータハット」
μ, $\hat{\mu}$	母平均とその推定量,「ミューハット」
$\mathbb{R}$	実数の集合
$\mathbb{R}^k$	k 次元ベクトル空間 (k 個の実数の組の集合)
ρ, ρ_{xy}	確率変数 X と Y の母相関係数, 他に $\rho(X,Y)$, $\mathrm{Corr}(X,Y)$
$\hat{\sigma}^2$, $\hat{\sigma}_x^2$, $\hat{\sigma}_{xx}$	観測値 $x_1,\ldots,x_n$ の不偏分散 $\sum_{i=1}^n (x_i - \overline{x})^2/(n-1)$
$\hat{\sigma}_{xy}$	x と y の不偏共分散 $\sum_{i=1}^n (x_i - \overline{x})(y_i - \overline{y})/(n-1)$
φ, Φ	標準正規分布の確率密度関数と累積分布関数
$\chi^2(\nu)$, χ_ν^2	自由度 ν のカイ二乗分布
Ω	全事象, 標本空間, 英米では S も使われる

$\sum$ 記号, $\prod$ 記号について

$\sum$ 記号で示される次のような表現

$$\sum_{i=1}^n (x_i - \overline{x})^2 \qquad \sum_{i=1}^n (X_i - \overline{X})^2$$

は，和の範囲が $i=1$ から n まで動くことを示している（i や n ではなく，異なる文字を使う場合もある）。文中では，$\sum_{i=1}^n (x_i - \overline{x})^2$ のように和の範囲を右下と右上に書く。$\sum$ 記号の下と上にある和の範囲は省略されることがある。積については，$\prod_{i=1}^n x_i$ の形で，$\prod$ 記号が同様に用いられる。

データサイエンスで用いられることの多いギリシャ文字

小文字	大文字	読み	英字表記	データサイエンスでの用法例
α	A	アルファ	alpha	有意水準，第1種過誤の確率
β	B	ベータ	beta	第2種過誤の確率
γ	Γ	ガンマ	gamma	
δ	Δ	デルタ	delta	誤差，差分
ϵ	E	イプシロン	epsilon	誤差
ζ	Z	ゼータ	zeta	
η	H	イータ	eta	
θ	Θ	シータ	theta	母数（パラメータ）
κ	K	カッパ	kappa	
λ	Λ	ラムダ	lambda	
μ	M	ミュー	mu	平均
ν	N	ニュー	nu	自由度
ξ	Ξ	グザイ	xi	
π	Π	パイ	pi	円周率
ρ	P	ロー	rho	相関係数
σ		シグマ	sigma	標準偏差
	Σ	〃	〃	分散共分散行列
τ	T	タウ	tau	
ϕ, φ		ファイ	phi	標準正規分布の確率密度関数
	Φ	〃	〃	標準正規分布の累積分布関数
χ	X	カイ	chi	カイ二乗分布 (χ^2)
ψ	Ψ	プサイ	psi	
ω		オメガ	omega	根元事象，標本点
	Ω	〃	〃	全事象，標本空間

目　次

1. 統計検定データサイエンス発展について   **1**

§1.1　試験の趣旨 ・・・・・・・・・・・・・・・・・・・・・・・・・・・・・・・・ 1

§1.2　出題される内容 ・・・・・・・・・・・・・・・・・・・・・・・・・・・ 3

§1.3　試験の形式 ・・・・・・・・・・・・・・・・・・・・・・・・・・・・・・ 11

§1.4　本書の構成 ・・・・・・・・・・・・・・・・・・・・・・・・・・・・・・ 12

第 I 部   **15**

2. 倫理・AI に関する基礎的な事項   **16**

§2.1　社会におけるデータ・AI 利活用 ・・・・・・・・・・・・・・・・・ 16

    2.1.1　社会で起きている変化 ・・・・・・・・・・・・・・・・・・ 16

    2.1.2　社会で活用されているデータ ・・・・・・・・・・・・・ 22

    2.1.3　データ・AI の活用領域 ・・・・・・・・・・・・・・・・・ 24

    2.1.4　データ・AI 利活用のための技術 ・・・・・・・・・・・ 28

    2.1.5　データ・AI 利活用の現場 ・・・・・・・・・・・・・・・ 33

    2.1.6　データ・AI 利活用の最新動向 ・・・・・・・・・・・・ 34

§2.2　データ・AI 利活用における留意事項 ・・・・・・・・・・・・・ 36

    2.2.1　データ・AI を扱う上での留意事項 ・・・・・・・・・・・ 36

    2.2.2　データを守る上での留意事項 ・・・・・・・・・・・・・ 41

§2.3　データ取得とオープンデータ ・・・・・・・・・・・・・・・・・ 47

3. 数理に関する基礎的な事項   **50**

§3.1 線形代数 ・・・・・・・・・・・・・・・・・・・・・・・・・・・・・・・ 50

   3.1.1 ベクトル ・・・・・・・・・・・・・・・・・・・・・・ 50

   3.1.2 行列 ・・・・・・・・・・・・・・・・・・・・・・・・ 55

§3.2 数列 ・・・・・・・・・・・・・・・・・・・・・・・・・・・・・・・・・ 61

§3.3 微分積分 ・・・・・・・・・・・・・・・・・・・・・・・・・・・・・・ 65

   3.3.1 1変数関数の微分 ・・・・・・・・・・・・・・・・・ 65

   3.3.2 1変数関数の微分の応用 ・・・・・・・・・・・・・ 72

   3.3.3 指数関数，対数関数，三角関数の定義と微分 ・・・・・ 75

   3.3.4 1変数関数の積分 ・・・・・・・・・・・・・・・・・ 79

   3.3.5 多変数関数の偏微分 ・・・・・・・・・・・・・・・・ 82

   3.3.6 重積分と累次積分 ・・・・・・・・・・・・・・・・・ 85

4. 情報に関する基礎的な事項   **88**

§4.1 デジタル情報とコンピュータの仕組み ・・・・・・・・・・・・ 88

   4.1.1 デジタル情報 ・・・・・・・・・・・・・・・・・・・ 88

   4.1.2 デジタル化 ・・・・・・・・・・・・・・・・・・・・ 91

   4.1.3 コンピュータの仕組み ・・・・・・・・・・・・・・・ 95

§4.2 アルゴリズム基礎 ・・・・・・・・・・・・・・・・・・・・・・・・・105

   4.2.1 アルゴリズムの表現 ・・・・・・・・・・・・・・・・105

   4.2.2 アルゴリズムの構造 ・・・・・・・・・・・・・・・・109

   4.2.3 基本的なアルゴリズム ・・・・・・・・・・・・・・・110

§4.3 データ構造とプログラミング基礎 ・・・・・・・・・・・・・・・118

   4.3.1 データ構造 ・・・・・・・・・・・・・・・・・・・・118

   4.3.2 インタープリタ言語 ・・・・・・・・・・・・・・・・119

   4.3.3 Python の構文，制御文，関数 ・・・・・・・・・・・120

§4.4 データハンドリング ・・・・・・・・・・・・・・・・・・・・・・・124

   4.4.1 代表的なデータ形式 ・・・・・・・・・・・・・・・・124

   4.4.2 離散グラフ ・・・・・・・・・・・・・・・・・・・・125

   4.4.3 キーバリュー形式での隣接リスト ・・・・・・・・・127

   4.4.4 データベース ・・・・・・・・・・・・・・・・・・・128

   4.4.5 データクレンジング ・・・・・・・・・・・・・・・・140

   4.4.6 Python によるデータ加工 ・・・・・・・・・・・・・141

目　次　**xi**

5. 統計・可視化に関する基礎的な事項　　　**143**

§5.1　データリテラシー ・・・・・・・・・・・・・・・・・・・・・・・・・143

5.1.1　データを読む ・・・・・・・・・・・・・・・・・・・・・・・143

5.1.2　データを説明する ・・・・・・・・・・・・・・・・・・160

§5.2　確率と確率分布 ・・・・・・・・・・・・・・・・・・・・・・・・・167

5.2.1　事象とその確率 ・・・・・・・・・・・・・・・・・・・・168

5.2.2　順列と組合せ ・・・・・・・・・・・・・・・・・・・・・・170

5.2.3　確率分布の概念 ・・・・・・・・・・・・・・・・・・・・171

5.2.4　主要な確率分布 ・・・・・・・・・・・・・・・・・・・・178

§5.3　統計的推測 ・・・・・・・・・・・・・・・・・・・・・・・・・・・・・185

5.3.1　統計的モデル ・・・・・・・・・・・・・・・・・・・・・・185

5.3.2　標本分布 ・・・・・・・・・・・・・・・・・・・・・・・・・・187

5.3.3　点推定 ・・・・・・・・・・・・・・・・・・・・・・・・・・・・189

5.3.4　仮説検定の考え方 ・・・・・・・・・・・・・・・・・・194

§5.4　種々のデータ解析 ・・・・・・・・・・・・・・・・・・・・・・・197

5.4.1　時系列データ解析 ・・・・・・・・・・・・・・・・・・197

5.4.2　テキスト解析 ・・・・・・・・・・・・・・・・・・・・・・198

5.4.3　画像解析 ・・・・・・・・・・・・・・・・・・・・・・・・・・203

§5.5　データ活用実践 ・・・・・・・・・・・・・・・・・・・・・・・・・204

5.5.1　教師あり学習の手法 ・・・・・・・・・・・・・・・・205

5.5.2　教師なし学習の手法 ・・・・・・・・・・・・・・・・209

第 II 部　　　**213**

6. 例題と解説（1 分野単独問題）　　　**214**

§6.1　倫理・AI の例題 ・・・・・・・・・・・・・・・・・・・・・・・・214

6.1.1　社会におけるデータ・AI 利活用の例題 ・・・・・・・・214

6.1.2　データ・AI 利活用における留意事項の例題 ・・・・・・231

6.1.3　データ取得とオープンデータの例題 ・・・・・・・・・・242

§6.2　数理の例題 ・・・・・・・・・・・・・・・・・・・・・・・・・・・・・243

6.2.1　線形代数の例題 ・・・・・・・・・・・・・・・・・・・・244

6.2.2　数列の例題 ・・・・・・・・・・・・・・・・・・・・・・・・246

	6.2.3	微分積分の例題 ・・・・・・・・・・・・・・・・・・・・・・247
§6.3		情報の例題 ・・・・・・・・・・・・・・・・・・・・・・・・・・251
	6.3.1	デジタル情報とコンピュータの仕組みの例題 ・・・・・251
	6.3.2	アルゴリズム基礎の例題 ・・・・・・・・・・・・・・・257
	6.3.3	データ構造とプログラミング基礎の例題 ・・・・・・・258
	6.3.4	データハンドリングの例題 ・・・・・・・・・・・・・259
§6.4		統計・可視化の例題 ・・・・・・・・・・・・・・・・・・・266
	6.4.1	データリテラシーの例題 ・・・・・・・・・・・・・・267
	6.4.2	確率と確率分布の例題 ・・・・・・・・・・・・・・・276
	6.4.3	統計的推測の例題 ・・・・・・・・・・・・・・・・・278
	6.4.4	種々のデータ解析の例題 ・・・・・・・・・・・・・・283

7. 例題と解説（2分野複合問題）   **287**

§7.1	数理 × 情報 ・・・・・・・・・・・・・・・・・・・・・・・・・287
§7.2	数理 × 統計・可視化 ・・・・・・・・・・・・・・・・・・・・295
§7.3	情報 × 統計・可視化 ・・・・・・・・・・・・・・・・・・・・300

8. 模擬試験問題   **310**

A. 付録   **337**

§A.1		Python のライブラリ ・・・・・・・・・・・・・・・・・・・337
	A.1.1	Math ・・・・・・・・・・・・・・・・・・・・・・・・337
	A.1.2	NumPy ・・・・・・・・・・・・・・・・・・・・・・・338
	A.1.3	Pandas ・・・・・・・・・・・・・・・・・・・・・・・339
	A.1.4	Scikit-learn ・・・・・・・・・・・・・・・・・・・・341
§A.2		統計数値表 ・・・・・・・・・・・・・・・・・・・・・・・・343

参考文献   **346**

索　引   **348**

第1章
統計検定データサイエンス発展について

　本章では，統計検定データサイエンス発展試験の趣旨，試験内容，範囲表，試験の形式などについて解説する．また，本書の構成と利用の仕方について説明する．

§1.1　試験の趣旨

　統計検定データサイエンス発展（DS発展）[1]は[1]，データサイエンス能力を倫理・AI，数理，情報，統計・可視化の4つの基本項目に分解し，それぞれの基本知識を問う問題を設定するとともに，数理×情報，数理×統計・可視化，情報×統計・可視化の3つの複合能力を問う問題の計7種類の問題群からなる合計28問の問題によって，それぞれの能力の完成度を評価できる検定試験である．DS発展は，コンピュータ・ベースト・テスト（CBT）方式で試験が行われる検定試験となっており，2021年9月より試験が開始され，全国の試験会場で随時受験することが可能である．

　データサイエンスは図1.1に示すように，数理，コンピュータサイエンス，ドメイン専門性から構成される複合領域である．狭義のデータサイエンスと

---

[1] ここでの[1]は巻末の文献表の文献番号1であることを示す．本書ではこのように文献番号によって文献を示す．

はこれら数理，コンピュータサイエンス，ドメイン専門性すべてを重ね合わせたものとされているが，広義のデータサイエンスとはこれらの単独または2つ以上の領域にまたがる複合分野とされている．

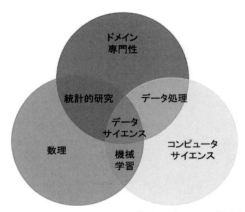

図 1.1 データサイエンスの構成要素とその対応領域

　DS 発展では，データサイエンスの能力を「データに関連する異なる分野に属する知識・記法をそれぞれ利用し，さらに，相互に活用できる能力」と定義している．DS 発展を通じて，能力ごとの完成度を確認し，データサイエンス能力が高い分野と不足している分野を知ることにより，学習すべきデータサイエンス能力の項目を特定することができる．具体的には，試験直後に受験者に渡される試験結果レポートに，7つの問題群のスコアが得点とは別に示され，受験者能力の傾向の把握に用いることができる．たとえば，7つの問題群のそれぞれの達成度を，50%を閾値とし，できる・できないに分類することにより，受験者のデータサイエンス能力を 128 通りに分類して捉えることが可能である．
　さらに，データサイエンスに関する作業を共同で行う場合に，補完しあうことのできるスキルセットを保持したグループを形成するために活用することも可能である．
　DS 発展受験のメリットは次のようにまとめることができる．

- 受験者のデータサイエンス能力の位置づけの明確化
- 受験者のデータサイエンス能力を証明する客観的なエビデンス
- 不足するデータサイエンス能力を知ることによる学習すべきデータサイエンス分野の特定
- データサイエンスに関する作業を共同で行うグループにおける人材適合性の判断

§1.2　出題される内容

DS 発展は，前節で説明したように，倫理・AI，数理，情報，統計・可視化の 4 つの領域に関する大学教養レベルの問題で構成されている。節末に示す出題範囲表には 13 個の大項目がある。これらの大項目と 4 つの領域の関係を表 1.1 に示す。

表 1.1　出題範囲表の大項目と 4 領域の対応

出題範囲表の大項目	領域
社会におけるデータ・AI 利活用 データ取得とオープンデータ	倫理・AI および統計・可視化
データ・AI 利活用における留意事項	倫理・AI
数理基礎	数理
デジタル情報とコンピュータの仕組み アルゴリズム基礎 データ構造とプログラミング基礎	情報
データリテラシー 確率と確率分布 統計的推測	統計・可視化
データハンドリング 種々のデータ解析 データ活用実践	情報および統計・可視化

DS 発展の出題範囲表は，2019 年 11 月に数理・データサイエンス・AI 教育強化拠点コンソーシアムのカリキュラム分科会が公表した「データサイエンス教育に関するスキルセット及び学修目標 第 1 次報告（リテラシーレベル）」[3]に基づくものである[2]。また，同コンソーシアムがその後の 2020 年 4 月に策定・公表したモデルカリキュラム（リテラシーレベル）[4]の内容もカバーしている。このため，DS 発展の出題範囲はモデルカリキュラム（リテラシーレベル）よりも広いものになっている。

なお，現在公開中のモデルカリキュラムは，2020 年 4 月に当初策定・公開されたものではなく，2024 年 2 月に数理・データサイエンス・AI 教育強化拠点コンソーシアム「モデルカリキュラム改訂に関する特別委員会」によって改訂されたものである。この改訂は，小中学校でのプログラミング学習の導入・定着や，高等学校での「情報 I」の必修化に伴い，2025 年 4 月以降に当該教育を受けた学生が大学に入学することを踏まえるとともに，生成 AI 等社会の動向の変化を踏まえて項目等の見直しを行ったものである。モデルカリキュラムは今後も高等学校学習指導要領の改訂や社会で求められるリテラシーの変化などを踏まえ，定期的に見直しが行われることになっている。

モデルカリキュラムの改訂および本書の発行にともなって，DS 発展の出題範囲表も 2024 年 8 月に改訂を行った。今後，DS 発展の出題範囲表もモデルカリキュラムの改訂に準拠して改訂される可能性があることにご留意いただきたい。

DS 発展では，出題範囲表に注記しているように，統計検定の DS 基礎，4 級，および 3 級の内容を前提としている。それぞれの公式テキストとして[5, 6, 7]がある。DS 発展の統計・可視化の内容については，統計検定のより進んだ級である 2 級のテキスト[8]および準 1 級のテキスト[9]も参考にされたい。

なお DS 発展の情報分野の問題では，プログラミング言語として主にPython を使用している[3]。それらの問題では受験者が Python の基本的な文法を習得していることを前提としている。

---

[2] 数理・データサイエンス・AI 教育強化拠点コンソーシアムのデータサイエンス教育に関するスキルセット及び学修目標[2]のウェブページにあるように，DS 発展に続く DS エキスパートは同分科会の第 2 次報告に基づくものである。

[3] 統計検定 2 級では R を用いており，使用言語の違いに注意が必要である。

§1.2 出題される内容 **5**

統計検定 CBT「データサイエンス発展」出題範囲表

2024.8.30 時点

大項目	小項目	ねらい	項目（学習しておくべき用語）
社会におけるデータ・AI利活用	社会で起きている変化	社会で起きている変化を知り，数理・データサイエンス・AIを学ぶことの意義を理解する。	●ビッグデータ，IoT，AI，ロボット ●データ量の増加，計算機の処理性能の向上，AIの非連続的進化 ●第4次産業革命，Society 5.0，データ駆動型社会 ●複数技術を組み合わせた AI サービス ●人間の知的活動と AI の関係性
	社会で活用されているデータ	社会でどのようなデータが集められ，どう活用されているかを知る。	●調査データ，実験データ，人の行動ログデータ，機械の稼働ログデータ ●1次データ，2次データ，データのメタ化 ●構造化データ，非構造化データ（テキスト，画像/動画，音声/音楽） ●データ作成（ビッグデータとアノテーション）
	データ・AIの活用領域	さまざまな領域でデータ・AI が活用されていることを知る。	●データ・AI 活用領域の広がり（生産，消費，文化活動） ●研究開発，調達，製造，物流，販売，マーケティング，サービス ●仮説検証，知識発見，原因究明，計画策定，判断支援，活動代替，新規生成 ●対話，コンテンツ生成，翻訳・要約・執筆支援，コーディング支援
	データ・AI利活用のための技術	データ・AIを活用するために使われている技術の概要を知る。	●データ解析：予測，グルーピング，パターン発見，最適化，シミュレーション・データ同化 ●データ可視化：複合グラフ，2軸グラフ，多次元の可視化，関係性の可視化，地図上の可視化，挙動・軌跡の可視化，リアルタイム可視化 ●非構造化データ処理：言語処理，画像/動画処理，音声/音楽処理 ●特化型 AI と汎用 AI，今の AI で出来ることと出来ないこと，AI とビッグデータ ●認識技術，ルールベース，自動化技術 ●マルチモーダル（画像，音声），プロンプトエンジニアリング

	データ・AI利活用の現場	データ・AIを活用することによって，どのような価値が生まれているかを知る。	●データサイエンスのサイクル（課題抽出と定式化，データの取得・管理・加工，探索的データ解析，データ解析と推論，結果の共有・伝達，課題解決に向けた提案） ●流通，製造，金融，サービス，インフラ，公共，ヘルスケア等におけるデータ・AI利活用
	データ・AI利活用の最新動向	データ・AI利活用における最新動向（ビジネスモデル,活用例)を知る。	●AI等を活用した新しいビジネスモデル（シェアリングエコノミー，商品のレコメンデーション） ●AI最新技術の活用例（深層生成モデル，敵対的生成ネットワーク，生成AI，強化学習，転移学習） ●大規模言語モデル，基盤モデル，拡散モデル
データ・AI利活用における留意事項	データ・AIを扱う上での留意事項	データ・AIを利活用する上で知っておくべきこと。	●ELSI（Ethical, Legal and Social Issues） ●個人情報保護，EU一般データ保護規則（GDPR），忘れられる権利，オプトアウト，知的財産，インフォームドコンセント ●データ倫理：データのねつ造，改ざん，盗用，プライバシー保護 ●AI社会原則（公平性，説明責任，透明性，人間中心の判断） ●データバイアス，アルゴリズムバイアス，標本選択バイアス，帰納バイアス，公表バイアス ●AIサービスの責任論，データガバナンス ●データ・AI活用における負の事例 ●ハルシネーション，偽情報，有害コンテンツの生成・氾濫
	データを守る上での留意事項	データを守る上で知っておくべきこと。	●情報セキュリティ：機密性，完全性，可用性 ●匿名加工情報，暗号化，復号，パスワード，悪意ある情報搾取，不正アクセス行為の禁止，個人認証，ユーザ認証，アクセス制御，個人識別符号，要配慮個人情報，再識別，秘密の曝露や差別の誘引 ●情報漏洩等によるセキュリティ事故

§1.2 出題される内容 **7**

データリテラシー	データを読む	データを適切に読み解く力を養う。	● データの種類，データの分布と代表値，データのばらつき ● 打ち切りや脱落を含むデータ，層別の必要なデータ，外れ値 ● 相関と因果（交絡，偏相関係数），回帰（重回帰分析，ロジスティック回帰分析，モデルの評価） ● 分類とグループ化（階層的クラスタリング，非階層的クラスタリング） ● クロス集計表，分割表，相関係数行列，散布図行列 ● 母集団と標本抽出（層別抽出，多段抽出，クラスター抽出，母数と統計量の区別，標本分布） ● 統計情報の正しい理解（誇張表現に惑わされない）
	データを説明する	データを適切に説明する力を養う。	● データの表現（散布図，ヒートマップ，チャート化） ● データの比較（条件をそろえた比較，処理の前後での比較，A/Bテスト，ランダム化比較試験） ● 不適切なグラフ表現（チャートジャンク，不必要な視覚的要素） ● 色の効果や特徴，点の色・大きさ・形状への配慮，線の太さと様々な破線
数理基礎	線形代数	データ分析に必要なベクトルや行列の扱いや n 次元ユークリッド空間の基本事項を理解する。	● 平面ベクトル，空間ベクトル，n 次元ベクトル，ベクトルの和，内積，直交性，ノルム ● 正方行列，単位行列，転置行列，対称行列，行列の積，逆行列，行列式 ● 線形独立，部分空間
	微分積分	データ分析に必要な初等関数や微分積分の意味と操作を理解する。	● 指数関数，対数関数，三角関数 ● 積の微分，合成関数の微分，関数の最大最小，線形近似，原始関数，積分と微分の関係 ● 偏微分，接平面，重積分，累次積分

1章

統計検定データサイエンス発展について

	数列	数列の基本的な事項を理解する。	●数列の和，Σ記号，極限
デジタル情報とコンピュータの仕組み	デジタル情報	デジタル情報の表し方を理解する。	●数と表現（2進数の表現，論理値） ●情報量の単位（ビット，バイト，接頭語（k,M,G,T,m, μ,n,p など）を使った表現） ●文字の表現（ASCII コード，シングルバイト文字，ダブルバイト文字） ●デジタル化（連続値，離散値），画像・動画（ラスタデータ，ベクタデータ，コーデック）
	コンピュータの仕組み	論理演算や計算上の誤差について理解する。	●集合，命題，真/偽，否定，論理和，論理積 ●有効数字，浮動小数点，仮数部，指数部，丸め誤差
アルゴリズム基礎	アルゴリズムの表現	アルゴリズムの表現方法を理解する。	●フローチャート，アクティビティ図，端子，処理，判断，矢印
	アルゴリズムの構造	分岐，繰り返しなどのアルゴリズムの構造の基礎を理解する。	●代入，順次構造，選択構造，繰り返し構造
	基本的なアルゴリズムの例	いくつかの基本的なアルゴリズムを理解する。	●並べ替え（ソート），探索（サーチ），合計，併合
データ構造とプログラミング基礎（主にPython）	データ構造	配列などのデータ構造について理解する。	●配列とリスト（メモリ，ベクトル，行列，アドレス） ●連想配列（キー，バリュー，連想，辞書，ハッシュ）
	プログラミング基礎	インタープリタ言語を用いて簡単なプログラミングができる。	●インタープリタ言語（ソースコード，機械語，実行） ●構文（変数，代入，計算，分岐，繰り返し），演算（オブジェクト，四則演算） ●関数（引数，返り値），制御文（for, while, if 文），入出力（print 文）
データハンドリング	代表的なデータ形式	代表的なデータ形式を理解する。	●csv，XML，JSON

§1.2 出題される内容 **9**

	その他のデータ形式	その他のデータ形式を理解する。	●離散グラフ，キー・バリュー形式である隣接リスト，NoSQL
	データベース	データベースの基礎概念を理解する。	●データベース管理システム（DBMS），リレーショナルデータベース，正規化，選択，射影，結合，SQL
	データクレンジング	データクレンジング作業を理解する。	●表記の揺れの吸収（文字列，数字，日付，時刻），名寄せ
	データ加工	データの加工法を理解する。	●部分集合の抽出，行の並べ替え，新しい列の追加，プログラミング（Python，R）
データ取得とオープンデータ	日本や世界のオープンデータ	オープンデータの普及に向けた国内及び国際的な動きを理解する。	●二次利用可能なルール，機械判読への適性，オープンデータ憲章
	オープンデータの取得	オープンデータの取得法を理解する。	●e-Stat，e-Gov データポータル，データカタログサイト，Open Knowledge Foundation，機械判読可能なデータの作成や表記方法，Web API
	統計法	統計法の意義について理解する。	●基幹統計調査，調査票情報の二次的利用
確率と確率分布	順列と組合せ	場合の数の数え方を理解する。	●階乗（$n!$），順列（${}_mP_n$），組合せ（${}_mC_n$）
	確率分布の概念	確率変数の分布の基本を理解する。	●確率変数，確率関数，確率密度関数，母平均，母分散，同時分布，周辺分布，共分散と相関，独立
	主要な確率分布	主な確率分布と確率計算を理解する。	●ポアソン分布，指数分布，一様分布，正規分布，2変量正規分布
統計的推測	統計的モデル	統計的モデルの考え方を理解する。	●統計的モデル，母数，パラメータ
	標本分布	標本分布の基本的な考え方を理解する。	●独立同一分布，標本平均，標本分散

	点推定	点推定について理解する。	●モーメント法，最尤法，バイアス，不偏推定量，平均二乗誤差，バイアス分散分解
	仮説検定の考え方	仮説検定の考え方を理解する。	●帰無仮説，対立仮説，2種の誤り，有意水準，検出力，p値，検定統計量
種々のデータ解析	時系列データ解析	時系列データの扱いを理解する。	●時系列データ（トレンド，周期，ノイズ），季節調整，移動平均
	テキスト解析	テキスト処理の基礎を理解する。	●形態素解析，単語分割，ユーザ定義辞書，n-gram，言語モデル，文章間類似度，かな漢字変換の概要
	画像解析	画像解析の基礎を理解する。	●画像データの処理，画像認識，画像分類，物体検出
データ活用実践	教師あり学習	教師あり学習の実践例を理解する。	●教師あり学習による予測　（例：売上予測，罹患予測，成約予測，離反予測） ●データの収集，加工，分析 ●データ分析結果の共有，課題解決に向けた提案
	教師なし学習	教師なし学習の実践例を理解する。	●教師なし学習によるグルーピング　（例：顧客セグメンテーション，店舗クラスタリング） ●データの収集，加工，分析 ●データ分析結果の共有，課題解決に向けた提案

注： 統計検定3級，4級およびデータサイエンス基礎の範囲表の項目については，データサイエンス発展においても出題される。

§1.3　試験の形式

　DS 発展は CBT 方式の検定試験であり，問題がコンピュータの画面に表示され，受験者はマウスやキーボードで答えを入力する。問題の形式は画面に表示される複数の選択肢から適切なものを 1 つだけ選ぶ単一選択方式が主であるが，複数の選択肢を選ぶ多肢選択方式や問題文の空欄に入る語句や数値をキーボードから入力する形式の問題も出題される。

　実際の試験画面では，単一選択方式はラジオボタン形式で，選択肢の前に○が示され，その中から 1 つを選択する。多肢選択問題はチェックボックス形式で，選択肢の前に□が示され，複数を選択することができる。選択されたものにはチェックがつく。それぞれの画面イメージは次のとおりである。

　　選択肢として，次の①〜⑤のうちから最も適切なものを一つ選べ。
　　○ ① 選択肢1
　　◉ ② 選択肢2
　　○ ③ 選択肢3
　　○ ④ 選択肢4
　　○ ⑤ 選択肢5

　　選択肢として，次の①〜④のうちから適切なもの<u>だけ</u>を<u>すべて</u>選べ。
　　□ ① 選択肢1
　　☑ ② 選択肢2
　　□ ③ 選択肢3
　　☑ ④ 選択肢4

実際の試験画面では，このように選択肢が縦に並ぶが，本書の例題では読みやすさを考慮して選択肢を次のように横に並べることがある。

　　① 選択肢1　　② 選択肢2　　③ 選択肢3　　④ 選択肢4　　⑤ 選択肢5

　試験の構成は第 8 章の模擬問題に示しているように，28 問からなっており，試験時間は 60 分である。CBT 形式の試験であることから，全国の会場で 1 年を通して受験することができる。詳しくは統計検定のウェブサイト [1] を参照いただきたい。

§1.4 本書の構成

本書は読者が例題を解きながら，DS 発展の試験対策を行えるように構成されている。本書は，8 つの章と付録から構成され，章の構造は図 1.2 に示すとおりである。

2 章から 5 章では基礎的項目が説明されている。6 章と 7 章には，DS 発展の 1 分野単独問題，2 分野複合問題に該当する例題とその正解および正解にたどり着く道筋が解説されている。

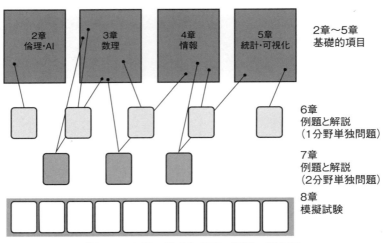

図 1.2　本書の構成と各章の関係の概念図

読者は，最初に 6 章と 7 章に掲載されている DS 発展の 1 分野単独問題，2 分野複合問題の例題を解くことから始めることを勧める。例題の解答を考える過程で不明な点があれば，その都度，2 章から 5 章の基礎的項目の該当箇所を参照し，必要となる基礎的な知識を補う学習を行ってほしい。各例題の冒頭には，その例題を考える上で必要となる基礎的な知識と基礎的項目の参照箇所が示されている。読者は例題を解きながら不足する知識を確認し，必要に応じて該当する箇所の解説にたどり着くことができるようになって

いる。

8 章には模擬試験問題がある。読者は，6 章と 7 章にある例題を学習した後，DS 発展と同様の出題傾向，問題数も本番と同じ形式の模擬問題を解きながら，試験対策を行うことができるようになっている。DS 発展の合格水準は 100 点満点で 60 点以上であり，模擬試験問題の理解を確認することで，合格を目指した準備をすることができる。

また，付録でデータサイエンス分野で有用ないくつかの Python ライブラリについて簡単に説明している。

本書では，読みやすさを考慮して，やや進んだ内容の項目については，コラムの形で表示している。コラムで扱った内容も DS 発展では出題されるので，優秀な成績を目指した試験準備のためには，これらのコラムの内容も確認するとよい。

上にも述べたように，本書は演習書であり，通常の教科書のように最初から通読することを想定したものではない。参考までに，倫理・AI を含むデータサイエンス全般に関する標準的な教科書として[11, 12, 13, 14]を紹介する。これらは数理・データサイエンス・AI 教育強化拠点コンソーシアムのモデルカリキュラムに対応しているため，DS 発展の試験内容と重なる部分が多く，本書と並行して読むことを勧める。

第Ⅰ部

第2章　倫理・AI に関する基礎的な事項

第3章　数理に関する基礎的な事項

第4章　情報に関する基礎的な事項

第5章　統計・可視化に関する基礎的な事項

第2章

倫理・AIに関する基礎的な事項

本章では，倫理・AIに関する基礎的な項目について，主に用語の解説の形で説明する。

§2.1　社会におけるデータ・AI利活用

2.1.1　社会で起きている変化

インターネットやスマートフォンなどの情報通信技術の発展とともに，デジタルデータの形で得られるデータが増えてきた。これにともない，AI手法などのデータ分析方法も急速に進化し，さまざまなサービスが登場して社会が急激に変化している。

ビッグデータ

データの急激な増加はしばしばビッグデータという用語で表現される。ビッグデータの厳密な学術的定義は与えられていないが，Gartner社のアナリストが導入した3Vとよばれる次の3つのVで始まる単語が，ビッグデータを規定する性質として広く受け入れられている。

Volume（量）：データ量が膨大である。
Velocity（速度）：やり取りされるデータの伝送速度が高速である。

Variety（多様性）：画像や音声など，データの形式が多種・多様である。

特に，Volume（量）については，膨大さの基準があるわけではないが，単にデータサイズが大きいだけでなく，通常では外れ値として排除されてしまうようなデータも含めて網羅的に収集されることも意味している。この他に，正確性，信憑性を意味するVeracityや，価値を意味するValueを加えて，4V, 5Vとされることもある。

ビッグデータという用語はある種のデータを規定するだけでなく，3Vなどで特徴付けられるようなデータを扱う際の考え方を指すこともある。たとえば，マイヤー＝ショーンベルガー (Mayer-Schönberger) とクキエ (Cukier) の著書「ビッグデータの正体」[15]では，ビッグデータの考え方として次の3つを挙げている。

- ビッグデータではすべてのデータを扱う。
- ビッグデータではデータは乱雑でもよい。
- ビッグデータでは因果関係より相関関係を重視する。

マイヤー＝ショーンベルガーとクキエは，中でも3つ目が重要であり，相関関係を見つけることが重要であると割り切ることで，膨大で乱雑なデータから有益な情報を見つけ出すことができるとしている。データ分析の技術面においても，相関関係を利用した予測手法の発展が著しい。一方で，相関関係をこえて，データサイエンスと領域知識を組み合わせて因果関係を見いだしていくことも重要である。

ビッグデータが注目されデータサイエンスの応用が広がったのは，ウェブブラウザでの検索履歴やスマートフォンの普及により，**人の行動のログデータ**がデジタルデータの形で（たとえばインターネット上に）蓄積されるようになったためである。さらに，センサーや通信機器の高性能化および低価格化により，工場の機械や自動車，さらにはわれわれの身の回りの電化製品などもネットワークに接続されるようになり，**機械の稼働ログデータ**がとれるようになっている。機械の稼働ログデータには，稼働時間，停止時間，エラーコード，性能指標などが記録されており，異常検知や故障予測に適用され，生産ラインの効率性向上に役立てられている。これらの「モノ」がインターネットに接続されることを**IoT** (Internet of Things，モノのインターネット) とよぶ。

IoTなど機械間の通信が主流になり，ICT（情報通信技術）を基幹的技術として産業構造が大きく変化することを**第4次産業革命**という。第4次産業革命によりさまざまな社会課題が解決され，サイバー空間とフィジカル空間を高度に融合した社会を，日本政府は**Society 5.0**とよんでいる。このように，現実世界から収集されたデータを計算機ネットワーク上で計算処理し，そこから導き出される知見から社会課題を解決する循環を生み出す社会を**データ駆動型社会**という。

AIの非連続的進化

データ量の増加と計算機の処理性能の向上は，データから複雑な数理モデルを構築するAIの非連続的進化をもたらした。

ニューラルネットワークは，人間の脳の神経細胞（ニューロン）を模倣した計算モデルで，層状の構造をもち，データからパターンを学習することができる。ニューラルネットワークはコンピュータが現れた1950年代からすでに研究が始まったが，2000年代に複雑な多層のニューラルネットワークを用いる深層学習が登場し，2010年代初頭から再び注目を集めるようになり，画像認識，言語処理，予測分析など幅広い分野に応用されている。

敵対的生成ネットワーク (GAN, Generative Adversarial Network) は，生成器（Generator）と識別器（Discriminator）という2つのニューラルネットワークを競争させながら学習するモデルである。生成器は本物に近いデータを生成しようと試み，識別器は本物と生成されたデータを区別しようと試みる。イアン・グッドフェロー (Ian J. Goodfellow) によって2014年に初めて提案され，特に画像生成分野で大きな影響を与えている。

最近注目を集めているのが**生成AI**である。GANも生成AIの一つであるが，2022年のChatGPTの登場は，**大規模言語モデル (Large Language Model, LLM)** を用いた対話型AIサービスの実用性を示し，驚きをもって迎えられた。生成AIは，従来のAIでは実用化に課題のあった文章の執筆や絵の描画，写真の生成，さらには動画の作成など，人間の知的活動の一部を実行可能にする技術である。これらの技術には，現時点（2024年）では専門家の能力には及ばないものもあれば，一部凌駕しつつあるものもある。ただ，一般人のスキルとの比較であれば，それを大幅に上回る質の高いコンテンツ

を低コストで作成できる。ChatGPT は文章の**要約**や**翻訳**の性能も高く，私達が文章を書く際の**執筆支援**に有用である。さらに，定型的なコンピュータプログラムの**コーディング支援**も行ってくれる。ChatGPT から適切な回答を得るには，入力する質問文を工夫する必要があり，このような工夫を**プロンプトエンジニアリング**とよぶ。

ChatGPT は当初はこのように文章の生成能力が注目されたが，その後は画像や音声も同時に扱う**マルチモーダル**なシステムとして開発が続けられている。ChatGPT 以外にもさまざまなマルチモーダル対応の生成 AI のシステムが開発・提供されてきている。大規模言語モデルの技術開発では，まず汎用的な文章処理ができる**基盤モデル**を作り，これをさまざまな応用領域向けに調整することで多くの AI が作られている。画像の生成 AI には**拡散モデル**に基づくモデルの性能が高く，よく用いられている。

生成 AI による生成物の品質は未だ完全とは言いきれず，その使用には危険性や著作権に関する問題も指摘されている。しかし，生成 AI は今後さらに発展し，人類の生産性に大きく寄与すると予想されている。

人間の知的活動と AI の関係

コンピュータに置き換えることができない最も人間的な作業と考えられてきた対象へ，近年 AI 技術の利活用が広まりつつあり，AI という言葉の理解も変化してきた。

コンピュータが誕生した当時は，コンピュータを経理計算や科学技術計算に使用することが主な目的であり，AI が対象にする「人間の知的活動」とは人間以外の動物では行えない高度で抽象的な情報処理とされた。そのため，初期の AI 研究の中心は，現実と比べると「おもちゃ」のように単純化されたパズルや数学・論理学の問題（**トイプロブレム**とよばれる）をコンピュータに解かせることであった。この背景にあるのは正確で高速な「論理的推論」こそが，最も「人間的で」「知的な」活動であるという当時の共通認識である。実際，いくつかの前提から多数の数学的定理を演繹し証明する定理自動証明システムなどが作られた。チェス，将棋，囲碁といったゲームで人間のチャンピオンに勝利することが AI 研究の究極の目標の一つに掲げられてきたのも同様の背景である。これが 1950 年代後半から 1960 年代にかけてのい

わゆる第1次AIブームに対応し，この時期に確立した技術や知見は今はAIという文脈から離れ情報科学の基礎的知識となっている。

　現在では，感情や社会要因に左右されず常に正確な論理的処理を実行することは，「人間的で」「知的な」活動というより，コンピュータに向いた「機械的な」情報処理と認識されている。実際，インターネット，銀行の基幹システム，金融市場，水・電気・ガスなどの公共の生活インフラの運用，日々のクレジットカードやQRコード決済での買い物，あるいは公共交通の運行計画や乗車処理など，現代社会を支える情報処理は高度に大規模化・複雑化し，人手による処理はもはや不可能であり，そこではコンピュータが間違えることなく大量の情報処理を正確に実行することを前提としている。

　コンピュータによる正確で論理的な高速情報処理を前提にできるようになると，現在わかっていること（知識）をすべて予めデータとして蓄積しておき，その大規模なデータ（**知識ベース**）を高速な論理的推論エンジンで探索し，展開・活用することで，多くの専門的な問題（特に科学技術に関わる専門的な問題）が解けるという発想が生まれた。このアイデアは**エキスパートシステム**として研究され，産業や科学における実用事例も生まれ，1980年代の第2次AIブームとなった。

　第1次ブームの「論理と推論」にせよ，第2次ブームの「知識」にせよ，対象となる情報はコンピュータが処理できる形に明示化されている必要があった。たとえば，エキスパートシステムは対応が確立した疾病の医療診断のように，いくら複雑でも一つひとつの手順は言語化・明示化できる体系を前提としており，伝統工芸の職人による匠の技や，代々経験的に共有されてきた熟練者の知恵など，言語化・明示化できない知識については扱うことが困難であった。このため第1次と第2次のブームは長続きしなかった。

　現在の第3次ブームとも言われるAI技術の利活用の広まりの背景として，コンピュータの処理能力とデータ量の飛躍的な増加がある。十分な学習データが準備できれば，「言語化・明示化できない情報処理」でも**機械学習**によってコンピュータに実装できるようになった。さらに，従来は「経験と勘」で済まされてきた曖昧な経験知についても事例となる学習データを整備し，誰もが使える日用ツールとして情報システム化できる。たとえば，目視による対象機器や計測対象の状態把握は，従来コンピュータによる代替が困難で

あったが，深層学習による画像認識技術が実用レベルになり，効率化・自動化が広まっている。

　「画像に何が写っているか」の認識や判断は，「経験と勘（直観）」により子どもや動物でもできる情報処理であり，高度なパズルや数学問題を主な対象とした初期AI研究の意味では「人間の知的活動」とはみなされていなかったものである。コンピュータが元々得意としてきた正確で論理的な情報処理に加え，こうした経験的な情報処理も実用レベルになってきたことが現在のAI技術の広まりにつながっている。囲碁で人間の世界チャンピオンにコンピュータが長らく勝利できなかった理由は，ゲーム展開のすべての可能性をしらみ潰しに調べる正確な推論には膨大な時間がかかる一方で，人間は無数にある候補の中で有望そうなものを「経験と勘（直観）」で上手に絞っている事実にあった。近年のDeepMind社のAlphaGoシリーズなどの成功例を見ても，コンピュータが得意な正確で論理的な情報処理に，「経験（データ）」と「勘（統計的な予測）」をうまく組み合わせて，これまで解けなかった課題を解決している。

　人間の知的活動は論理的（演繹的）な推論・計画と経験的（帰納的）な予測・判断が柔軟に組み合わされて成り立っている。従来の情報技術（初期のAI技術）は前者を，近年のAI技術は後者を技術化してきたものとも言えるが，まだ人間の柔軟性が反映されているわけではない。現在進行形で発展し利用展開が進むAI関連技術については，技術やデータを作り出すのも使うのも人間であるという事実と，技術は発展し変化してゆくという経緯を踏まえ，社会的議論や規制・法整備などと併せて人間中心の利用が求められる。

AIの種類と複数技術を組み合わせたAIサービス

　AIの分類として，特化型AIと汎用AIの区別がある。**特化型AI**（Artificial Narrow Intelligence）は，個別の分野・領域に特化した人工知能である。これらのシステムは，音声認識，画像認識，医療診断など，特定の機能に特化しており，その分野で高度に最適化されている。たとえば，音声アシスタントはユーザーの質問に答えるために特化しており，画像を分析する能力はもたない。同様に，自動運転車の制御システムは，複雑な道路状況をナビゲートし適切な判断を下すために設計されているが，医療データの分析や金融予

測といった全く異なるタスクには適用できない。

　汎用 **AI**（Artificial General Intelligence）は，あらゆるタスクや問題に対応可能な AI の理想形で，人間のような汎用的な知能をもつことが究極的な到達目標である。しかしながら，現在の技術ではこのような AI は実現されておらず，主に理論的な概念として存在している。近年注目されている大規模言語モデル (LLM) は特化型 AI に分類されるが，その応答の範囲と柔軟性から高い汎用性をもつ。しかし LLM は，大量の学習データと高度な自然言語処理に基づいて多様なトピックに対応するもので，幅広い質問や会話に適応する能力をもっているが，完全な汎用 AI とは異なる。汎用 AI の実現は人工知能研究の究極の目標とされており，その全面的な達成にはさらなる技術革新が必要である。

　現時点でよく用いられる AI モデルには次のようなものがあり，これらの**複数技術を組み合わせた AI サービス**も提供されている。**CNN** (Convolutional Neural Network，畳み込みニューラルネットワーク) は主に画像データの処理に活用される機械学習モデルであり，画像の特徴を効率的に抽出し，画像認識，分類，オブジェクト検出などに優れた性能を発揮する。**RNN**（Recurrent Neural Network，回帰結合型ニューラルネットワークあるいは再帰型ニューラルネットワーク）は時系列データや順序が重視されるケースのデータの処理に適したニューラルネットワークであり，自然言語処理や音声認識などに広く活用されている。マルチタスク学習 AI は，単一の AI モデルが複数の関連するタスクを同時に学習するものである。

2.1.2　社会で活用されているデータ

　現代社会において，活用されているデータは多岐にわたる。データは，直接収集する**1 次データ**と，1 次データを他の分析目的に転用する**2 次データ**に分類される。1 次データでも，データの収集の仕方によって，統計調査やアンケート調査などの調査によって得られる**調査データ**と，実験によって得られる**実験データ**を区別することがある。

　またフォーマットによって，表形式に整理できる**構造化データ**と，音声や画像，自由形式のテキストなど表形式には整理できない**非構造化データ**に分類される。構造化データには列や行が明確に定義され，数値や文字情報が格

納される。構造化データはデータベースやスプレッドシートで一般的に使用され，自動処理や検索が容易であるため，伝統的に広く活用されてきた。非構造化データの取扱いはより困難であるが，近年の深層学習技術の発展により，大量に精度良く取り扱うことが可能となっている。

データ自体に加えて，データが収集された背景情報などもデータに付随させることが望ましい。これらを**メタデータ**という。メタデータには，データが収集された環境，作成者，日時，データの構造といった情報が含まれる。これにより，データの検索，解析，管理が効率的に行えるようになる。**データのメタ化**とは，メタデータをデータに付随させるプロセスである。

データを取得した後は解析・モデリングのために**アノテーション**とよばれるプロセスが必要になる。アノテーションは，取得したままの状態のデータ（生データ）に追加情報やラベルを付ける作業のことをいい，データの意味を明確化し，機械学習モデルの訓練に必要な正確な教師データとしての情報を付与する。たとえば，画像内のオブジェクトにラベルを付与したり，顧客の購買履歴データに顧客のセグメント情報を付与する。アノテーションされたデータは，より高い精度の AI モデルを構築するために不可欠であるが，アノテーションはしばしば人手のかかる作業である。

総務省の情報通信白書によると，生成する主体（政府・企業・個人）に着目した分類により，ビッグデータは**オープンデータ**，**産業データ**，**パーソナルデータ**の3つに分類できる [16]。オープンデータは，政府や地方公共団体が提供する，誰もが利用可能なデータであり，人口統計などがこれに含まれる。産業データは，企業が収集するデータであり，工場のセンサーデータなどが該当する。パーソナルデータは，個人の属性や行動履歴，ウェアラブル端末から収集されるデータであり，基本的に個人情報である。

我々の日常生活に最も近いビッグデータはパーソナルデータであろう。例としては，氏名・住所・生年月日，電子メールアドレス，GPS 位置情報，Cookie などがある。GPS データは，スマートフォンなどから収集される位置情報データであり，リアルタイムの緯度，経度，速度などを含む。一方，Cookie は，ウェブサイトのログイン情報や閲覧履歴などを保存する情報である。これらのパーソナルデータは，個人を特定したり，個人の特性に関する情報を提供するため，プライバシー保護の対象とされており，適切な管理

と保護が必要である。

2.1.3 データ・AIの活用領域

データ・AI活用領域の広がり

データ・AI活用は生産，消費，文化活動に広がりを見せている。

生産活動において，データ・AIは製造プロセスの効率化，品質管理，コスト削減に寄与している。生産ラインの最適化や予測モデルの策定による需給バランスの安定化などに加え，近年はロボット技術との組合せなどにより無人の生産設備の運用が可能になり，人的ミスを減らしながら高い生産性を実現することも期待されている。

消費活動に関しては，顧客行動の分析をもとにパーソナライズされたマーケティング戦略の展開や，消費者体験の向上にデータ・AIが活用されている。インターネット通販では推薦システムを通じて個人に合わせた商品を提案することが一般的になり，その精度も向上している。

文化活動の領域では，とりわけ生成モデルの活用により芸術作品の創造が期待されている。また，文化遺産のデジタル化やそのデータを用いた修復・復元が行われている。博物館やアートギャラリーでは，訪問者の行動データをAR（拡張現実）と併用することにより没入感のある体験を提供している。

研究開発分野

データ・AIの研究開発分野での活用事例として，膨大なデータベースからの知識発見による創薬研究開発の高速化と効率化，製品性能評価の自動化がある。

創薬研究 AIを活用した創薬研究では，既存の膨大な化合物データベースや過去の知見の記録，研究論文などから有望な化合物を探索し，創薬プロセスの高速化と効率化を実現する。

製品の性能評価 自動車メーカーでは，製造工程でIoTセンサーから得られるデータを機械学習で解析し，自動車部品の品質劣化の予測や設備の残存寿命診断を実施している。建設機械メーカーでは重機の振動データを分析することで，予兆を検知し，あらかじめ点検・修理の対応をス

ムーズに実施している。

調達プロセス

調達プロセスにおけるデータと AI の活用は，最適な仕入れ時期やサプライヤー選定に寄与し，コスト削減と効率化をもたらす。文書処理や契約管理の自動化により，調達業務のスピードと精度が向上する。また，生成モデルの活用などによって文書処理や契約管理の自動化が行われるようになり，調達業務そのものが効率化されるようになっている。

サービス分野

電子カルテ　多くの医療施設・介護施設で導入され，遠隔医療に役立てられている。電子カルテシステムでは，患者の診療記録をデジタルデータとして管理しデータベースに記録している。さらに，Web 会議システムなどを用いて，離れた場所の医師と患者を遠隔でつなぎ，画像や生体データなどもやり取りすることによって遠隔医療がなりたっている。

IoT センサー　圧力センサー，モーションセンサー，生体センサーなどを用いて患者や要介護者のデータを取得し，転倒などを検知する取組みが各所で行われている。転倒の検知には，教師あり機械学習の手法などが広く用いられている。

労働時間管理　IC カードや RFID などの入退室管理システムからデータが収集されている。最近では，オフィス内など，どの場所で業務を遂行したかという位置情報も記録されるようになった。働き手のシフト最適化には，数理最適化の技術や遺伝的アルゴリズム，強化学習などの手法が利用されている。

物流分野

物流や流通分野でのデータ・AI の活用事例として，人間の直感的判断では解決困難な計画や配置の組合せをデータ・AI により見つけ出し効率化する事例がある。

数理最適化の技術　物流拠点では，効率的な人員配置が重要である。数理最適化の技術を用いることで，制約条件の下での労働力の効率的な配

置，作業スケジュールの作成が行われている。これにより，労働コストの削減や作業効率の向上が図られている。

働き手のシフト最適化　2024年にドライバーの労働時間の規制が厳しくなったため，物流企業ではシフトの最適化や労働時間管理の重要性が高まった。労働者の適切な休息時間や輸送量を確保しつつ，効率的な配送スケジュールを組むための技術が各社で検討されている。

マーケティング

　マーケティングは「売れる仕組みづくり」とよばれ，製品やサービスを顧客のニーズを満たすよう企画し提供するための活動全般をいう。データ・AIの進化は消費者の行動パターン，購買履歴などをより深く分析し，より個別化されたマーケティング戦略の展開を可能にした。対象者の選定，提供する製品やサービス，提供タイミングの最適化などマーケティング領域における活用は多岐にわたる。データ駆動型のアプローチにより，マーケティング活動の効果測定も容易になった。

販売分野

　販売分野におけるデータ・AIの活用事例として，需給により価格を動的に変動させたり適正な値付けを自動化する方法，人間の意思決定を高度化することで顧客満足度を高める支援ツールがある。

ダイナミックプライシング　ダイナミックプライシングは，需要や供給の変動に応じて価格をリアルタイムで調整する手法で，旅行業界では航空券やホテルの価格最適化に広く活用されている。強化学習，ニューラルネットワーク，決定木ベースのアルゴリズム等が代表的である。

最適価格の決定（価格感度分析）　顧客が価格変動に対してどの程度敏感であるかを評価するための統計的手法である。これは，顧客が価格変動に反応して製品やサービスの購買行動を変化させる程度を理解し，価格戦略の立案や価格設定の最適化に役立つ。コンジョイント分析，PSM（Price Sensitivity Measurement）などがよく知られている。アンケート調査の実施には適切に消費者に設問しデータ収集する必要もあるため，設問設計・調査設計のスキルも必要な分野である。

§2.1　社会におけるデータ・AI 利活用　**27**

営業支援ツール　顧客データを活用した営業支援ツールは，顧客のニーズや購買パターンを理解し，セールスパーソンに対して顧客ごとにパーソナライズされた営業方法を提供することで，営業活動の効率化と成果の最大化を支援する。営業支援ツールでは，顧客の属性データや購入履歴などの情報を元に，特定のルールに基づいて顧客セグメントを定義したり，営業活動の優先順位付けを行ったりする。たとえば，「購入額が○○円以上の顧客には特別なプロモーションを提供する」というようなルールである。また，クラスター分析を用いて顧客をクラスタリングしたり，決定木などの教師あり機械学習を用いて成約可能性の高い顧客を分類するといったアプローチが多用されている。

活動別のデータ・AI の活用

ここまでは分野別の活用について述べてきたが，仮説検証，原因究明などの活動別にデータ・AI の活用を整理することも行われる。

仮説検証は，事前に設定された仮説をデータ分析を通じて評価するプロセスであり，理論やアイデアが実際のデータに基づいてどの程度正確かを評価する。このプロセスを通じて，データから有意な洞察を抽出し，モデルの予測性能を検証し，より効果的な意思決定と戦略の策定が可能となる。

原因究明は，データサイエンスを活用し大量のデータから因果関係を解析することで，問題発生の背後にある要因やその影響度を把握する。特に社会課題の解決において論理的かつ効果的に問題を解決するための重要な手段となっている。例として，交通渋滞や事故の多発地点について，地理的情報や時系列解析などを通じて原因を把握することができる。

計画策定の精度を向上するためにデータ・AI が役立てられている。たとえば，企業の経営計画では売上予測や市場トレンドを分析し，収益予測とリスク管理を通じて資金繰りを最適化することなどが行われている。

判断支援は，データや根拠に基づいた意思決定を補助する。企業や組織の活動の多くの分野でデータがリアルタイムに取得される時代になっており，生産計画，品質管理，リスク管理などにおいてデータに基づいた意思決定が不可欠になっている。

活動代替は，繰り返し行われる類似した作業が必要な場面において，AI

が高速かつ正確に人間に代わり作業を実行することである。たとえば，顧客サービスにおける AI チャットボットは，基本的な問い合わせ対応を自動化している。

2.1.4　データ・AI 利活用のための技術

データと AI の利活用は，現代社会におけるあらゆる分野で判断基準や意思決定プロセスを変革し続けている。データサイエンスの進展には，さまざまな技術が寄与している。ここではいくつかの技術について概要を説明する。

予測

データサイエンス・AI の技術の中で発展の著しいのは予測の技術である。機械学習の用語では予測は教師あり学習に対応する。予測では，予測の対象となる変数 y を他の変数 x を用いて当てようとする。y を目的変数，x を説明変数とよぶことが多い。たとえば企業の株価 y を，その企業のさまざまな業績の指標 x を用いて予測するなど，説明変数 x としては複数の変数を考えることが多い。x の何らかの数学的な関数 $f(x)$ を用いて y を予測するときは，$f(x)$ は**予測モデル**あるいは予測のための**数理モデル**とよばれる。y が量的なデータの場合は，予測は**回帰**とよばれる。y が，たとえばある商品の購入の有無などのカテゴリーの場合は，予測は**分類**とよばれる。

予測という用語には，明日の天気予報のように将来の値の予測という意味合いがあるが，データサイエンスの予測では，y は将来の値である必要はない。y は現在得られているデータの中で欠けている値でもよい。典型的な例としては，画像データからどの動物かを当てる例であれば，x は画像データであり，y は画像が表している動物名である。もちろん，データが時間的に計測される時系列データでは，予測は将来の値に対するものであり，予測は本来の意味で用いられる。

ビッグデータが得られるようになるとともに，予測モデル $f(x)$ としては深層学習のように複雑なモデルが用いられるようになり，予測の精度が向上してきた。予測の精度向上がデータサイエンス・AI の有用性を高めている。

§2.1　社会におけるデータ・AI利活用　**29**

パターン発見

　パターン発見とは，データの中にみられるさまざまな特徴を見いだすことである。パターン発見のためには，まずはデータを可視化することが重要である。さらに機械学習の教師なし学習のさまざまな手法を応用することができる。

　パターンとしては，一つの変数の分布の特徴を見ることも基本であるが，より重要なのは変数間の関係を見いだすことである。具体的には，各変数間の相関を調べて，関係の深い変数の組を見つけることになる。マーケティングの分野では，同時あるいは順次に購入される商品の組やサービスの組を見つけることに興味がある。このような購入のパターンの分析を**バスケット分析**とよぶ。バスケットとは買い物かごのことである。

グルーピング

　グルーピングとは，データを有意味なカテゴリーに分け，それに基づいて分析を行う方法である。グルーピングの最大の意義は，複雑なデータセットから有益な情報を抽出し，より深い洞察を提供することにある。たとえば，ビジネスにおいては，顧客の嗜好や行動パターンを理解し，マーケティングや製品開発に役立てることができる。

　グルーピングを理解する上で重要なのは，量的データと質的データの違いである。量的データは数値で表され，大きさや数量を示すものである。たとえば，身長や収入がこれに該当する。一方，質的データは文字や記号で表されるデータで，カテゴリーや種類を示す。性別や職業がこれにあたり，数値的な情報は利用しない。量的データをグルーピングする際には，高身長，20代といったように，質的データに変換することで，カテゴリー分割を可能にする。

　グルーピングは有用な分析であるが，複雑なデータでは，大まかに分割することすら難しい場合がある。データを分割するための技術については，p.154の階層的クラスタリングと非階層的クラスタリングを参照されたい。

シミュレーション

　予測のための数理モデルが複雑であるとき，そのモデルの挙動を理論的に

解析することが困難となることが多い。その際には，モデルの変数に具体的な数値を代入してモデルの挙動を数値的に調べることが有効である。これをモデルの**シミュレーション**という。

シミュレーションは，時間発展を含むモデルに対して特に有効である。一つの例として，日本の将来人口の予測があげられる。出生率の想定によって，将来人口の予測のシナリオはいくつか考えられる。日本の将来人口の予測では，高位推計，中位推計，低位推計の3つの推計が発表されている。

モデルに確率的な要素が含まれる場合，シミュレーションには乱数が利用されることが多い。特に，乱数を使って確率的なプロセスの結果を大量に生成し，それに基づいて統計的な予測を行うシミュレーション手法を**モンテカルロシミュレーション**とよぶ。

近年では天気予報の精度が向上しているが，天気予報も複雑なモデルのシミュレーションによって得られている。気象データの観測精度の向上や観測地点数の増大によって天気予報のためのモデルも複雑化し，実際のシミュレーションはスーパーコンピュータを用いて行われている。シミュレーションによる天気予報の結果と，実際に得られた天気のデータが異なるときには，データをモデルに取り入れてシミュレーションが更新される。このようなシミュレーションデータと実際のデータの融合は**データ同化**とよばれる。

可視化の方法

データの可視化の方法についてはより詳しく5章で解説するが，ここではキーワードの形でいくつかの可視化の方法をとりあげる。

複合グラフは，複数の異なるタイプのグラフを一つのプロットに組み合わせたものである。たとえば，棒グラフと折れ線グラフを重ねて表示することができる。これにより，異なる種類のデータを同時に視覚化し，データ間の相互作用を直感的に理解できるようになる。**2軸グラフ**は，異なる種類のデータを同時に表示するために，一つのグラフ内に2つの異なるY軸を使用するものである。左右のY軸に異なる尺度を設定し，それぞれの軸に対応するデータセットをプロットする。これにより，関連性はあるが異なる単位や尺度をもつデータを効果的に比較・分析できる。

多次元の可視化は，3次元以上のデータを平面上で表現する手法である。

散布図行列，平行座標プロット，レーダーチャートなどが用いられ，複数の変数間の関係を同時に把握することが可能となる。これにより，高次元データのパターンや相関を直感的に理解できる。**関係性の可視化**は，データ間の相互関係や接続を表現する手法である。相関行列，ネットワーク図などが典型的な例で，異なる要素間の連携や依存性を視覚的に理解しやすくする。

挙動・軌跡の可視化は，モノや人の動きや経路を時系列に沿って描画する手法である。地理的なデータや時間に基づく行動パターンを表現し，移動ルート，速度，停止点などの情報を明らかにする。これにより，動的な過程や行動の流れを直観的に把握できる。**リアルタイム可視化**は，データが生成されると同時に情報をグラフィカルに表示する手法である。瞬時にデータ変動を捉え，迅速な意思決定を行うことが可能となる。特に，監視システムや市場のトレンド分析において効果的であり，即時の対応が求められる環境で重宝される。

地図上の可視化

地図上の可視化は，地理的データを視覚的に表現し，情報を直感的に伝達する重要な手段である。地図の可視化を通じて，ユーザーは空間的なパターン，関係，トレンドを直感的に把握し，効果的な意思決定を行うことが可能になる。総じて，地図上の可視化は，地理的データからの洞察を引き出し，情報を直感的かつ効果的に伝えるための重要なツールである。

地図用データには，**ベクタデータ**と**ラスタデータ**という 2 つの主要なデータ型がある。ベクタデータは地点（ポイント），線（ライン），多角形（ポリゴン）として表現され，正確な位置情報と共に属性情報をもつことができる。ベクタデータは主に Shapefile や GeoJSON といった形式で保存される。これらのフォーマットは，複雑な地理空間を正確に表現可能である一方で，操作をするのに GIS ソフトウェアやプログラミング言語が必要であったり，実行に時間がかかるといったデメリットもある。ラスタデータは，地表を等間隔のピクセルで表し，各ピクセルに特定の値を割り当てることで情報を表現する。衛星画像データや地図タイルデータは画像として取り扱われる。また，日本では地域メッシュ（日本産業規格 JIS X0410）により緯度経度に基づく標準的な格子分割方法が普及しておりメッシュ統計や地図分割に利用さ

れている [17]。メッシュ統計は主に csv 形式で作成され，簡単に操作可能である。位置情報の不正確さや，データに含まれる情報が少ないといったデメリットがある一方，地理上の隣接関係が容易にわかる点など操作性に優れている。そのため，ラスタデータはベクタデータと目的を分けてすみわけされている。

非構造化データ処理

非構造化データは，以前は標準的なデータ分析ツールでは扱いにくかったが，**自然言語処理** (NLP, Natural Language Processing)，画像処理，音声処理などに適したアルゴリズムが，Python などからも利用できるようになってきている。

画像処理では，画像の特徴を学習し，顔認識，物体検出，画像分類などのタスクを行う。これらの技術は，自動運転，医療診断支援，セキュリティシステムなど，多様な応用分野に貢献している。**動画処理**は，連続する画像フレームを操作し，機械学習を用いて動きの検出，追跡，分析を行い，監視，交通管理などに応用される。**音声処理**は音声信号をキャプチャし，分析，加工，合成する技術領域である。音声認識，音声合成，エコー除去などの処理が含まれる。自然言語処理と組み合わせて，スマートアシスタントや音声翻訳サービスなど，リアルタイムの応用が拡大している。**音楽処理**は音楽信号の分析，生成，変換を目的とする。音楽の分類，推薦，自動作曲などが行われている。また，音楽情報検索や音楽理論の分析などにも利用される。

ルールベースと自動化処理

ルールベースとは，人が定義した規則に基づいて判断や処理を行うことをいう。特定の入力に対し，あらかじめ設定されたルールに従って出力を生成するため，自動化に向いている。**自動化処理**では，人の介入を最小限に抑え，タスクやプロセスを機械やソフトウェアが実行する。定型作業の高速化，正確性の向上，コスト削減が主な目的である。産業用ロボットによる高速かつ高精度の作業などが，自動化処理の典型的な例である。

2.1.5 データ・AI利活用の現場

データサイエンスのサイクル

　データサイエンスを活用して課題を解決するには，いくつかのステップを区別することが有用である。またこれらのステップを，サイクル（輪）の形につないで，継続的な問題解決をはかることも求められる。このような繰返しを**デーサイエンスのサイクル**とよんでいる。

　データサイエンスのサイクルの考え方としてよく用いられるのが**PP-DAC サイクル**である。PPDAC サイクルとは，問題（Problem），計画（Plan），データ（Data），分析（Analysis），結論（Conclusion）の順番に，データに基づく問題解決を行い，このプロセスを繰り返すことを意味する。

　問題（Problem）とはデータサイエンスの手法を用いて解きたい問題あるいは課題である。課題は，たとえばある商品の売上を伸ばしたいというような漠然としたものでもよい。次の計画（Plan）とは，問題解決のためにどのようなデータを収集し，どのような分析を行い，何を目的にするのかなど，問題解決の具体的なシナリオを設定することである。アンケート調査や実験をともなう場合には，それらの計画もここに含まれる。次のデータ（Data）は実際にデータを収集し，分析できる形に整備することである。データが整備されれば，データサイエンスの手法を用いてデータを分析（Analysis）する。そして，分析から得られた結論（Conclusion）を適用して，問題を解決する。

　同様の考え方として，[3]にあるように，データ分析のサイクルを次の 5 つにステップに分けることもある。

- 課題抽出と定式化: 解きたい問題を抽出し，定式化を行う。PPDAC サイクルで言えば，「問題」と「計画」の両方をあわせたステップである。
- データの取得・管理・加工: PPDAC サイクルの「データ」と同様である。アンケート調査データや公的データの取得に加え，最近では IoT デバイスやウェブアプリケーション，各種センサーなどからデータが収集される。この段階では，データの質や収集の倫理的側面も重要な考慮事項となる。収集されたデータは多様であり，そのままでは利用できないことが多く，データのクリーニング，変換，標準化などの前処理が不可欠である。

- 探索的データ解析: PPDACサイクルの「分析」を2つのステップに細分化したときの前半部分であり，データのパターンや傾向を把握し，データの可視化や基本的な統計量の算出，異常値の検出などを行うステップである。特に，データの特徴を示す仮説を見いだすことが重要である。
- データ解析と推論:「分析」の後半であり，探索的データ解析のステップで見いだした仮説を数理モデルの形に定式化し，モデルを学習する（モデルのパラメータを推測する）。手法としては，伝統的な統計手法から，近年発展した深層学習に至るまで多数の手法が開発されているので，問題の性質やデータの特性に応じて適切な分析手法を選択する。モデルのパフォーマンス評価や予測精度の検証などもこのステップに含まれる。
- 結果の共有・伝達，課題解決に向けた提案: PPDACサイクルの「結論」に対応し，データ解析の結果を整理し，関係者に伝え共有する。さらにデータ解析の結果から実際の課題解決に向けた提案を行うことが重要である。たとえばマーケティングの課題では，データ分析の結果に基づき実際のマーケティング戦略を提案する。

2.1.6　データ・AI利活用の最新動向

社会におけるデータ・AIの利用例

ここでは，社会におけるデータ・AIの利用事例と動向について説明する。

オンライン通信販売における利用例　オンライン通信販売などの小売業者は，機械学習の技術である協調フィルタリングを用い，顧客の購買履歴，閲覧行動などからパーソナライズされた商品の推薦を行っている。また，その情報配信のタイミングも勾配ブースティングなどの教師あり機械学習の技術を用いて最適化している。

製造業における利用例　製造業では画像解析を利用して人による目視検査を効率化している。またGANを利用して，デザイン案の作成に役立てている。さらに，顧客からのフィードバックや市場トレンドを分析し，より個性的で顧客のニーズに合った製品の製造も行われている。

レコメンデーション

オンラインショッピングサイトなどで商品を検索すると，目当ての商品以外の商品も表示される。類似の商品が表示されることもあれば（例：ある会社の PC を検索すると別の会社の PC が表示される），同時に購入されることの多い商品が表示されることもある（例：PC を検索するとプリンタが表示される）。これは商品のレコメンデーション機能によるものである。

レコメンデーションとは文字通り顧客に商品やサービスをおすすめする（推薦する）機能である。レコメンデーションは「A 社の PC が表示されるときには B 社の PC も表示する」「A 社の PC が表示されるときには C 社のプリンタも表示する」などとルールを決めておくこともできる。また，顧客の年代などの情報を使って，特定の商品をすすめることもできる。しかし，このようなやり方では，ルールが膨大になってしまうし，ルールを構築した人々が気づいていない顧客のニーズに応えることができない。

そこで，顧客の行動に基づいて推薦を行う手法として**協調フィルタリング**がある。協調フィルタリングとは，顧客による商品の購入や評価を利用して，顧客同士の類似性や商品同士の類似性を測るものである。たとえば，類似度として相関係数を用い，顧客 A と顧客 B が商品につけている評価の相関係数が高ければ顧客 A と顧客 B は類似しているとする。類似度の評価をすべての顧客のペアについて行い，顧客について，その顧客と類似した顧客が高く評価した商品を推薦する。

ただし，前述の方式では，データが大量に必要だったり，これまでまったく評価をしたことのない顧客（新規顧客など）には推薦ができなかったり，珍しい趣味嗜好が無視されがちだったりなどの問題があるが，これらの問題を解決するための手法も開発されている。協調フィルタリングはオンラインショッピングサイト，音楽・映像配信サイト，SNS などで広く使われている。

シェアリングエコノミー

シェアリングエコノミーは，インターネットを介して個人と個人間あるいは個人と企業間で，場所・モノ・スキル等の活用可能な資産を，所有でなく，貸し借りすることによって生まれる経済の形である。おもに貸し借りによる資産の共有を指すが，中古品の売買を含むこともある。

資産の貸し借りの分野としては，車や運転サービスを提供するライドシェア，住居を提供する民泊，個人の知識やスキルを提供するクラウドソーシングなどがある。ライドシェアは世界的には Uber（ウーバー）が知られているが，各国でさまざまなサービスが提供されている。日本でも 2024 年に部分的なライドシェアサービスが開始された。民泊としては，Airbnb（エアビーアンドビー）が世界中で利用されている。

これらのサービスはインターネットの発達によってリアルタイムに情報共有が可能となったために，急速に拡大してきている。

強化学習と転移学習

強化学習は，教師あり学習，教師なし学習と並んで，3 つの基本的な機械学習の方法論の一つであり，ある環境内において知的なエージェントが，現在の状態を観測し，得られる報酬にもとづいて，どのような行動をとるかを学習する機械学習の一分野である。強化学習はゲームにおける戦略を学習する際に用いられる。

転移学習は，一つのタスクで学んだ知識を別のタスクに応用する手法で，新しい問題への学習効率を高める機械学習の研究領域であり，深層学習で特に使われる。

---

§2.2　データ・AI 利活用における留意事項

この節では，データを扱う際の倫理的な事項とセキュリティに関する事項について説明する。

2.2.1　データ・AI を扱う上での留意事項

ELSI（Ethical, Legal and Social Issues）

ELSI とは，"Ethical, Legal and Social Issues" の略語であり，「エルシー」と読む。日本語では「倫理的・法的・社会的な課題」と訳される。1980 年代に生命科学分野で，科学技術のみならずその社会的責任を考える必要を認め，提唱された概念であり，今では，あらゆる科学分野で必要とされてい

§2.2　データ・AI 利活用における留意事項　**37**

る。AI・データサイエンスなどに関して，技術的な課題以外に，そのような技術をそもそも開発してよいのか，責任体制をどうするかなど，倫理的・法的・社会的な課題が重要視されるようになってきており，AI やデータサイエンスの関連分野においても，近年，ELSI が重要視されるようになってきている。

個人情報保護

個人情報保護法において「個人情報」とは，生存する個人に関する情報で，氏名，生年月日，住所，顔写真などにより特定の個人を識別できる情報のことをいう。インターネット等の技術の進展や社会状況の変化に伴い，EU における個人データ保護の議論の影響も受ける形で，日本の個人情報保護法は2015 年に大幅に改正され，匿名加工情報などに関する規定などが盛り込まれた。これに合わせて，個人情報の適正な取扱いの確保を図ることを任務とする独立性の高い機関である個人情報保護委員会が設置された。

個人情報保護に関連する概念として，**オプトアウト**とは消費者が不要なマーケティング連絡や情報受信を拒否する選択を行うことをいう。逆に受けとる選択を行うことを**オプトイン**という。また**インフォームドコンセント**とは，もともとは医療分野において，患者が治療や検査を受ける前に，その目的，リスク，代替手段などについて十分な説明を受け理解した上で同意するプロセスのことを意味したが，転じてデータサイエンスの分野でも，個人のデータを収集する際に重要なプロセスである。**プライバシー保護**とは，プライバシー，すなわち「他人の干渉を許さない，各個人の私生活上の自由」を守るため，個人情報や秘密が無断で公開・利用されることを防ぐための措置や方針をいう。

EU 一般データ保護規則（GDPR）

EU では，EU 域内の個人データ保護を規定する法として，一般データ保護規則（**GDPR**：General Data Protection Regulation）が制定され，2018 年5 月 25 日に施行された。GDPR には，忘れられる権利やデータポータビリティ，プロファイリングに関する権利など，新たな個人情報に関する権利・利益が掲げられている。EU 域内に拠点がなくても，域内に物品・サービス

の提供等を行う場合にも適用されるため，EU 域内向けにサービスを提供する日本企業も法的規制を受ける場合がある。EU 域外への個人データのもち出しを行うためには GDPR に基づき，十分性認定を受ける必要があり，EU は，GDPR 第 45 条に基づき，2019 年に日本の十分性認定を行っている。

忘れられる権利

　忘れられる権利とは，過去の個人についての情報を消去させ，取り扱われないようにさせる権利のことである。インターネット時代のデジタルデータに関して，削除・アクセス遮断によりプライバシーが保護されることを求める権利であり，インターネット上にアップロードされたデータの扱いなどをめぐって，欧州司法裁判所で認められた。EU 一般データ保護規則（GDPR）の 17 条においても，消去の権利（「忘れられる権利」）として，データ主体の自己に関する個人データの消去を求める権利や，管理者が個人データを消去すべき義務を負うことなどが定められている。

著作権等の知的財産

　知的財産とは，創造的活動から生じるアイデアや創作物などの非物質的な資産を指す。これらを法的に保護する著作権，特許権，商標権，意匠権などを知的財産権という。

　データ利用に関する知的財産権として，特に注意を要するのがデータと分析ソフトウエアに関する著作権とアルゴリズムに対する特許権である。著作権とは，文章や記号，ソフトウエアなどの著作物を創作した人物に与えられる，自分が創作した著作物を無断で複製されたりインターネットで利用されない権利のことである。特許権では，新しい技術などを独占的に保護できるように法律でその権利が規定されている。

　そのため，公開データやソフトウェアでは，その利用範囲を規定したライセンス条項が合わせて定められている。その規定に従ってデータの利用を行う必要がある。たとえば，有名なライセンス条項として CC ライセンスや MIT ライセンスなどがある。

　たとえば，地図用データの作成は著作権に関する問題を多く含む。利用する地図用データの用途が，データ元の規約に従っているかどうか，必ず確認

する必要がある。

　また，テキスト，画像，音声，ビデオなどの非構造化データは，標準的な
データ分析ツールでは扱いにくく，自然言語処理（NLP），画像処理，音声
処理などでは，特許権により保護された特殊な技術やアルゴリズムが用いら
れることがある。分析加工用ソフトウェアやアルゴリズムの適用範囲につい
て吟味が必要となる場合がある。

データ倫理：データのねつ造，改ざん，盗用

　文部科学大臣決定として 2014 年に策定された「研究活動における不正行
為への対応等に関するガイドライン」[18] では，その対象とする不正行為と
して，ねつ造，改ざん，盗用の 3 つをあげている。

　ねつ造とは，存在しないデータや研究結果等を作成することである。**改ざ
ん**とは，研究資料・機器・過程を変更する操作を行い，データ，研究活動に
よって得られた結果等を真正でないものに加工することである。**盗用**とは他
の研究者のアイデア，分析・解析方法，データ，研究結果，論文または用語
を，当該研究者の了解もしくは適切な表示なく流用することである。

生成 AI の留意事項

　生成 AI は非常に強力な技術であるが，その使い方には留意点がある。生
成 AI の回答が正しいとは限らず，**ハルシネーション**（幻覚）が出力される
可能性があるからである。さらに生成 AI を悪用することにより，政治家の
演説をねつ造するような**偽情報**や，不適切な画像などの**有害コンテンツの生
成・氾濫**なども社会的な問題となってきている。

人間中心の AI 社会原則

　「人間中心の AI 社会原則」が，統合イノベーション戦略推進会議におい
て 2019 年 3 月 29 日に決定・公表された [19]。人間中心の AI 社会原則は，
AI-Ready な社会において尊重すべき 3 つの基本理念（「人間の尊厳が尊重さ
れる社会」，「多様な背景を持つ人々が多様な幸せを追求できる社会」および
「持続性ある社会」）と，社会が AI を受け入れ適正に利用するため，社会が
留意すべき 7 つの基本原則（「人間中心の原則」，「教育・リテラシーの原則」，

「プライバシー確保の原則」，「セキュリティ確保の原則」，「公正競争確保の原則」，「公平性，説明責任及び透明性の原則」および「イノベーションの原則」）により構成されている。

各種のバイアス

データ分析を行い，分析結果から結論を導く場合には，さまざまなバイアスの存在に注意しなければならない。バイアスとしては以下のようなものが知られている。

データバイアス 統計処理，あるいはデータサイエンス的処理を行う際，扱うデータに，そもそもバイアス（偏り）があること，あるいは，それに起因して起こる（よくない）ことをいう。たとえば，ある病気の治療方法について研究するときに，特定の地域の病院の患者のデータだけを集める場合や，人事採用に関するアルゴリズムを開発する際に，年齢や性別に偏りのあるデータを用いる場合などが該当する。

アルゴリズムバイアス 機械学習により，アルゴリズムにデータから学習させたとき，データにバイアスがあったがゆえに，学習結果のアルゴリズムにもバイアスが生じてしまうことをいう。たとえば，新規採用に関するAIによる自動書類審査のアルゴリズムを開発する際に，過去10年の雇用パターンで学習させたところ，それが男性雇用に偏っており，そのアルゴリズムは性別に中立的でなかったという事例が報告されている。

標本選択バイアス（データ取得） データ取得の際に生じるバイアスのことをいう。母集団から偏りのある集団を抽出し，全体の傾向としてしまうこと（有名な生存者バイアスも標本選択バイアスの一種）をいう。多くの場合，母集団をすべて調査することは不可能である。そのため，母集団の一部を抜き取る標本調査を行い，データを取得する。しかしながら，抽出対象や抽出方法に注意しないと，データが偏り誤った結論を導き出す恐れがある。

アノテーションバイアス（データ作成） データにラベルを付与する際に起こるバイアスのことをいう。付与者自身の属性や，付与する際の環境によって起こりうる。

帰納バイアス（アルゴリズム・モデルの選択） モデル・アルゴリズム自身がもつバイアスのことをいう。どんなモデル・アルゴリズムでも，大なり小なり必ずバイアスをもつ。モデル自身がもつバイアス（仮定）は，問題に制約を与え性能や解釈性を高める一方で，帰納バイアスと対象とする問題のミスマッチは，性能の低下のみならず，誤った結論を導く可能性がある。

公表バイアス 公表バイアスとは，ポジティブな研究結果ほど公表されやすく，ネガティブな研究結果ほど公表されにくい，というバイアスのことをいう。これは**出版バイアス**ともよばれる。ネガティブな研究結果はポジティブな研究結果よりも公表される可能性が低いため，公表された研究結果を集めるとポジティブな結果になりやすい。公表バイアスは利害・戦略などさまざまな要因によって起こる。また，公表バイアスはさらなる公表バイアス生むため，時間と共に偏りはさらに大きくなる。

ここにあげたさまざまなバイアスが社会的な問題になるなど，**データ・AI活用における負の事例**が報告されることが多くなっている。このような状況の中で AI サービス提供者に一定の責任を負わせる **AI サービスの責任論**も議論されるようになっている。企業活動においては，データを適切に管理し，データを安全かつ有効に利用する**データガバナンス**が重視されるようになってきている。

2.2.2 データを守る上での留意事項

情報セキュリティ：機密性，完全性，可用性

情報システムを取り巻くさまざまな脅威から情報資産を守りながら利活用するために確保すべき**情報セキュリティの3要素**または情報セキュリティ3原則とは，**機密性（confidentiality）・完全性（integrity）・可用性（availability）**である。これら3要素は英語の頭文字をとってまとめて，情報の CIA ともよばれる。

機密性とは，アクセス権限がない個人やプロセスに対して当該情報が開示されない，そのような個人・プロセスから当該情報の利用ができない，という性質である。個人が秘密にしたい情報や生活上の自由などを表す**プライバ**

シーと似ているが異なる概念である。電子データの機密性が損なわれる例としては，パソコンなどの情報を保持する機器の盗難，パスワードなどのアクセス情報の盗難，機密性の高い情報が電子メールなどで権限外の個人に送信されるような情報漏洩などがある。情報の機密性を実現する基本的な方法は暗号（cryptosystem）によるものである。

完全性とは，情報資産の内容についてその正しさ・正確さが利用のライフサイクルを通して損なわれず保証されることである。これはデータ内容が不正な方法や，検出されない方法で変更されないことを意味する。電子データの完全性が損なわれる例としては，改ざんやなりすましなどが挙げられる。なりすましは，インターネット上で第三者が他人のアカウントを乗っ取り，その当人になりすまして不正行為を行うものである。本人と偽ってインターネットバンキングで不正送金を行ったり，SNSなどで勝手に投稿行為を行ったりすれば，情報の完全性が損なわれたことになる。

可用性とは，必要なときにデータにいつでもアクセスできることを意味する。どのような情報システムであれ，その目的を果たすためには，エンドユーザが職務を遂行するために，情報が必要なときに利用可能でなければならない。これは情報の保存や処理にかかる機器やプロセス，情報保護のためのセキュリティ管理，情報のアクセスに利用される通信チャネルが，常に正しく機能していなければならないことを意味する。これは，停電やハードウェア障害などによるアクセスの中断だけではなく，たとえば，過剰なアクセスや大量のデータ送付による **DoS 攻撃** などのサイバー攻撃のために，サイトやサーバーが遅延したりダウンしたりしサービスが停止してしまうことがないようにすることを意味する。

暗号化の技術

平文を暗号文に変換する暗号化や暗号文を平文に戻す**復号**のためには**鍵**あるいはキーを用いる。暗号化を用いて機密性を維持するには，鍵自体を安全に保管することが必要である。伝統的な暗号では，暗号化に用いる鍵と複合に用いる鍵は同一であり，このような暗号を**対称暗号**あるいは**共通鍵暗号**とよぶ。

これに対して，暗号化と復号に異なる鍵を用いる**非対称暗号**が 1970 年代

§2.2 データ・AI 利活用における留意事項 **43**

に発明された。2つの鍵が異なることから，一方の鍵を公開しても安全性が保たれるため，非対称暗号は**公開鍵暗号**ともよばれる。公開される鍵を公開鍵とよび，秘密にしておく鍵を**秘密鍵**とよぶ。

公開鍵暗号では，情報を復号する個人Aと，暗号化する個人Bが別人である。Aは秘密鍵を自分のみで保持し，公開鍵を公開する。BはAの公開鍵を入手する。このときBからAに安全に情報を送るには，Bは情報をAの公開鍵で暗号化し，情報をAに送付する。暗号化された情報を復号するには秘密鍵が必要であるから，Aのみが暗号化された情報を復号できる。

公開鍵暗号は，電子署名にも用いることができる。Aが秘密鍵で暗号化した情報を，BがAの公開鍵で復元できるならば，Aが秘密鍵を知っていることが確認できる。

なお，公開鍵暗号を信頼するには，Aのみが秘密鍵を知っていることが前提であり，そのための仕組みが認証局による**公開鍵認証基盤**の提供である。

情報セキュリティの確保に重要な別の技術として，**暗号学的ハッシュ関数**がある。これは任意長の入力メッセージ（ファイルや文字列）に対して，一定の長さ (128ビットや256ビット) のハッシュ値を返す決定的な関数で，1) 同じ入力メッセージは常に同じハッシュ値になる（決定性），2) 同じハッシュ値をもつ2つの異なるメッセージを見つけることは非常に困難（衝突耐性），3) ハッシュ値から入力メッセージを見つけることも非常に困難（原像計算困難性），の3つの性質をもつものである。暗号論的ハッシュ関数は，ファイルの改ざんの検出などに用いられる。またハッシュ関数の技術は検索の高速化にも用いられている (4.2.3項参照)。

匿名加工情報

個人の行動ログなどのデータを扱うときは，データの受け渡しの際に個人情報を流出させないといった目的のために，もともとのデータで匿名化を行うことが重要である。**匿名加工情報**とは，特定の個人を識別することができないように個人情報を加工し，当該個人情報を復元できないようにした情報のことである。この加工により，プライバシーを保護しつつ，統計的な分析や研究など，個人情報を直接扱うことのリスクを避けながら利用することが可能となる。

匿名化のための最も基本的な操作は，氏名，住所，生年月日などの個人の識別に用いることのできる情報や，当該情報単体から特定の個人を識別することができるものとして政令でも定められた**個人識別符号**をデータから削除することである。個人識別符号の例としては，指紋，運転免許証番号，パスポート番号がある。

　個人に関する情報でも，たとえばその人の経歴など，一般に公開されている情報もある。一方で，不当な差別や偏見その他の不利益が生じないようにその取扱いに特に配慮を要するものとして政令で定める記述等が含まれる**要配慮個人情報**がある。要配慮個人情報の典型的な例としては個人の病歴があげられる。

　プライバシーやセキュリティの侵害が原因で発生する問題として，**秘密の暴露や差別の誘因**が挙げられる。秘密の暴露は，個人や組織の機密情報が不正に公開されることを指し，企業の競争力低下，個人のプライバシー侵害，信頼の失墜などの深刻な影響をもたらす。差別の誘引は，個人情報の不適切な使用やデータの偏りにより，意図せず特定の集団に対する偏見や差別を助長することを指す。

秘匿処理

　個人を直接特定する情報を削除したとしても，匿名加工されたデータに含まれる個人を，名簿情報など他のデータと組み合わせることによって特定できることがある。このような個人の特定を**再識別**という。再識別のリスクを軽減するために，住所や年齢の表示を粗くするなどの処理が行われることがある。このような処理を**秘匿処理**という。

　秘匿処理の方法としては，以下のようなものがある。まず手元のデータから一部のみを抜き出して，（一部であることを明言したうえで）利用に供することを**リサンプリング**という。リサンプリングの目的は，ある個人が調査対象になったということが知られた場合にも，提供されたデータに含まれるとは限らないため，再識別のリスクが軽減されることにある。

　量的データの場合，極端な値は再識別のリスクがある。たとえば100歳以上の年齢の人は少ないから，100歳以上というだけで個人が特定される可能性がある。そのような場合には，たとえば80歳以上は実際の年齢を「80歳

以上」に置き換えることが考えられる。このような処理を**トップコーディング**という。また，似た個人を何人か集めてきて，ある特性値について各個人の値をそのグループの平均値や中央値で置き換える処理を**ミクロアグリゲーション**という。

トップコーディングやミクロアグリゲーションは量的なデータの秘匿に用いられるが，質的なデータの秘匿には，似た個人同士のデータを入れ替える**スワッピング**や，ある確率にしたがってカテゴリーを入れ替える**PRAM**（Post RAndomization Method）が用いられる。

クロス集計表 (5.1.1 項参照) の形に集計されたデータでも，セルの頻度が小さいときには再識別のリスクがある。このような場合，セルの値を非表示にする処理が行われる。クロス集計表の場合，周辺度数の情報も表示されるから，単一のセルの度数を秘匿しても，周辺度数からセルの値がわかってしまうことがある。このため，複数のセルの度数を秘匿する必要がある（問題6.1.27 を参照）。

情報漏洩等によるセキュリティ事故

情報漏洩とは，組織が保有している個人情報や顧客情報などの重要な情報が，何らかの原因によって外部に漏れることである。近年，デジタル機器とネットワークが普及し，個人情報を含むさまざまな情報がパソコン，サーバ，外付けストレージ，オンラインストレージなどで運用管理されるようになってきた。データの運用管理が容易になる利便性の一方で，扱うデータや環境の増加に伴って，情報漏洩のリスクは拡大している。近年，テレワークの導入も進み，OS やソフトウェアの不具合・不備・設計ミスなどセキュリティの**脆弱性**を狙う**サイバー攻撃**も年々増加し，個人情報などの機密情報の漏洩・紛失のセキュリティ事故は後をたたない。情報漏洩による企業への影響は大きく，組織のイメージや社会的信頼の低下や民事・刑事上の責任，損害賠償などの金銭的損害だけに留まらず，取引先・顧客などへの 2 次被害や，業務そのものの存続が困難になることもある。

2022 年 4 月には改正個人情報保護法が施行され，個人情報の漏洩によって下記のような事態が発生した場合には個人情報保護委員会への報告および本人への通知が義務化された。こうした報告義務や法令違反に対する罰則の強

化なども追加された。

- 要配慮個人情報が含まれる事態
- 財産的被害のおそれがある事態
- 不正の目的をもって行われた漏洩などが発生した事態
- 1,000人を超える漏洩などが発生した事態

　情報漏洩の主な原因としては，(1) **不正アクセス**やサイバー攻撃，(2) メール誤送信などの人為的ミス，(3) 情報の悪用を目的とした内部不正，などが挙げられる。

　不正アクセスやサイバー攻撃の例としては，メールやWebサイトを通じた**マルウェア感染**や，OSやソフトウェアの不具合・不備・設計ミスなどセキュリティの脆弱性を狙った攻撃などが挙げられ，このような**悪意ある情報搾取**の手口もますます複雑化・巧妙化している。ロック・暗号化などによりファイルを利用不可能にした上で，元に戻すことと引き換えに金銭を要求するマルウェアである**ランサムウェア**の被害も増えている。こうしたリスクからデータや機密情報を守るためには，セキュリティツールの導入と適切な運用が必要である。セキュリティソフトは定期更新して最新に保つ必要があり，そのような周知徹底も必要である。また情報通信技術を使用せず，人間の心理的な隙につけ込む**ソーシャルエンジニアリング**の手法も巧妙化している。

　メール誤送信などの人為的ミスは，不注意，誤操作，紛失，不適切な廃棄などのヒューマンエラーにより，うっかり情報が漏洩してしまう場合であり，不正アクセスやサイバー攻撃と同様，情報漏洩事故の原因の多くを占めている。このような人為的ミスをなくすためには，組織内の情報管理を徹底し，運用ルールの策定と周知を行うことが必要である。データや記録媒体の定期的な整理整頓，データのアクセス権の管理，データや機器もち出しのルール作成，マニュアルやガイドラインの作成や研修実施など，さまざまな形で関係構成員のセキュリティリテラシーの向上が求められる。サービスの提供者側では，**ユーザ認証**あるいは**個人認証**のために，従来の**パスワード**のみではなく，認証の3要素である「知識情報」，「所持情報」，「生体情報」のうち，2つ以上を組み合わせる **多要素認証**（Multi-Factor Authentication）の導入が有効である。また，保存データや通信の**暗号化**と**復号**なども情報漏

洩の対策に有効である。

　情報の悪用を目的とした内部不正としては，内部の関係者による情報漏洩がある。情報漏洩のリスクは外部からの要因だけに留まらず，大きな組織になればなるほど内部での情報管理の徹底も重要である。メール誤送信などの人為的ミスを防ぐための対策と同様，データや機器のもち出し・もち込み・貸与や譲渡などについて許可なくできないようにするなどのルール作成や記録，人の出入りの管理，ユーザ認証，機密データや機器へのアクセス権やアクセスの記録の管理，**アクセス制御**，また機器の適切な廃棄の運用と徹底が必要である。企業や行政機関などでは特にセキュリティ教育を通して，構成員一人ひとりの情報漏洩に対する意識を向上させることが大切である。

§2.3　データ取得とオープンデータ

オープンデータ取得

　オープンデータの取得は，政府機関，企業，非営利団体が提供するデータに自由にアクセスし，それを利用，再配布するプロセスを指す。これらのデータは，公共の利益を促進し，イノベーションを加速するために，自由に利用可能な形式で提供されている。信頼性の高いこれらのデータは，研究者や教育者にとって貴重なリソースであり，幅広い分野での知見の拡大，教育の質の向上，政策立案の支援に寄与している。オープンデータ取得の中で重要な役割を果たしているいくつかの要素を説明する。

　データカタログサイトとは，さまざまなオープンデータをカタログ形式で提供するウェブサイトのことで，利用者が必要なデータを簡単に見つけられるように設計されている。日本では，「e-Stat」と「e-Gov データポータル」がその有名な例である。e-Stat は，政府統計の詳細を提供し，e-Gov データポータルは統計のみならず多様な政府データを集約している。海外では data.europa.eu などがある。

　Open Knowledge Foundation とは，オープンデータの可能性を最大限に引き出すことを目的とした国際的な非営利組織である。この団体は，オープンデータを通じて透明性，協力，イノベーションを促進し，よりよい

社会を構築することに取り組んでいる。

　データの取得については，データの提供者は**機械判読可能なデータの作成・表記方法**に注意しなければならない。表形式のデータであれば，印刷イメージではなく，表計算のワークシートのデータが望ましい。さらにワークシートにおいても，セルの結合などの印刷上の配慮を避け，Python のデータフレームなどに取り込みやすい形式が望ましい。

　オープンデータの公開性の評価のために，オープンデータを，利用，参照，計算などの観点からレベル 1（☆）〜レベル 5（☆☆☆☆☆）までの 5 段階で格付けしたものが「**5 スターオープンデータ**」である。具体的なファイル形式で見ると，PDF < Excel < csv < RDF < LOD の順にオープンデータとしての利用価値の星が増える。PDF ファイルは，公開されていても一般的には編集可能ではないため，レベル 1 とされる。レベル 2 以上は編集可能で，さらにレベル 3 以上はオープンフォーマットである。

　Web API とは，開発者がデータや機能にプログラムを通じて Web 経由でアクセスできるようにするツールであり，オープンデータの利用範囲を広げ，新しいアプリケーションやサービスの開発を促進する。これにより，データのリアルタイム処理，統合，および自動化が可能となり，オープンイノベーションのエコシステムを強化する。

　これらの要素は，オープンデータという広範なフレームワークの中で重要な役割を果たしている。それぞれが特定の目的をもって設計されており，オープンデータの活用を通じて社会的，経済的，技術的進歩を促進している。オープンデータは情報の透明性を高めるだけでなく，市民が政府の意思決定プロセスに参加し，より情報に基づいた選択をすることを可能にする。

統計法

　データに関する基本的な法律の 1 つに**統計法**がある。統計法の目的は，公的統計（国の行政機関・地方公共団体などが作成する統計）の作成及び提供に関し基本となる事項を定めることにより，公的統計の体系的かつ効率的な整備及びその有用性の確保を図り，国民経済の健全な発展及び国民生活の向上に寄与すること（第 1 条），となっている。公的統計は行政利用だけではなく，社会全体で利用される情報基盤として位置付けられている。

国勢統計，国民経済計算のほか，行政機関が作成する統計のうち総務大臣が指定する特に重要な統計を**基幹統計**といい（第2条第4項），それを作成するための統計調査を基幹統計調査という（第2条第6項）。基幹統計調査は，特に重要な統計調査であるため，報告義務（第13条），いわゆるかたり調査の禁止（第17条），地方公共団体による事務の実施（第16条），調査関係者の守秘義務（第41条）などの他の統計調査にはない特別な規定が定められている。

　統計調査によって集められた情報（調査票情報）は，本来その目的である統計作成以外の目的のために利用・提供することはできないが，統計の研究など公益に資する場合に限り，二次的に利用することが可能となっている。二次的な利用方法としては，調査票情報の自らの利用（第32条），調査票情報の提供（第33条），オーダーメイド集計（第34条），匿名データの提供（第36条）がある。ここでオーダーメイド集計とは，一般からの委託に応じ，行政機関等が行った統計調査の調査票情報を利用して，既存の統計表にはない集計を行うことを指す。調査票情報の提供の一部，オーダーメイド集計及び匿名データの提供を受けるには手数料の納付が必要になっている（第38条）。

第3章

数理に関する基礎的な事項

本章では，数理の基礎事項について，具体的には，線形代数，数列，微分積分について順次説明する．証明はほとんど記さないが，詳細は[20]を参照されたい．

§3.1 線形代数

線形代数はベクトルや行列を扱う数学の分野である．ベクトルや行列は，データを数学的に表現する基本的な方法であり，これらの理解はデータサイエンスの基礎，さらに深層学習などのより高度な技術を学ぶ上で欠かせないものである．以下では，ベクトルと行列について基本的な事項を説明する．

3.1.1 ベクトル

ベクトルとは，数（実数）を縦または横に並べたものである．縦に並べたものを**列（縦）ベクトル**，横に並べたものを**行（横）ベクトル**という．以下では主に列ベクトルで説明する．

平面ベクトル

ベクトルは xy 平面に対応させるとわかりやすい．xy 平面で点 (x, y) を考える．この点を

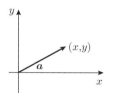 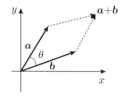

図 3.1 平面ベクトル（2次元ベクトル）

$$a = \begin{pmatrix} x \\ y \end{pmatrix}$$

と表す (図 3.1 の左)。a は 2 つの成分（あるいは要素）x, y からなり，a を 2 次元ベクトルという。本書ではベクトルは太文字で表す。

慣習として，ベクトルは原点からこの点への移動を表すことが多い。その意味で図 3.1 の左では a は原点から点 (x, y) に向かう矢印で表している。

次に xy 平面で 2 つのベクトル

$$a = \begin{pmatrix} x_1 \\ y_1 \end{pmatrix}, \qquad b = \begin{pmatrix} x_2 \\ y_2 \end{pmatrix} \tag{3.1.1}$$

とそれらの和を考える（図 3.1 の右）。ベクトル $a + b$ はベクトル a にそって移動したあとに b にそって移動して得られるベクトルを表す。これを要素で書けば

$$a + b = \begin{pmatrix} x_1 \\ y_1 \end{pmatrix} + \begin{pmatrix} x_2 \\ y_2 \end{pmatrix} = \begin{pmatrix} x_1 + x_2 \\ y_1 + y_2 \end{pmatrix} \tag{3.1.2}$$

となるから，ベクトルの和は要素ごとに和を計算すればよい。

ベクトルはこのように複数の数を並べたものであるが，ベクトルが 1 つの数だけで構成される場合は**スカラー**とよぶ。c をスカラーとしてベクトル $a = \begin{pmatrix} x \\ y \end{pmatrix}$ の c 倍を

$$ca = \begin{pmatrix} cx \\ cy \end{pmatrix}$$

と表す。本書では実数全体の集合を $\mathbb{R}$ で表し，xy 平面全体を $\mathbb{R}^2$ と表す。

空間ベクトル

xyz 空間の 3 次元ベクトルは

$$
\boldsymbol{a} = \begin{pmatrix} x \\ y \\ z \end{pmatrix}
$$

と表される。ベクトルの和やスカラー倍も 2 次元ベクトルと同様に定義できる。xyz 空間全体を $\mathbb{R}^3$ と表す。

n 次元ベクトル

以上を一般化して n 個の数を並べたベクトル

$$
\boldsymbol{x} = \begin{pmatrix} x_1 \\ x_2 \\ \vdots \\ x_n \end{pmatrix} \tag{3.1.3}
$$

を考える。並べた数の個数を**次元**という。xy 平面や xyz 空間では成分にそれぞれ別の文字を割り当てたが，n 次元ベクトルではそのような記法は具合が悪いので，成分は添え字を用いて x_i $(i = 1, 2, \ldots, n)$ と表記する。$\boldsymbol{x}$ の i 番目の成分 x_i を第 i 成分（あるいは第 i 要素）という。なお，すべての成分が 0 のベクトルを**ゼロベクトル**といい $\boldsymbol{0}$ で表す。n 次元ベクトル全体の集合を $\mathbb{R}^n$ と表し，**n 次元空間**あるいは **n 次元ユークリッド空間**とよぶ。

式 (3.1.2) を一般化して n 次元ベクトル $\boldsymbol{x}, \boldsymbol{y}$ に対して，ベクトルどうしの和とスカラー倍を次のように成分ごとの演算で定義する。

$$
\boldsymbol{x} + \boldsymbol{y} = \begin{pmatrix} x_1 + y_1 \\ x_2 + y_2 \\ \vdots \\ x_n + y_n \end{pmatrix}, \quad c\boldsymbol{x} = \begin{pmatrix} cx_1 \\ cx_2 \\ \vdots \\ cx_n \end{pmatrix} \tag{3.1.4}
$$

線形結合と線形独立

さらに式 (3.1.4) を一般化して k 個の n 次元ベクトル $\boldsymbol{x}_1, \ldots, \boldsymbol{x}_k$ とスカラー $c_1, \ldots, c_k$ に対して $\boldsymbol{x}_i$ に c_i をかけて和をとったベクトル

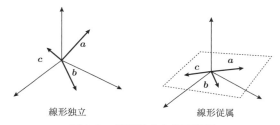

図 **3.2** 線形独立と線形従属

$$c_1\boldsymbol{x}_1 + c_2\boldsymbol{x}_2 + \cdots + c_k\boldsymbol{x}_k$$

を $\boldsymbol{x}_1, \ldots, \boldsymbol{x}_k$ の**線形結合**あるいは**一次結合**とよぶ。

一次結合がゼロベクトル

$$c_1\boldsymbol{a}_1 + \cdots + c_k\boldsymbol{a}_k = \boldsymbol{0}$$

となるのが $c_1 = \cdots = c_k = 0$ に限られるとき，$\boldsymbol{a}_1, \ldots, \boldsymbol{a}_k$ は**線形独立**（一次独立）であるという。つまり，線形独立であれば $\boldsymbol{a}_1, \ldots, \boldsymbol{a}_k$ のいずれも他のベクトルの一次結合として表すことができない（たとえば $\boldsymbol{a}_1 = 2\boldsymbol{a}_2 - \boldsymbol{a}_3$ のように表せない）。

線形独立ではないことを**線形従属**という。すなわち $(c_1, \ldots, c_k) \neq (0, \ldots, 0)$ が存在して

$$c_1\boldsymbol{a}_1 + \cdots + c_k\boldsymbol{a}_k = \boldsymbol{0}$$

となるとき，$\boldsymbol{a}_1, \ldots, \boldsymbol{a}_k$ は線形従属である。

たとえば 3 次元空間の 3 つのベクトル $\boldsymbol{a}, \boldsymbol{b}, \boldsymbol{c}$ については，それらが原点を含むどの平面にも含まれなければ線形独立であり，原点を含むある平面に含まれると線形従属である (図 3.2)。

内積とノルム

n 次元ベクトル $\boldsymbol{x}, \boldsymbol{y}$ に対して，**内積**を

$$\boldsymbol{x} \cdot \boldsymbol{y} = x_1 y_1 + x_2 y_2 + \cdots + x_n y_n$$

と定義する。内積がみたす性質として，対称性（$\boldsymbol{x} \cdot \boldsymbol{y} = \boldsymbol{y} \cdot \boldsymbol{x}$）と線形性（$\boldsymbol{x} \cdot (c\boldsymbol{y} + \boldsymbol{z}) = c\boldsymbol{x} \cdot \boldsymbol{y} + \boldsymbol{x} \cdot \boldsymbol{z}$）がある。$\boldsymbol{x} \cdot \boldsymbol{y} = 0$ のとき，ベクトル $\boldsymbol{x}$ と $\boldsymbol{y}$

は**直交**するという。また、ベクトル $\boldsymbol{x}$ の**ノルム**（あるいは長さ）を

$$\|\boldsymbol{x}\| = \sqrt{\boldsymbol{x} \cdot \boldsymbol{x}} = \sqrt{x_1^2 + x_2^2 + \cdots + x_n^2}$$

と定義する。$\|\boldsymbol{x}\| \geq 0$ であり、かつ $\|\boldsymbol{x}\| = 0$ と $\boldsymbol{x} = \boldsymbol{0}$ が同値であることは、内積の正定値性とよばれる。

　内積とノルムは、平面ベクトルや空間ベクトルの場合の定義の自然な一般化になっている。式 (3.1.1) の 2 つのベクトル $\boldsymbol{a}, \boldsymbol{b}$ に対して、$\boldsymbol{a}$ の長さ $\|\boldsymbol{a}\|$ は

$$\|\boldsymbol{a}\| = \sqrt{x_1^2 + y_1^2}$$

であり（図 3.3）、同様に $\|\boldsymbol{b}\| = \sqrt{x_2^2 + y_2^2}$ である。その内積は $\boldsymbol{a} \cdot \boldsymbol{b} =$

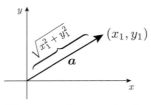

図 3.3　ベクトルのノルム

$x_1 x_2 + y_1 y_2$ であるが、$\boldsymbol{a}$ と $\boldsymbol{b}$ がなす角度を θ とすると

$$\boldsymbol{a} \cdot \boldsymbol{b} = x_1 x_2 + y_1 y_2 = \|\boldsymbol{a}\| \times \|\boldsymbol{b}\| \times \cos\theta \tag{3.1.5}$$

である（図 3.1 の右）[1]。$\boldsymbol{a}, \boldsymbol{b}$ がいずれもゼロベクトルでない場合、$\boldsymbol{a} \cdot \boldsymbol{b} = 0$ は $\boldsymbol{a}$ と $\boldsymbol{b}$ がなす角度が $\theta = \pi/2$ (すなわち $90°$) であることを示しており、$\boldsymbol{a}$ と $\boldsymbol{b}$ は直交している。n 次元ベクトルについても、式 (3.1.5) により 2 つのベクトルの間の角度 θ を定義する。

---

[1] cos などの三角関数については 3.3.3 項を参照。

§3.1 線形代数 **55**

> **コラム**
>
> ### シュワルツの不等式
>
> 内積とノルムの間になりたつ不等式としては次の形のシュワルツの不等式（あるいはコーシー・シュワルツの不等式）がある。
>
> $$\boldsymbol{x} \cdot \boldsymbol{y} \leq \|\boldsymbol{x}\|\|\boldsymbol{y}\|$$
>
> 以下ではこれを示す。$\boldsymbol{x}$ がゼロベクトルのときは明らかになりたつので，そうでないとする。内積の線形性を用いて，$\|t\boldsymbol{x} + \boldsymbol{y}\|^2$ は，
>
> $$\|t\boldsymbol{x} + \boldsymbol{y}\|^2 = \|\boldsymbol{x}\|^2 t^2 + 2(\boldsymbol{x} \cdot \boldsymbol{y})t + \|\boldsymbol{y}\|^2$$
>
> と，実数 t の 2 次関数として表記できる。内積の正定値性より，これはすべての t に対して 0 以上なので，その判別式は 0 以下でなければならない。つまり，
>
> $$(\boldsymbol{x} \cdot \boldsymbol{y})^2 - \|\boldsymbol{x}\|^2\|\boldsymbol{y}\|^2 \leq 0 \tag{3.1.6}$$
>
> がなりたつ。したがって，$\boldsymbol{x} \cdot \boldsymbol{y} \leq |\boldsymbol{x} \cdot \boldsymbol{y}| \leq \|\boldsymbol{x}\|\|\boldsymbol{y}\|$ である。式 (3.1.6) の等号が成立するのは，$t\boldsymbol{x} + \boldsymbol{y} = \boldsymbol{0}$ のとき，すなわち $\boldsymbol{x}, \boldsymbol{y}$ の一方が他方のスカラー倍になる場合である。

3.1.2 行列

 前項のベクトルは実数を 1 列に並べたものであるが，行列は実数を長方形の形に並べたものである。たとえば，2 行 3 列の行列は

$$\boldsymbol{A} = \begin{pmatrix} 1.0 & 0.5 & 1.2 \\ -0.5 & 0.0 & 1.0 \end{pmatrix}$$

のような形をしている。要素を文字で表すときは，添え字を 2 つ付けて

$$\boldsymbol{A} = \begin{pmatrix} a_{11} & a_{12} & a_{13} \\ a_{21} & a_{22} & a_{23} \end{pmatrix}$$

のように表す。たとえば a_{21} は 2 行 1 列の成分である。

 行列のサイズ，すなわち行数と列数，を一般化して，$n \times m$ **行列** (n 行 m 列行列) を

$$A = \begin{pmatrix} a_{11} & \cdots & a_{1m} \\ \vdots & \ddots & \vdots \\ a_{n1} & \cdots & a_{nm} \end{pmatrix} \qquad (3.1.7)$$

のように表す．a_{ij} は行列 A の i 行 j 列の成分である．簡略に (i, j) 成分ともいう．

このように行列を定義すると，ベクトルは n あるいは m が 1 の場合にあたる．$m = 1$ のときが列ベクトル，$n = 1$ のときが行ベクトルである．

$n \times m$ 行列は m 個の n 次元列ベクトルを並べたもの，あるいは n 個の m 次元行ベクトルを並べたもの，と理解することもできる．

コラム

データ行列

データサイエンスの観点からは，データを行列として考察することが重要である．図3.4のように，データは表計算ソフト Excel のシートなどに表の形で入力されることが多い．ここで数値データのみを取り出して式 (3.1.8) の行列 X を作れば，X は 3×2 行列

	A	B	C
1	ID	身長	体重
2	青木	172	65
3	加藤	178	72
4	佐藤	166	58
5			

$$\Rightarrow \quad X = \begin{pmatrix} 172 & 65 \\ 178 & 72 \\ 166 & 58 \end{pmatrix} \qquad (3.1.8)$$

データ行列 X

図 3.4 データが入力されたシート

となる．このようにデータからなる行列をデータ行列とよぶ．データを行列として考えることの利点は，データに対するさまざまな処理が行列の演算で表せることにある．

正方行列，対角行列，単位行列

行数と列数が等しく $n = m$ の場合には，A を正方行列とよぶ．左上の a_{11}

からはじまる対角線上の成分 $a_{11}, a_{22}, \ldots, a_{nn}$ を正方行列 $\boldsymbol{A}$ の**対角成分**，対角成分以外の成分を**非対角成分**とよぶ。すべての非対角成分が 0 である行列 $\boldsymbol{A}$ を**対角行列**とよぶ。たとえば，

$$\boldsymbol{A} = \begin{pmatrix} 2 & 0 \\ 0 & 3 \end{pmatrix}$$

は 2×2 の対角行列である。

すべての対角成分が 1 である対角行列を**単位行列**とよび，$\boldsymbol{I}$（あるいはサイズを添え字で表して $\boldsymbol{I}_n$）と書くことが多い。たとえば 3×3 の単位行列は

$$\boldsymbol{I}_3 = \begin{pmatrix} 1 & 0 & 0 \\ 0 & 1 & 0 \\ 0 & 0 & 1 \end{pmatrix}$$

である。

正方行列のうち，下三角部分（$i \geq j$ となる a_{ij}）のみに 0 でない値が入っているものを**下三角行列**，上三角部分（$i \leq j$ となる a_{ij}）のみに 0 でない値が入っているものを**上三角行列**という。2×2 の下三角行列と上三角行列は以下の形である。

$$\begin{pmatrix} a_{11} & 0 \\ a_{21} & a_{22} \end{pmatrix}, \quad \begin{pmatrix} a_{11} & a_{12} \\ 0 & a_{22} \end{pmatrix}.$$

転置行列

行列をその対角線に関して対称に折り返す操作を**転置**という。たとえば，2×2 の行列で $(1, 2)$ 成分と $(2, 1)$ 成分を入れ替える次のような操作である。

$$\begin{pmatrix} 1 & 2 \\ 3 & 1 \end{pmatrix} \quad \Rightarrow \quad \begin{pmatrix} 1 & 3 \\ 2 & 1 \end{pmatrix}$$

$\boldsymbol{A}$ を転置して得られる行列を $\boldsymbol{A}^T$ と表し，$\boldsymbol{A}$ の**転置行列**という。成分で表すと，$\boldsymbol{A}$ の (i, j) 成分 a_{ij} を (j, i) 成分とする行列が $\boldsymbol{A}^T$ である。

転置は（正方行列ではない）長方行列でも定義することができ，式 (3.1.7) の $n \times m$ 行列 $\boldsymbol{A}$ の転置行列 $\boldsymbol{A}^T$ は次の $m \times n$ 行列である。成分で表すと $\boldsymbol{A}$

の (i,j) 成分 a_{ij} を (j,i) 成分とする行列が $\boldsymbol{A}^T$ である。

$$\boldsymbol{A}^T = \begin{pmatrix} a_{11} & \cdots & a_{n1} \\ \vdots & \ddots & \vdots \\ a_{1m} & \cdots & a_{nm} \end{pmatrix}, \quad (ただし a_{ij} は \boldsymbol{A} の (i,j) 成分)$$

図 3.5 が，行列の転置の図示である。

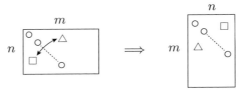

図 3.5 行列の転置

特に $m = 1$ のときは $\boldsymbol{A}$ は列ベクトル $\boldsymbol{a}$ であり，その転置 $\boldsymbol{a}^T$ は行ベクトルとなる。

$\boldsymbol{A} = \boldsymbol{A}^T$，つまり $i \neq j$ のすべての i, j に対して，$a_{ij} = a_{ji}$ となる正方行列 $\boldsymbol{A}$ を対称行列という。

行列の和と積

ベクトルと同様に行列についても和とスカラー倍が定義できる。さらに積も定義できる。

$\boldsymbol{A}, \boldsymbol{B}$ をともに $n \times m$ 行列とする。ベクトルの場合の式 (3.1.4) と同様に $\boldsymbol{A}$ のスカラー倍，$\boldsymbol{A}$ と $\boldsymbol{B}$ の和 $\boldsymbol{A} + \boldsymbol{B}$ は要素ごとの演算で定義する。たとえば

$$\boldsymbol{A} = \begin{pmatrix} 1 & 0.5 & 1.2 \\ -0.5 & 0 & 1 \end{pmatrix}, \quad B = \begin{pmatrix} 0.3 & 1 & 0 \\ -1 & 1.5 & -1 \end{pmatrix}$$

のとき $2\boldsymbol{A} + \boldsymbol{B}$ は以下のように計算される。

$$2\boldsymbol{A} + \boldsymbol{B} = \begin{pmatrix} 2 \times 1 + 0.3 & 2 \times 0.5 + 1 & 2 \times 1.2 + 0 \\ 2 \times (-0.5) - 1 & 2 \times 0 + 1.5 & 2 \times 1 - 1 \end{pmatrix} = \begin{pmatrix} 2.3 & 2 & 2.4 \\ -2 & 1.5 & 1 \end{pmatrix}$$

行列には積も定義される。A を $n \times m$ 行列，B を $m \times l$ 行列とする。ここで A の列数と B の行数が等しい（ともに m）ことが重要である。この場合，A と B の積 $C = AB$ は $n \times l$ 行列で，その (i,j) 成分 c_{ij} は

$$c_{ij} = a_{i1}b_{1j} + a_{i2}b_{2j} + \cdots + a_{im}b_{mj} = \sum_{k=1}^{m} a_{ik}b_{kj}$$

と定義される。つまり A の第 i 行と B の第 j 列の成分の積和（内積）を求めることで行列 C の (i,j) 成分とする（図 3.6）。

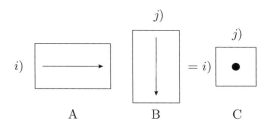

図 3.6　行列の積

2つの 2×2 行列の積の計算例を示す。

$$\begin{pmatrix} 1 & 2 \\ 3 & 0 \end{pmatrix} \begin{pmatrix} 0 & -1 \\ 2 & 1 \end{pmatrix} = \begin{pmatrix} 1 \times 0 + 2 \times 2 & 1 \times (-1) + 2 \times 1 \\ 3 \times 0 + 0 \times 2 & 3 \times (-1) + 0 \times 1 \end{pmatrix} = \begin{pmatrix} 4 & 1 \\ 0 & -3 \end{pmatrix}$$

単位行列 I を行列の左右から掛けても，その行列は変わらない。すなわち，行列のサイズが整合する限りにおいて，

$$AI = A, \quad IA = A$$

がなりたつ。

行列の積では，一般に積の順番で演算の結果が異なる。つまり $AB \neq BA$ である。たとえば，A を 2×3 行列，B を 3×2 行列とすれば AB は 2×2 行列であるが，BA は 3×3 行列であり，AB と BA はそもそも行列のサイズが異なる。行列の積の転置については，次のように順序が入れ替わる。

$$(AB)^T = B^T A^T$$

逆行列

　A も B も正方行列で，$AB = I$ となるとき，B は A の逆行列であるといい，A^{-1} と書く。逆行列は存在すれば一意に定まるが，逆行列が存在しない行列もある。A に逆行列が存在すれば，線形連立方程式 $Ax = b$ の解は一意に存在して $x = A^{-1}b$ と書ける。A に逆行列が存在しなければ，$Ax = b$ の解は存在しないか無限に存在する.

　行列の積では一般に $AB \neq BA$ であるが，逆行列については

$$AA^{-1} = A^{-1}A = I$$

が成立する。行列のサイズが 1×1 のスカラーのときは，逆行列はそのスカラーの逆数にあたり，0 には逆数が存在しない。

　行列の積の逆行列については，順序が入れ替わる。

$$(AB)^{-1} = B^{-1}A^{-1}$$

行列式

　正方行列 A の逆行列の存在に関して**行列式**が重要な役割を果たす。A の行列式を $\det A$，$\det(A)$，あるいは $|A|$ と書く。たとえば，2×2 行列では

$$A = \begin{pmatrix} a & b \\ c & d \end{pmatrix}$$

とするとき，

$$\det A = \begin{vmatrix} a & b \\ c & d \end{vmatrix} = ad - bc$$

と定義する。

$$\begin{pmatrix} a & b \\ c & d \end{pmatrix} \begin{pmatrix} d & -b \\ -c & a \end{pmatrix} = (ad - bc) \begin{pmatrix} 1 & 0 \\ 0 & 1 \end{pmatrix} = (\det A)I$$

より，2×2 行列 A については $\det A \neq 0$ のとき

$$A^{-1} = \frac{1}{\det A} \begin{pmatrix} d & -b \\ -c & a \end{pmatrix}$$

である。

§3.2 数列 **61**

3×3 の行列

$$A = \begin{pmatrix} a_{11} & a_{12} & a_{13} \\ a_{21} & a_{22} & a_{23} \\ a_{31} & a_{32} & a_{33} \end{pmatrix}$$

の行列式は

$$|A| = a_{11}a_{22}a_{33} + a_{21}a_{32}a_{13} + a_{31}a_{12}a_{23} - a_{11}a_{23}a_{32} - a_{21}a_{33}a_{12} - a_{31}a_{13}a_{22}$$

で与えられる。

行列式は $n \times n$ 行列 A についても定義され，$\det A \neq 0$ と逆行列 A^{-1} が存在することは同値である。$\det A \neq 0$ となる行列 A を**正則**あるいは**非特異**といい，$\det A = 0$ となる行列 A を**特異**という。

行列の積の行列式については A, B がともに同じサイズの正方行列とすると，積の行列式は行列式の積に等しい，すなわち次がなりたつ。

$$|AB| = |A| \times |B|$$

固有値と固有ベクトル コラム

行列 A が正方行列のときは，ゼロベクトルでない x について Ax が x の方向と一致し，ある実数 λ について，

$$Ax = \lambda x$$

となることがある。このとき，λ を A の**固有値**，x を（λ に属する）**固有ベクトル**という（一般的には，固有値と固有ベクトルは複素数をとりえる）。

---

§3.2 数列

数列とは，たとえば $1, 3, 5, 7, \dots$ というように，数を並べたものであり，一般的に，

$$a_1, a_2, \dots, a_n, \dots$$

のように記されることが多い。個数が有限の**有限数列**は前節で扱ったベクトルと同様であるが，数列の場合には無限個の数の列（**無限数列**）を考えることが多い。各 a_i は**項**とよばれる。また，a_i の i は**添字**とよばれる。任意の添字 i に対する項 a_i を**一般項**という。

総和記号

数列の途中までの項の和を扱う際に，総和記号 $\sum$（シグマ）を使うと便利である。たとえば，a_1 から a_n までの和は

$$a_1 + a_2 + \cdots + a_n = \sum_{i=1}^{n} a_i$$

と表される。添字の記号を（たとえば j に）変えても意味は変わらない。総和記号は線形性をもつ。つまり，c と d を定数とすると，

$$\sum_{i=1}^{n} (ca_i + db_i) = c \sum_{i=1}^{n} a_i + d \sum_{i=1}^{n} b_i \tag{3.2.1}$$

がなりたつ。なお，和を取る範囲が明確な場合などには，$\displaystyle\sum_i$ というように，範囲を省略することもある。

等差数列と等比数列

代表的な数列として，等差数列と等比数列がある。隣接する 2 項の差が一定の数列を**等差数列**という。その一定の差は**公差**とよばれる。公差を d とおくと，一般項は $a_i = a_1 + (i-1)d$ となる。最も基本的なものは，$a_1 = 1$ かつ $d = 1$ とした数列であり，一般項は $a_i = i$ である。この数列の第 n 項までの和は，1 から n までの和であり

$$\sum_{i=1}^{n} i = 1 + 2 + \cdots + n = \frac{n(n+1)}{2}$$

となる。

隣接する 2 項の比が一定の数列を**等比数列**という。その一定の比は**公比**とよばれる。公比を r とおくと，一般項は $a_i = a_1 r^{i-1}$ となる。この数列の第

§3.2 数列 **63**

n 項までの和は

$$\sum_{i=1}^{n} a_1 r^{i-1} = a_1 \sum_{i=1}^{n} r^{i-1} = a_1(1 + r + \cdots + r^{n-1}) = a_1 \frac{1 - r^n}{1 - r} \quad (3.2.2)$$

となる。式 (3.2.2) の最後の等式が成立するためには，$r \neq 1$ である必要がある。$r = 1$ の公比数列は，公差 0 の等差数列とみなせる。

二項係数

有限数列の中でも応用上重要なものは，二項係数のなす数列である。以下では，非負整数 n の階乗を

$$n! = n \times (n-1) \times \cdots \times 2 \times 1 \qquad (ただし \ 0! = 1)$$

と表す。n 個の（区別できる）ものから k 個を取り出す組合せの総数は

$$_n\mathrm{C}_k = \begin{pmatrix} n \\ k \end{pmatrix} = \frac{n!}{k!(n-k)!} \qquad (0 \leq k \leq n)$$

と表され，**二項係数**あるいは単に**組合せ**とよばれる。組合せについては再度 5.2.2 項で説明する。

二項係数については

$$(x + y)^2 = x^2 + 2xy + y^2, \quad (x + y)^3 = x^3 + 3x^2 y + 3xy^2 + y^3$$

などの展開を一般化した

$$(x + y)^n = \sum_{i=0}^{n} \begin{pmatrix} n \\ i \end{pmatrix} x^{n-i} y^i, \qquad (n = 1, 2, \dots) \tag{3.2.3}$$

がなりたつ。式 (3.2.3) は**二項定理**とよばれる。二項定理において $x = y = 1$ とおくと

$$2^n = \sum_{i=0}^{n} \begin{pmatrix} n \\ i \end{pmatrix}$$

が得られる。また，$0 \leq x \leq 1$, $y = 1 - x$ とおくと，式 (3.2.3) の各項 $\begin{pmatrix} n \\ i \end{pmatrix} x^{n-i} y^i$ は二項分布（5.2.4 項）の確率，すなわち試行回数 n，成功確率 y の二項分布に従う確率変数 Z において，$Z = i$ となる確率である。二項係数については，5.2.2 項でも扱う。

無限数列の極限

次に，無限数列 $a_1, a_2, \ldots$ を考える．無限数列を $\{a_n\}$ と表記することが多い．たとえば，無限数列 $1, 1/2, 1/3, \ldots$ は $\{1/n\}$ と表される．無限数列を扱う際には数列の極限に興味がもたれる．$\{1/n\}$ の場合には，$n \to \infty$ のとき $1/n \to 0$ である．このように，n を限りなく大きくすると，a_n がある一定の有限の値 α に限りなく近づくとき，$\{a_n\}$ は α に**収束**するといい，α を $\{a_n\}$ の**極限値**という．これを

$$\lim_{n \to \infty} a_n = \alpha$$

あるいは

$$a_n \to \alpha \qquad (n \to \infty)$$

と表記する．また，収束しない場合，数列は**発散**するという．数列が限りなく大きく（小さく）なるとき，正（負）の無限大に発散するという[2]．なお，たとえば $\{(-1)^n n\}$ のように振動しながら絶対値が大きくなる数列もある．

たとえば，等比数列 $\{r^n\}$ の極限は

- $r > 1$ のとき，正の無限大に発散
- $r = 1$ のとき，$\displaystyle\lim_{n \to \infty} r^n = 1$
- $-1 < r < 1$ のとき，$\displaystyle\lim_{n \to \infty} r^n = 0$
- $r \leq -1$ のとき，発散（正負どちらの無限大でもない）

となる．

級数の収束・発散

無限数列 $\{a_n\}$ の最初の n 項の和を $s_n = \sum_{i=1}^{n} a_i$ とすると，新たな無限数列 $\{s_n\}$ が得られる．この数列が収束する場合，**級数** $\sum_{n=1}^{\infty} a_n$ が収束するといい，極限値を

$$\lim_{n \to \infty} s_n = \sum_{n=1}^{\infty} a_n$$

と表す．無限数列 $\{s_n\}$ が収束しないときには，級数 $\sum_{n=1}^{\infty} a_n$ が発散するという．

---

[2] 正の無限大に発散する場合には，$\displaystyle\lim_{n \to \infty} a_n = \infty$ と表記することも多い．

級数には発散するものも収束するものもある．たとえば等比数列の級数については式 (3.2.2) より，$-1 < r < 1$ となる r について級数は収束し，

$$\sum_{n=0}^{\infty} r^n = \frac{1}{1-r} \tag{3.2.4}$$

と書けるが，それ以外の r については，級数は発散し，式 (3.2.4) も成立しない．

§3.3 微分積分

この節では微分積分の基礎的な事項について説明する．1 変数関数の微分，微分の応用，指数関数・対数関数・三角関数の定義と微分，1 変数関数の積分，多変数関数の微分，多変数関数の積分，の順序で説明する．

3.3.1 1 変数関数の微分

ここでは x, y とも実数とし，関数 $y = f(x)$ の微分について説明する．

連続性と微分可能性

微分を説明する前に，まず関数の連続性について説明する．

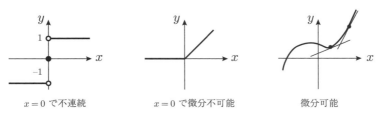

図 3.7 関数の連続性と微分可能性

関数のグラフ $y = f(x)$ に不連続な点（とび）がある場合，とびのある点で関数は不連続であるという．関数のグラフにとびがなく，グラフが連続なと

き，関数 $f(x)$ は連続であるという。たとえば，図3.7の左は x の符号 (sign) を与える次の関数であるが，この関数は $x=0$ で不連続である。

$$f(x) = \text{sign}(x) = \begin{cases} -1 & (x < 0) \\ 0 & (x = 0) \\ 1 & (x > 0) \end{cases}$$

微分係数と導関数

関数 $y = f(x)$ が $x = a$ で**微分可能**とは，次の極限値

$$\lim_{x \to a} \frac{f(x) - f(a)}{x - a} = \lim_{h \to 0} \frac{f(a+h) - f(a)}{h}$$

が存在することである。この極限値を点 a での $f(x)$ の**微分係数** (あるいは

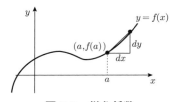

図 3.8 微分係数

微係数) という。連続であっても関数にとがりがある場合がある。とがりのある点では関数は微分可能ではない。たとえば，図3.7の真ん中はヒンジ関数とよばれる次の関数

$$f(x) = \max(0, x) = \begin{cases} 0 & (x < 0) \\ x & (x \geq 0) \end{cases}$$

のグラフであるが，この関数は $x = 0$ で微分可能ではない。図3.7の右側の関数はとびやとがりがなく，各 x で接線が定まる。このような関数が微分可能な関数である。

図3.8では h を dx と書き，$f(a+dx) - f(a)$ を dy と書いている。dx を x の増分，dy を対応する y の増分という。極限において dy/dx は点 a での $f(x)$ の接線の傾きに一致することが見てとれる。

§3.3 微分積分 **67**

関数 $f(x)$ がある区間 I のすべての点 x で微分可能であるとき，$f(x)$ は I で微分可能であるという。区間 I 上の各点 x に対して，微分係数を対応させる関数を $f'(x)$ と表し，これを $f(x)$ の**導関数**という。導関数 $f'(x)$ は，x のとる値を省略したいときなど，文脈に応じて次のいろいろな記法を用いて表されることがある。

$$y', \quad \frac{dy}{dx}, \quad \{f(x)\}', \quad \frac{d}{dx}f(x)$$

微分係数 $f'(a)$ は $x = a$ における $f(x)$ の接線の傾きであるから，点 a での $y = f(x)$ の接線の方程式は

$$y = f'(a)(x - a) + f(a) \tag{3.3.1}$$

である。接線は点 $(a, f(a))$ の近くでは $y = f(x)$ を近似する直線であるから，式 (3.3.1) の直線を点 a における f の**線形近似**（あるいは 1 次近似）という。

定数関数とべき乗の導関数

ここでは，定数関数と x のべき乗 $f(x) = x^c$ の導関数を示す。まず，定数関数 $f(x) = c$ については，傾きが 0 であることから

$$f(x) = c \qquad \text{ならば} \qquad f'(x) = 0$$

である。

べき乗 $f(x) = x^c$ については，まず $c = n$ を自然数に限定すると，式 (3.2.3) において $y = h$ とおくことにより

$$\frac{(x + h)^n - x^n}{h} = nx^{n-1} + h\binom{n}{2}x^{n-2} + \cdots + h^{n-1}$$

となり，極限 $h \to 0$ をとることで

$$(x^n)' = nx^{n-1}$$

を得る。実は任意の実数 c について，$x > 0$ の区間で同様に

$$(x^c)' = cx^{c-1} \tag{3.3.2}$$

となることを示すことができる。たとえば，

$$(\sqrt{x})' = \frac{1}{2}\frac{1}{\sqrt{x}}, \qquad x > 0$$

である。

和・差・積・商の微分

2つの関数の和，差，積，商の導関数の式は，導関数の計算で頻繁に利用するため，公式としてまとめておく。

> **微分の公式**
>
> $f(x)$ と $g(x)$ をともに微分可能な関数，c と d を定数とするとき，次の式が成立する。
>
> $$\{cf(x) \pm dg(x)\}' = cf'(x) \pm dg'(x) \tag{3.3.3}$$
>
> $$\{f(x)g(x)\}' = f'(x)g(x) + f(x)g'(x) \tag{3.3.4}$$
>
> $$\left\{\frac{f(x)}{g(x)}\right\}' = \frac{f'(x)g(x) - f(x)g'(x)}{g(x)^2} \tag{3.3.5}$$

たとえば，式 (3.3.2) と式 (3.3.3) により，多項式 $f(x) = ax^2 + bx + c$ の微分は

$$(ax^2 + bx + c)' = a(x^2)' + b(x)' + c' = 2ax + b \tag{3.3.6}$$

と導出できる。

式 (3.3.4) を用いると，たとえば

$$\{(ax + b)(cx + d)\}' = a(cx + d) + (ax + b)c = 2acx + ad + bc$$

と計算される。先にかっこを開いて，$(ax+b)(cx+d) = acx^2 + (ad+bc)x + bd$ と展開してから微分しても，式 (3.3.6) により同じ結果が得られる。

式 (3.3.5) を用いると，1次関数の比の微分は

$$\left\{\frac{ax + b}{cx + d}\right\}' = \frac{a(cx + d) - (ax + b)c}{(cx + d)^2} = \frac{ad - bc}{(cx + d)^2}$$

となることがわかる。

積と商の微分の証明　　　　　　　　　　　　　　　コラム

式 (3.3.3) の証明は容易であるから，ここでは式 (3.3.4) と式 (3.3.5) を示す。積の微分については

§3.3 微分積分 **69**

$$
\{f(x)g(x)\}' = \lim_{h \to 0} \frac{f(x+h)g(x+h) - f(x)g(x)}{h}
$$

$$
= \lim_{h \to 0} \frac{f(x+h)g(x+h) - f(x)g(x+h) + f(x)g(x+h) - f(x)g(x)}{h}
$$

$$
= \lim_{h \to 0} \left\{ \frac{f(x+h) - f(x)}{h} g(x+h) + f(x) \frac{g(x+h) - g(x)}{h} \right\}
$$

$$
= f'(x)g(x) + f(x)g'(x)
$$

である。商の微分については

$$
\left\{ \frac{f(x)}{g(x)} \right\}' = \lim_{h \to 0} \frac{1}{h} \left\{ \frac{f(x+h)}{g(x+h)} - \frac{f(x)}{g(x)} \right\}
$$

$$
= \lim_{h \to 0} \frac{1}{hg(x+h)g(x)} (f(x+h)g(x) - f(x)g(x+h))
$$

$$
= \lim_{h \to 0} \frac{1}{hg(x+h)g(x)} (f(x+h)g(x) - f(x)g(x) + f(x)g(x) - f(x)g(x+h))
$$

$$
= \lim_{h \to 0} \frac{1}{g(x+h)g(x)} \left\{ \frac{f(x+h) - f(x)}{h} g(x) - f(x) \frac{g(x+h) - g(x)}{h} \right\}
$$

$$
= \frac{f'(x)g(x) - f(x)g'(x)}{g(x)^2}
$$

である。

合成関数の微分

2つの関数 $f(x)$, $g(x)$ に対して, $f(g(x))$ を $f(x)$ と $g(x)$ の**合成関数**という。合成関数は $f \circ g(x) = f(g(x))$ のように表すこともある。たとえば, a が定数, $f(x) = x^2$, $g(x) = x - a$ の場合, $f(g(x)) = (x - a)^2$ である。

$f'(x)$, $g'(x)$ をそれぞれ $f(x)$, $g(x)$ の導関数とするとき, 合成関数 $f(g(x))$ の導関数 $(f(g(x)))'$ は

$$
(f(g(x)))' = f'(g(x))g'(x) \tag{3.3.7}
$$

となる。式 (3.3.7) を合成関数の微分の**連鎖律**あるいは**チェインルール** (chain rule) という。たとえば, $f(x) = x^2$, $g(x) = x - a$ の場合, $f'(x) = 2x$, $g'(x) = 1$ であることから $(f(g(x)))' = 2(x - a)$ となる。

式 (3.3.7) は $y = g(x)$, $z = f(y)$ とおいて，微小な dx, dy, dz について

$$\frac{dy}{dx} = g'(x), \quad \frac{dz}{dy} = f'(y)$$

より

$$\frac{dz}{dx} = \frac{dz}{dy}\frac{dy}{dx} = f'(y)g'(x) = f'(g(x))g'(x)$$

のように考えるとわかりやすい。

逆関数とその微分

関数 f が区間 I で狭義単調増加 (すなわち $x < x'$ ならば $f(x) < f(x')$) あるいは狭義単調減少ならば，$x \in I$ に対して $y = f(x)$ とおくと，このような y に対して $y = f(x)$ となる x は一意に定まる。そこでこのような x を $x = f^{-1}(y)$ と書き，f^{-1} を f の**逆関数**とよぶ。

$$y = f(x) \quad \Leftrightarrow \quad x = f^{-1}(y)$$

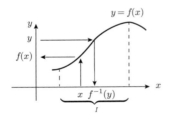
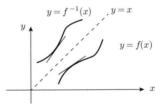

図 **3.9** 逆関数

図 3.9 の左にあるように，$y = f(x)$ のグラフにおいて y 軸の特定の点 y から x 軸に平行に進み，$y = f(x)$ のグラフにぶつかった箇所で，y 軸に平行に進んで x 軸の値をよめば $f^{-1}(y)$ の値が得られる。このように逆関数は x と y の役割を入れ替えて得られるから，$f(x)$ と $f^{-1}(x)$ を同じ xy 平面に描けば，2 つの関数のグラフは図 3.9 の右のように 45 度線，すなわち $y = x$ で折り返したものとなる。

図 3.9 の右でそれぞれの曲線の傾きを考えると，傾きが逆数の関係にあることもわかる．すなわち逆関数の微分について

$$(f^{-1})'(y) = \frac{1}{f'(f^{-1}(y))} \tag{3.3.8}$$

となる．これは $dx/dy = 1/(dy/dx)$ と見ることもできる．

さらに合成関数の微分を用いて $y = f(f^{-1}(y))$ を y で微分すると

$$1 = f'(f^{-1}(y)) \times (f^{-1})'(y)$$

となることからもわかる．

高階の微分

f の導関数 $f'(x)$ がさらに微分可能であるとき，導関数 $f'(x)$ の微分，すなわち $f''(x) = \dfrac{d}{dx} f'(x)$ を $\dfrac{d^2 f(x)}{dx^2}$ と表記し，**2階微分**とよぶ．これを x の関数とみるときは，**2階導関数**とよぶ．点 $x = a$ で関数 $f(x)$ を2次多項式で近似する式は，

$$f(x) \fallingdotseq f(a) + f'(a)(x-a) + \frac{1}{2} f''(a)(x-a)^2 \tag{3.3.9}$$

である．式 (3.3.9) を f の点 a での **2次近似** とよぶ．

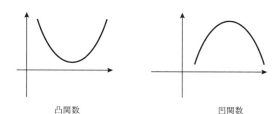

図 **3.10** 凸関数と凹関数

$f''(x) > 0$ の場合 f の傾き $f'(x)$ が単調増加となるため，f のグラフは下に張り出したような形となる。このような f を**凸関数**とよぶ (図 3.10)。漢字の「凸」のイメージとは上下が逆であるため，**下に凸**とよぶことも多い。逆に $f''(x) < 0$ の場合 f のグラフは上に張り出したような形となり，このような f を**凹関数**，あるいは**上に凸**な関数とよぶ。

`コラム`

高階微分とテイラー展開

関数 f を k 回繰り返して微分して得られる関数を，k **階微分**あるいは k **階導関数**とよび，

$$f^{(k)}(x) = \frac{d^k f(x)}{dx^k} = \left(\frac{d}{dx}\right)^k f(x)$$

などと表記する。

$$f(x) \fallingdotseq f(a) + f'(a)(x - a) + \frac{1}{2}f''(a)(x - a)^2 + \cdots + \frac{1}{k!}f^{(k)}(a)(x - a)^k$$

を f の点 a での k **次近似**とよぶ。右辺を**テイラー多項式**ともよぶ。

すべての自然数 k について $f^{(k)}(x)$ が存在するとき f は**無限回微分可能**という。無限回微分可能な関数については，適切な条件のもとで a の近くの x に対して等式

$$f(x) = f(a) + f'(a)(x-a) + \frac{1}{2}f''(a)(x-a)^2 + \cdots + \frac{1}{k!}f^{(k)}(a)(x-a)^k + \cdots$$

$$= \sum_{k=0}^{\infty} \frac{1}{k!}f^{(k)}(a)(x-a)^k$$

がなりたつ。これを**テイラー級数**あるいは**テイラー展開**とよぶ。

3.3.2 1変数関数の微分の応用

データサイエンス，特に機械学習の分野における最も重要な微分の応用は，目的関数の最大化または最小化のために目的関数の微分が 0 となる点を求めることである。

関数の最大最小

$f(x)$ を 2 階微分可能な関数とする。x の定義域上で $f''(x) \geq 0$ のとき，$f'(x_0) = 0$ をみたす x_0 が存在すれば，$f(x_0)$ は $f(x)$ の**最小値**である。また，$f''(x) \leq 0$ のとき，$f'(x_0) = 0$ をみたす x_0 が存在すれば，$f(x_0)$ は $f(x)$ の**最大値**である。

図 3.11 の左のように $f(x) = x^2$ の場合は，$f''(x) = 2 > 0$ なので $f(x)$ の最小値は $f(0) = 0$，図 3.11 の右のように $f(x) = -x^2 + 1$ の場合は，$f''(x) = -2 < 0$ なので最大値は $f(0) = 1$ となる。

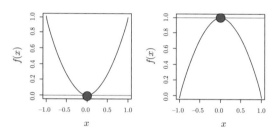

図 3.11 関数の最大値と最小値の概念図

例として，$x > 0$ の区間で $f(x) = x + 1/x$ の最小値を考える。

$$f'(x) = 1 - \frac{1}{x^2} = \frac{x^2 - 1}{x^2}, \qquad f''(x) = \frac{2}{x^3}$$

より $f'(x) = 0$ となる x は $x = 1$ と一意に定まる。また $f''(x) > 0$ であるから $x = 1$ で $f(x)$ は最小値 $f(1) = 2$ をとる。f の増減表を書くと表 3.1 となる。

表 3.1 関数 $f(x) = x + 1/x$ の増減表

x	0	$\cdots$	1	$\cdots$
$f'(x)$	$-\infty$	$-$	0	$+$
$f(x)$	$+\infty$	$\searrow$	2	$\nearrow$

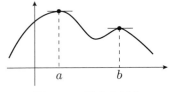

図 **3.12** 最大と極大

最適化

　変数を x として**目的関数** $f(x)$ を最大化ないし最小化するとき，まずは極大ないしは極小の点を求めることになる．ここで，極大（極小）とはその点の付近での最大値（最小値）である．図 3.12 で a は最大の点であるが b は（最大ではない）極大の点である．

　$f(x)$ が x について微分可能で，かつその導関数が連続であれば，$f(x)$ を x について微分した $f'(x)$ が 0 になる点が，極大ないし極小の点の必要条件であり，これを 1 階の条件（first order condition）とよぶ．$f'(a) = 0$ をみたす a が極大なのか極小なのかは $f''(a)$ を調べればよい．図 3.11 と同様に，$f''(a) < 0$ ならば $f(a)$ は極大であり，$f''(a) > 0$ であれば $f(a)$ は極小である．極大あるいは極小の値 $f(a)$ を**極値**という．また，$f(x) = x^3$ を考えると，$x = 0$ において $f'(0) = 0$ であるが $x = 0$ は極値を与えない．この場合を含めて $f'(x) = 0$ となる x を**停留点**という．

最小化の数値解法

　$f(x)$ を最小化する際，$f'(x) = 0$ が陽に解けないときには，数値的な最小化を行う．その代表的な方法が**勾配降下法**である．点 x で $f'(x) > 0$ であれば，x をより小さくすることで $f(x)$ の値が小さくなる．逆に，点 x で $f'(x) < 0$ であれば，x をより大きくすることで $f(x)$ の値が小さくなる．そこで，$\alpha > 0$ を小さい値として，n ステップ目の x_n を

$$x_{n+1} = x_n - \alpha f'(x_n) \tag{3.3.10}$$

という手順で x_{n+1} に更新する．これが勾配降下法の更新式である．

ニュートン法：方程式の数値解法 <u>コラム</u>

関数の線形近似の応用として，方程式 $f(x) = 0$ の解を数値的に得るニュートン法（あるいはニュートン・ラフソン法）とよばれる方法がある。ニュートン法は，ある点 x_n が方程式 $f(x) = 0$ の解の近くにあるとし，x_{n+1} が方程式の解であるとみなして，線形近似の式を用いて，

$$0 = f(x_{n+1}) \approx f(x_n) + f'(x_n)(x_{n+1} - x_n)$$

と表現する。これを x_{n+1} について解くことで，

$$x_{n+1} = x_n - \frac{f(x_n)}{f'(x_n)}$$

という漸化式が得られる。この漸化式は，$y = f(x)$ の $x = x_n$ における線形近似の直線と x 軸との交点を x_{n+1} とする形となっている（図 3.13）。この式は，x_{n+1} が x_n の近くにあるという状況下での線形近似の式に基づいて得られた式であるが，多くの場合，この漸化式から得られる数列は方程式 $f(x) = 0$ の解に収束する。

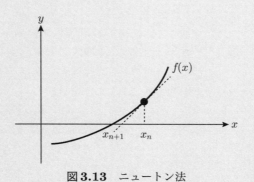

図 **3.13** ニュートン法

3.3.3 指数関数，対数関数，三角関数の定義と微分

ネイピア数 e の定義

ネイピア数 e はさまざまな形で定義できるが，ここでは e を以下の極限として定義する。

$$e = \lim_{h \to 0} (1+h)^{1/h} = \lim_{n \to \infty} \left(1 + \frac{1}{n}\right)^n = 2.718281\ldots \qquad (3.3.11)$$

このように定義[3]すると，微小な $h > 0$ に対して $e^h \fallingdotseq 1 + h$ であり

$$\lim_{h \to 0} \frac{e^h - 1}{h} = 1$$

がなりたつ。

指数関数

$f(x) = e^x$ を**指数関数**という。$f(x) = \exp(x)$ と表すこともある。e^x の微分を求めると

$$(e^x)' = \lim_{h \to 0} \frac{e^{x+h} - e^x}{h} = \lim_{h \to 0} \frac{e^x e^h - e^x}{h} = e^x \lim_{h \to 0} \frac{e^h - 1}{h} = e^x$$

となる。すなわち，$f(x) = e^x$ は微分しても変化しない。

このことから，$f(x)$ は無限回微分可能で，$f^{(k)}(x) = f(x) = e^x$ であることがわかる。そこで，$x = 0$ の回りでの e^x のテイラー級数は

$$e^x = 1 + x + \frac{x^2}{2} + \frac{x^3}{3!} + \cdots = \sum_{k=0}^{\infty} \frac{x^k}{k!} \qquad (3.3.12)$$

と書ける。この級数はすべての x について収束し，e^x に等しいことが知られている。

なお，式 (3.3.11) の x 乗をとると

$$e^x = \lim_{h \to 0} (1+h)^{x/h} = \lim_{n \to \infty} \left(1 + \frac{x}{n}\right)^n \qquad (3.3.13)$$

もなりたつ。

自然対数関数

指数関数 e^x の逆関数が自然対数 $\ln y$ である。すなわち

$$y = e^x \quad \Leftrightarrow \quad x = \ln y$$

---

[3] 厳密には式 (3.3.11) の極限の存在を示す必要があるが，$a_n = (1 + 1/n)^n$ とおき二項定理によって展開すると，a_n は単調増加で $\sum_{k=0}^{\infty} 1/k!$ に収束することがわかる。

である。ただし，定義域は $y > 0$ である。逆関数の微分の式 (3.3.8) より

$$\frac{d\ln x}{dx} = \frac{1}{x} \tag{3.3.14}$$

である。なお $x < 0$ についても，合成関数の微分を用いて

$$(\ln|x|)' = (\ln(-x))' = (-1)\frac{1}{-x} = \frac{1}{x}$$

となるため，$x \neq 0$ が正でも負でも $(\ln|x|)' = 1/x$ である。

指数関数と自然対数関数のグラフを図 3.14 に示す。

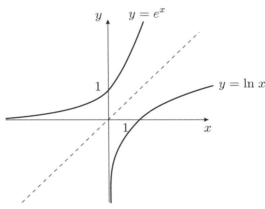

図 **3.14** $y = e^x$ と $y = \ln x$ のグラフ

一般の指数関数と対数関数

以上では指数関数として e^x，対数関数として自然対数関数を考えたが，一般の正定数 $c > 0$ について $f(x) = c^x$ も指数関数とよばれる。さらに，$c = e^{\ln c}$ であるから

$$c^x = (e^{\ln c})^x = e^{x \ln c}$$

と書ける。これより，合成関数の微分を用いて，c^x の微分は

$$(c^x)' = (e^{x \ln c})' = \ln c \times e^{x \ln c} = c^x \ln c$$

である。

またc > 1について，c^x は単調増加であるから逆関数が存在する。その逆関数をcを底とする対数関数とよび，$\log_c$ で表す。すなわち，$y > 0$ に対して

$$y = c^x \quad \Leftrightarrow \quad x = \log_c y$$

である。$c = 10$ の場合を**常用対数**とよぶ。$\log_c y$ と $\ln y$ の関係は次のように表される。

$$\log_c y = \frac{\ln y}{\ln c}$$

なお，以上の記法を用いると自然対数は $\ln x = \log_e x$ であるが，特に統計学の文献では下付きのeを省略して$\log x$で自然対数を表すことも多く，本書でも以降は，xの自然対数を$\log x$と表記する。ただし，Excelなどでは LOG(X) という計算は底が10の常用対数を表すので注意が必要である。

三角関数

cos や sin などの三角関数は，音声データや季節性をもつ経済データなど，波の性質をもち周期的な変動を示すデータを扱う際に必要とされるため，データサイエンスでも重要である。

数学で三角関数を扱うときは，引数である角度はラジアンを単位とすることが多い。ラジアンは，図3.15のように，単位円上の弧の長さにより角度を表す。したがって，角度をθと表すと，θが0から2πまで増加することで円を一周する。単位円周上の点は，$(\cos\theta, \sin\theta)$ である。

$|x|$ が小さいとき，点 $(1,0)$ から点 $(\cos x, \sin x)$ までの円弧の長さと y 軸方向の距離 $\sin x$ はほぼ等しいため，$\sin x$ の極限値に関する公式として，次の式がなりたつ。

$$\lim_{x \to 0} \frac{\sin x}{x} = 1$$

この公式や三角関数の加法公式を適用することで，次の三角関数の微分が導出される。

$$(\sin x)' = \cos x, \ (\cos x)' = -\sin x, \ (\tan x)' = \frac{1}{\cos^2 x}$$

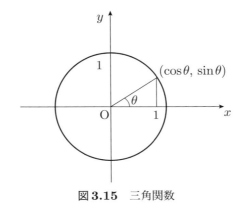

図 **3.15** 三角関数

3.3.4 1変数関数の積分

ここでは積分について説明する。

原始関数と不定積分

関数 $f(x)$ が関数 $F(x)$ の導関数となるとき，すなわち $F'(x) = f(x)$ がなりたつとき，$F(x)$ を $f(x)$ の**原始関数**という。原始関数には定数を加える不定性がある。すなわち，$F(x)$ が $f(x)$ の原始関数であるとき，$F(x)$ に任意の定数 C を加えた $F(x) + C$ も $f(x)$ の原始関数である。この任意の定数 C は積分定数とよばれる。原始関数を求めることを**不定積分**という。

基本的な不定積分の例

ここではいくつかのよく使う関数の不定積分についてその公式を示す。

$$\int x^n dx = \frac{1}{n+1} x^{n+1} + C \quad (n \text{ は自然数})$$
$$\int x^c dx = \frac{1}{c+1} x^{c+1} + C \quad (c \neq -1,\ x > 0)$$
$$\int \frac{1}{x} dx = \ln|x| + C$$
$$\int e^x dx = e^x + C$$

$$\int a^x \, dx = \frac{a^x}{\ln a} + C \quad (a > 0 \text{ の実数})$$

$$\int \sin x \, dx = -\cos x + C$$

$$\int \cos x \, dx = \sin x + C$$

$$\int \tan x \, dx = -\ln|\cos x| + C$$

定積分

積分には2つの側面がある。それらは，「面積計算」と「微分の逆演算」である。

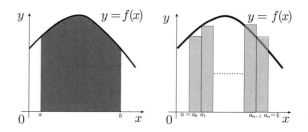

図 3.16　定積分の面積への対応（左）と短冊の面積の和としての近似（右）

まず，面積計算について説明する。区間 $I = [a, b]$ で定義された非負の連続関数 $f(x)$ に対し，図 3.16 の左に示すように，$f(x)$ のグラフ，x 軸，および y 軸に平行な2直線 $x = a$ と $x = b$ で囲まれた面積（図 3.16 の左のグレーの部分の面積）を $f(x)$ の a から b への定積分といい

$$\int_a^b f(x) dx$$

と表す。$f(x) < 0$ となる領域がある関数であれば，x 軸より下にある部分の面積を負の数とする符号付き面積が定積分である。

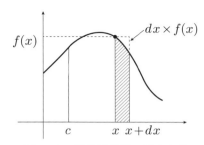

図 3.17 微分積分学の基本定理

区分求積法

面積を近似するために図 3.16 の右で示すような短冊の和を考える。短冊の刻みを細かくすれば，短冊の面積の和が図 3.16 の左の面積である定積分 $\int_a^b f(x)dx$ に収束する。定積分のこのような考え方は，**区分求積法**として知られている。

微分積分学の基本定理

概念としての積分は区分求積法として理解できるが，実際の計算は不定積分を用いることになる。その理論的保証は，積分が微分の逆演算になるという積分と微分の関係を表す「微分積分学の基本定理」にある。$f(x)$ を区間 I 上の連続関数とし，任意の $x \in I = (c, d)$ に対して $F(x) = \int_c^x f(t)dt$ により関数 $F(x)$ を定義する。このとき，$F(x)$ が以下をみたすことを**微分積分学の基本定理**という。

$$F(x) \text{ は } I \text{ 上で微分可能で} \quad F'(x) = f(x)$$

つまり $F(x)$ は原始関数の 1 つである。このことは図 3.17 で斜線の部分で表された面積の増分 $F(x+dx) - F(x)$ が短冊の面積 $dx \times f(x)$ で近似できることからわかる。

原始関数が求まれば，任意の $a, b \in I$ (ただし $a < b$) について，

$$\int_a^b f(t)dt = F(b) - F(a) = [F(x)]_a^b$$

と書ける。右辺の $[F(x)]_a^b = F(b) - F(a)$ は原始関数によって定積分を求める際に用いられる記法である。原始関数の値の差をとることによって，積分定数の不定性も解消される。

定積分について，関数 $f(x)$ と $g(x)$ が 1 階微分可能である場合，次の公式がなりたつ。この公式を，**部分積分**の公式とよぶ。

$$\int_a^b f(x)g'(x)dx = \Big[f(x)g(x)\Big]_b^a - \int_a^b f'(x)g(x)dx$$

例として，関数 $x\cos x$ の区間 $[0, \pi]$ における定積分を部分積分で計算する。

$$\int_0^\pi x\cos x \ dx = \int_0^\pi x(\sin x)' dx = \Big[x\sin x\Big]_0^\pi - \int_0^\pi \sin x \ dx$$
$$= \Big[\cos x\Big]_0^\pi = -2$$

積分の収束・発散

積分区間の端点 a もしくは b で $f(x)$ の値が発散する場合や，積分の区間が無限大 $(a = -\infty$ もしくは $b = +\infty)$ となる場合には，面積が無限大になることがある。このような場合，積分が発散するという。

たとえば，関数 $1/x$ の積分を考える。式 (3.3.14) より，$1/x$ の原始関数は $\ln x$ なので，

$$\int_1^\infty \frac{1}{x}dx = \lim_{b\to\infty} \int_1^b \frac{1}{x}dx = \lim_{b\to\infty} \Big[\ln x\Big]_1^b = \lim_{b\to\infty} \ln b = \infty$$

であり，積分は発散する。

3.3.5 多変数関数の偏微分

偏微分は 2 変数以上の関数に対する微分である。以下では 2 変数の場合を説明する。$\mathbb{R}^2$ の領域 D で定義された関数 $z = f(x, y)$ が点 $(a, b) \in D$ で x と y に対して微分可能であるとき，次の極限値

$$f_x(a, b) = \lim_{h\to 0} \frac{f(a+h, b) - f(a, b)}{h}$$
$$f_y(a, b) = \lim_{h\to 0} \frac{f(a, b+h) - f(a, b)}{h}$$

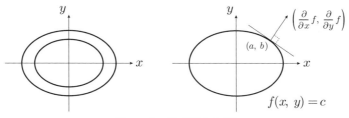

図 **3.18** 等高線と勾配

が定まる．そして，$f_x(a,b)$ を関数 $f(x,y)$ の点 (a,b) における x に関する**偏微分係数**とよぶ．y に対しても同様である．偏微分係数 $f_x(a,b)$ を

$$\frac{\partial f}{\partial x}(a,b), \quad \frac{\partial f}{\partial x}|_{(a,b)}$$

とも表記する．x で偏微分する際には，y は定数とみなして，x について微分している．

たとえば，$f(x,y) = x^3 - 4xy + y^2$ を x と y について偏微分すると，次式が得られる．

$$f_x(x,y) = 3x^2 - 4y, \qquad f_y(x,y) = -4x + 2y$$

$f_x(x,y)$ および $f_y(x,y)$ を (x,y) の関数と見るときは**偏導関数**という．またベクトル

$$\mathrm{grad}\, f(x,y) = (f_x(x,y), f_y(x,y))^T$$

を点 (x,y) での f の**勾配ベクトル**という．勾配ベクトルは ∇f と書かれることも多い．

等高線とその接線

2 変数関数 $z = f(x,y)$ において，$z = c$ を定数とすると，$c = f(x,y)$ は曲面 $z = f(x,y)$ の高さ c の等高線を表し，xy 平面における曲線となる．図 3.18 は $f(x,y) = x^2 + 2y^2$ の等高線を示す．この場合，等高線は楕円である．等高線上の点 (a,b)，$c = f(a,b)$，において勾配ベクトル $\mathrm{grad}\, f(a,b)$ は等高線の接線と直交し，関数 f が最も急激に増加する方向を示す．等高線の接線の方程式は

$$(x-a)f_x(a,b) + (y-b)f_y(a,b) = 0 \tag{3.3.15}$$

で与えられる．

接平面

2変数関数 $z = f(x, y)$ において，定数 b を y に代入すると，1変数関数 $f(x, b)$ は曲面 $z = f(x, y)$ と平面 $y = b$ の交わりからなる曲線を描く．したがって，この1変数関数 $f(x, b)$ の $x = a$ に関する微分係数は，偏微分係数 $f_x(a, b)$ であると同時に，この曲線上の点 $x = a$ における接線の傾きを意味している．

このことに関連して，曲面 $z = f(x, y)$ 上の点 (a, b, c) における接平面（図3.19）の方程式は偏微分係数を用いて次のように表されることが知られている．

$$z - c = f_x(a, b)(x - a) + f_y(a, b)(y - b) \tag{3.3.16}$$

接平面は点 (a, b, c) の周りでの関数 $z = f(x, y)$ の線形近似を与える．

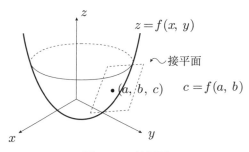

図 **3.19** 接平面

接平面と平面 $z = c$ との交線を求めると，式(3.3.16)で $z = c$ とおいて $0 = f_x(a, b)(x - a) + f_y(a, b)(y - b)$ となり，式(3.3.15)の等高線の接線に一致するが，これは接平面が等高線の接線を含むことに対応している．

高階の微分

偏導関数 $f_x(x, y), f_y(x, y)$ がさらに偏微分可能なときには，2階の偏導関数は

$$f_{xx}(x,y) = \frac{\partial}{\partial x}f_x(x,y), \quad f_{xy}(x,y) = \frac{\partial}{\partial y}f_x(x,y),$$

$$f_{yx}(x,y) = \frac{\partial}{\partial x}f_y(x,y), \quad f_{yy}(x,y) = \frac{\partial}{\partial y}f_y(x,y)$$

と定義される．これらの関数が連続であるという条件のもとで，x と y で 1 回ずつ微分した f_{xy} と f_{yx} は，微分する順序によらず等しい．すなわち，

$$f_{xy}(x,y) = f_{yx}(x,y)$$

となることが示される．

さらに高階の偏微分も同様に定義される．

最大最小，勾配降下法

1 変数関数の場合と同様に，$f(x,y)$ の極大極小の必要条件，すなわち 1 階の条件は

$$\mathrm{grad}\ f(x,y) = \mathbf{0}$$

で与えられる．極小であるか極大であるかの判断には 2 階偏微分係数を確認する必要がある．

1 変数関数の式 (3.3.10) の場合と同様に，$f(x,y)$ を数値的に最小化するための勾配降下法の更新式は，α を小さな正の実数として，

$$\begin{pmatrix} x_{n+1} \\ y_{n+1} \end{pmatrix} = \begin{pmatrix} x_n \\ y_n \end{pmatrix} - \alpha\,\mathrm{grad}\ f(x_n, y_n)$$

で与えられる．

3.3.6 重積分と累次積分

xy 平面上のある集合 D 上での 2 変数関数 $z = f(x,y)$ の**重積分**とは，集合 D の範囲で xy 平面と曲面 $z = f(x,y)$ で囲まれた部分の体積を表す（図 3.20）．ただし，xy 平面より上の部分の体積は正，xy 平面より下の部分の体積は負として足し合わせ，その体積の値を $\displaystyle\iint_D f(x,y)dxdy$ と表す．これは，1 変数関数の定積分が面積を表していたことの拡張である．

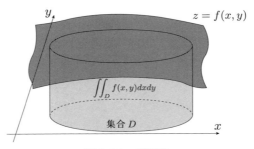

図 3.20 重積分

もし，集合 D が単純な形で曲面 $z = f(x, y)$ が平面であれば，体積を簡単に計算できるかもしれない．しかし，一般にはこの体積を計算することは簡単ではない．

計算が簡単な場合として，集合 D が矩形（長方形）の場合がある．つまり，$D = [a, b] \times [c, d] = \{(x, y) | a \leq x \leq b, c \leq y \leq d\}$ という状況を考える．この場合，重積分の計算は簡単で，x と y について任意の順番に積分することで重積分を計算することができる．つまり，

$$\iint_D f(x, y) dx dy = \int_c^d \left(\int_a^b f(x, y) dx \right) dy = \int_a^b \left(\int_c^d f(x, y) dy \right) dx$$

となる．ここで，ある変数について積分する場合，その他の変数はただの定数とみなして積分する点に注意する．たとえば，$f(x, y) = 6xy^2$ を集合 $D = [0, 2] \times [0, 1]$ 上で積分する場合，まず x に関する積分から先に計算し，

$$\iint_D f(x, y) dx dy = \int_0^1 \left(\int_0^2 6xy^2 dx \right) dy = \int_0^1 \left[3x^2 y^2 \right]_{x=0}^2 dy$$
$$= \int_0^1 12 y^2 dy = 4$$

と計算してもよいし，逆にまず y に関する積分から先に計算し，

$$\iint_D f(x, y) dx dy = \int_0^2 \left(\int_0^1 6xy^2 dy \right) dx = \int_0^2 \left[2xy^3 \right]_{y=0}^1 dx$$
$$= \int_0^2 2x dx = 4$$

§3.3 微分積分 **87**

と計算してもよい。このように，計算順序によらず結果は同一の値となる。重積分の計算において，変数を1つずつ順番に積分する方法のことを**累次積分**という。

第4章

情報に関する基礎的な事項

本章では，情報の基礎的な事項を説明する．デジタル情報とコンピュータの仕組み，アルゴリズム基礎，データ構造とプログラミング基礎，データハンドリングについて順次説明する．本章に関する参考文献として，[10, 21, 22] をあげる．

§4.1 デジタル情報とコンピュータの仕組み

4.1.1 デジタル情報

2 進数の表現

コンピュータの内部では，すべてのデータは電圧の高低，磁気の向き，スイッチのオン・オフなどの，2 状態をもつ物理量の組合せで表現される．したがって，オンを 1，オフを 0 に対応づければ，コンピュータで扱うすべてのデータは 0 と 1 で表現される．このデータの最小単位を 1 **ビット**（bit）とよぶ．

われわれに馴染みのある 10 進数では，0 から 9 の 10 種類の記号を用いてさまざまな数を表現し，1 の位，10 の位，100 の位と各桁は 10 倍ずつ増える．たとえば，10 進数 123 は $1 \times 10^2 + 2 \times 10^1 + 3 \times 10^0$ という数を表す．

一方，さまざまな数を 0 と 1 の 2 種類の記号を用いて表現する **2 進数**では，

§4.1 デジタル情報とコンピュータの仕組み **89**

1の位，2の位，4の位と各桁は2倍ずつ増える。たとえば，2進数の1011は $1 \times 2^3 + 0 \times 2^2 + 1 \times 2^1 + 1 \times 2^0$ という数を表し，10進数では11となる。0 から15までの10進数と，その2進数表現の対応を，表4.1に示す。

表 **4.1** 10進数と2進数の対応表

10進数	2進数	10進数	2進数
0	0	8	1000
1	1	9	1001
2	10	10	1010
3	11	11	1011
4	100	12	1100
5	101	13	1101
6	110	14	1110
7	111	15	1111

0と1を記憶する8つのビットを1ユニットとして**バイト**（byte）とよび，コンピュータ内部にはバイトを基本単位として構成される記憶領域がある。

正と負の値を取る整数を2進数で表現する方法の一つが，**2の補数表現**である。2の補数表現には整数を何ビットで表現するかを決める。nビットの場合，表現できる値の範囲は -2^{n-1} から $2^{n-1} - 1$ である。2の補数表現では，負の値 $-x$ に 2^n を加えて $2^n - x$ と表現する。すなわち負の値を，絶対値が同じ正の値から1を引き，その値のすべてのビットを反転(0なら1，1なら0へ変換)したものとして表現する。3ビットの整数における2の補数表現を表4.2に示す。

なお，現在の多くのコンピュータでは，整数を保管するための基本的なビット長として，32ビット (4バイト) が採用されている。整数を32ビットの2進数で表現する場合，-1 は $2^{32} - 1$ であるから1が32個並んだものになる。2の補数表現を採用する利点は，加減算の処理をすべて加算だけで実現できることにある。

コンピュータの記憶領域内のデータには，整数以外にも，論理値，実数，

表 4.2 3 ビットの整数の 2 の補数表現

10 進数	2 進数	10 進数	2 進数
0	0	-4	100
1	1	-3	101
2	10	-2	110
3	11	-1	111

文字列などがあり，それぞれ異なる表現形式をもつ 2 進数を使って記録される。論理値は真（True）と偽（False）の 2 値をもつ。この論理値の 2 値は 1 ビットの 1 と 0 に対応させることができ，これについては p.97 以下で詳しく説明する。実数の表現については浮動小数点型が使われ，これについては p.99 以下で詳しく説明する。また，文字列の表現方法については p.102 以下で述べる。

2 進数のほかに **16 進数**も用いられる。16 進数では，10 進数の 10〜15 を a〜f（あるいは A〜F）で表し $0, \ldots, 9, a, \ldots, f$ の 15 個の「数字」を用いる。これにより 4 ビットを 1 つの数字で表すことができ，ビット列の表示に有用である。たとえばファイルのハッシュ値などを 16 進数で表すことが多い。

データの量

1 バイトは 8 ビットであり，$2^8 = 256$ なので，1 バイトで 256 通りの状態を表現することができる。たとえば，アルファベットの大文字 A〜Z と小文字 a〜z は合わせて 52 文字なので 1 バイトですべて表すことができるが，漢字は 256 種類以上あるので 1 バイトではすべてを表すことができない。

ビットやバイトを用いてデータの量を表す際，大きなデータでは桁数が多くなりすぎて扱いにくい。このため，大きなデータの量は，k（キロ），M（メガ），G（ギガ），T（テラ）といった接頭語を用いて表すことが多い。

表 4.3 に，大きな値や小さな値を表現する際によく使われる接頭語を示す。10^3 以上および 10^{-3} 以下では，3 桁ごとに接頭語が定められており，大きな値に対しては基本的に大文字が使われるが，k（キロ）については，慣例で

§4.1 デジタル情報とコンピュータの仕組み **91**

表 **4.3** 大きな値や小さな値を簡潔に表す接頭語

接頭語	記号	数値
ゼタ	Z	10^{21}
エクサ	E	10^{18}
ペタ	P	10^{15}
テラ	T	10^{12}
ギガ	G	10^{9}
メガ	M	10^{6}
キロ	k	10^{3}
（基準）		$1 \ (= 10^{0})$
ミリ	m	10^{-3}
マイクロ	μ	10^{-6}
ナノ	n	10^{-9}
ピコ	p	10^{-12}

小文字が使用されることに注意する[1]。

4.1.2 デジタル化

ここでは，アナログ信号および画像データのデジタル化について説明する。

アナログ信号のデジタル化

マイクロフォンやさまざまなセンサーから得られるデータの多くは，時間的にもその値（振幅）も連続的であるような信号として表される。このような信号は**アナログ信号**とよばれ，そのままではコンピュータで扱うのが困難である。このため，コンピュータで扱いやすい信号，すなわち 0 と 1 で表される 2 進数の**デジタル信号**に変換する操作が用いられる。この変換はアナログ (Analog) からデジタル (Digital) への変換ということで **AD 変換**とよば

---

[1] $10^3 = 1000$ が $1024 = 2^{10}$ に近いことから近似的に 10^3 ごとに考えるが，たとえば Windows のエクスプローラーでファイルのプロパティを確認すると，1 キロバイトのファイルのサイズは実際は 1024 バイトであることがわかる。

れる。逆に，デジタル信号からアナログ信号への変換は**DA 変換**とよばれ，コンピュータやスマートフォンなどにデジタル信号として保存されている音楽信号を，アナログ信号としてイヤフォンやスピーカーから再生する際などに利用される。

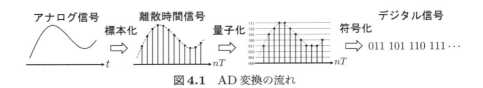

図 4.1　AD 変換の流れ

AD 変換の処理の流れを図 4.1 に示す。元のアナログ信号を連続値をとる時刻 t（sec, 秒）の関数として $x(t)$ とすると，時間間隔 T(sec) 毎に $x(t)$ の値を取り出す操作が**標本化**（サンプリング）であり，これによって離散時間信号 $x(nT)$ が得られる。ここで整数 n は時間のインデックスである。また，T は**サンプリング周期**，その逆数 $1/T$（ヘルツ，Hz）は**サンプリングレート**とよばれる。

離散時間信号 $x(nT)$ は時間軸方向には離散化されているが，振幅は連続値をとるため，そのままではコンピュータで扱うのが困難である。そこで，$x(nT)$ の振幅方向の離散化を行う操作が**量子化**である。量子化では，各時間インデックス n に対する離散時間信号の値 $x(nT)$ を，予め定められた**離散振幅レベル**に最も近い値で置き換える近似を行う。この操作を**丸め**といい，丸めによって生じる誤差を**丸め誤差**という。また，この誤差を量子化の操作によって導入される雑音と捉えて，**量子化雑音**とよぶこともある。

> コラム
>
> **AD 変換の詳細**
>
> アナログ信号 $x(t)$ を標本化によって離散時間信号 $x(nT)$ に変換してしまうと，$x(nT)$ から元の $x(t)$ を復元することは困難であるように思われるが，実は，サンプリングレートが元の $x(t)$ に含まれる成分の最大周波数の 2 倍より大きければ $x(nT)$ から $x(t)$ を誤差なく完全に再構成できる

ことが知られている。これは**標本化定理**とよばれ，さまざまなアナログ信号を離散化してコンピュータで扱う際の理論的な拠り所となっている。

標本化とは異なり，量子化では必ず誤差が発生することに注意する。量子化において離散振幅レベル数をいくつに設定するかは，量子化雑音の大きさに影響する重要な設計パラメータであり，通常は離散振幅レベル数を表すのに必要な2進数の桁数を用いて表される。たとえば，8ビットの量子化であれば $2^8 = 256$ 個の振幅レベルが設定される。図 4.1 の例では，$8(= 2^3)$ 個の離散振幅レベルが設定されているので3ビットの量子化である。

量子化された信号をデジタル信号とよぶこともあるが，厳密にはそれを0と1で表される2進数で表現したものがデジタル信号であり，その変換を符号化という。符号化にはさまざまな方法があるが，最も素朴な方法として，量子化の各離散振幅レベルに量子化のビット数に対応する桁数の2進数でラベルを付け，量子化された信号振幅の2進数ラベルを時間インデックスの順に並べることでデジタル信号を得る方法があり，**パルス符号化変調**（PCM）とよばれる。無線通信でデジタル信号を送信する場合などには，PCM よりも少ないビット数でデジタル信号を表現可能な符号化が利用される。

画像データのデジタル化

コンピュータで画像（静止画）を扱う際には，画像を**画素**とよばれる微小な領域の集合として表す。図 4.2 に画素による画像の表現の例を示す。各画素には**輝度値**（あるいは，画素値，明度値ということもある）とよばれる明るさを表す数値が割り当てられる。図 4.2 のようなグレースケール画像では白色の輝度値のみが各画素に割り当てられるが，カラー画像では光の3原色である赤（R），緑（G），青（B）の各輝度値をそれぞれの画素に割り当てる方式がよく利用される。

p.91 で扱った時間軸の信号では，1次元の座標（時間軸）に対して振幅値が割り当てられていたが，画像では2次元の空間の座標に対して輝度値が割り当てられる構造となっている。このため，画素による画像の表現は，連続

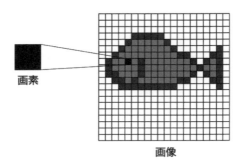

図 **4.2** 画素による画像の表現

的な座標に対して輝度値が与えられているアナログ画像を，2次元の空間で標本化したものと考えることができる．実際，画素で表現される画像データは，多数の受光素子を空間に配置することで構成される画像センサーによって，2次元空間での標本化を行うことで取得される．このとき，各受光素子が各画素に対応する．

受光素子の出力は一般に連続値を取るため，画像センサーで取得された画像データをコンピュータで扱うためには，p.92で説明した量子化に対応する処理によって各画素の輝度値を離散化する必要がある．各輝度値を何段階で表すかは**階調**とよばれ，階調が大きいほど量子化雑音が小さくなり明るさや色の細かい違いを表現できるが，その分データサイズが大きくなる．RGBの各色を $256 (= 2^8)$ 階調で表すと各色の明るさは8ビットで表現でき，1000万画素の画像のサイズは $8 \times 3 \times 10^7 = 24 \times 10^7$ ビット，すなわち30Mバイトとなる．一方，RGBの各色を1677万 $(= 2^{24})$ 階調で表すと，1000万画素の画像のデータサイズは90Mバイトとなる．

画像は2次元のデータなので，1次元の時間軸の信号に比べてデータ量が大きくなりやすい．このため，画像のデータは各画素の輝度値の集まりという素朴な形ではなく，そこから冗長性を削減した圧縮形式で表されることが多い．画像データの圧縮にはさまざまな方式があるが，大きく以下の2つに分類される．

- **可逆圧縮**：圧縮前の元のデータと，圧縮されたデータから復元された（解凍された）データが完全に一致する圧縮方式

§4.1 デジタル情報とコンピュータの仕組み **95**

- **非可逆圧縮**：圧縮前の元のデータと，圧縮されたデータから復元された
  データが完全には一致しない圧縮方式

可逆圧縮を採用した画像形式の例としては，PNG や GIF がある。また，非可逆圧縮の代表例は JPEG である（JPEG にも可逆圧縮の方式があるが，よく利用されるのは離散コサイン変換を用いた非可逆圧縮の方式である）。

　動画のデータは，画像（静止画）のデータを時間軸方向に並べたものと考えることができる。あるいは，p.91 で扱った時間軸にそった信号で，各時刻のスカラーの振幅値が 2 次元のデータに拡張されたものと捉えることもできる。時間軸の信号のデジタル化においてサンプリングレートが重要なパラメータとなっていたのと同様に，動画データを構成する 1 秒間あたりの画像数は動画の品質を決定する重要なパラメータである。動画データを構成する各画像はフレームとよばれるため，1 秒間あたりの画像数 (fps) は**フレームレート**とよばれる。たとえば，現在の地上波デジタルテレビ放送では，多くの場合 29.97fps が採用されている。

　動画データも画像データと同様にファイルサイズが大きくなりやすいため，さまざまな圧縮方式が提案されている。動画では各フレームの空間軸方向の冗長性だけではなく，フレーム間の時間軸方向の冗長性（類似性）も利用することで，単に各フレームを圧縮したデータを並べたものよりも効率的な表現形式を得ることができる。代表的な動画圧縮形式に MP4 で利用されている MPEG-4 やそれを発展させた H.264 などがある。

4.1.3　コンピュータの仕組み

　本項では，コンピュータの基礎となる集合，論理，浮動小数点などについて説明する。

集合

　集合とは**要素**あるいは**元**の集まりのことである。a, b, c を要素にもつ集合を $\{a, b, c\}$ と表記する。このように要素を示す場合には，それぞれの要素は異なるものと解釈する[2]。また，$\{x : x$ についての条件 $\}$ あるいは$\{x \mid x$ に

---

[2] 集合では，もし同じ要素が繰り返されていても 1 度しかカウントしない。たとえば，集

ついての条件} と書くことで，ある条件をみたすすべての x の集合を表すこ
ともある。集合 A に要素 x が含まれるとき $A \ni x$ または $x \in A$ と書く。2つ
の集合 A と集合 B の要素が一致するとき，集合 A と集合 B は等しいといい，
$A = B$ と書く。2つの集合 A と B が等しくないとき，$A \neq B$ と書く。

たとえば，1から10までの自然数を要素にもつ集合 A は，

$$A = \{1, 2, 3, 4, 5, 6, 7, 8, 9, 10\}$$

と書くことができる。このとき，$A \ni 1$（または $1 \in A$）である。ここで，集
合 B を $B = \{1, 2, 3, 4, 5, 6, 7, 8, 9, 10\}$ と定義すれば，$A = B$ である。また，
$C = \{3, 4\}$ と定義すれば，$A \neq C$ である。

考察対象のすべての要素を含む集合を**全体集合**，または**普遍集合**とよび，
U と表記されることが多い（Universal の U）。また，要素をもたない集合
を**空集合**とよび，$\emptyset$ と書く。A の要素がすべて B の要素になっているとき，
$A \subset B$ または $B \supset A$ と書き，A を B の**部分集合**という。A が B の部分集合
ではないとき，$A \not\subset B$ と書く。$B \supset A$ と $A \supset B$ の両方がなりたつとき，ま
たそのときに限り，$A = B$ である。

集合の演算として，和集合，積集合，補集合がある。

- 和集合 $A \cup B = \{x : x \in A$ または $x \in B\}$
- 積集合 $A \cap B = \{x : x \in A$ かつ $x \in B\}$
- 補集合 A^c（または $\overline{A}$, A'）$= \{x : x \in U$ かつ $x \notin A\}$

集合演算に関する性質に次のものがある。

- 交換律：$A \cup B = B \cup A$, $A \cap B = B \cap A$
- 分配律：$A \cup (B \cap C) = (A \cup B) \cap (A \cup C)$, $A \cap (B \cup C) = (A \cap B) \cup (A \cap C)$
- 同一律：$A \cup \emptyset = A$, $A \cap U = A$
- 補元律：$A \cup A^c = U$, $A \cap A^c = \emptyset$

集合には，**双対性**とよばれる性質がある。これは，すべての集合に対して
補集合をとり，かつ，$\cup$ を $\cap$，$\cap$ を $\cup$ に入れ替えた集合はもとの集合の補集
合と同一であるという性質である。たとえば，$A \cup B = (A^c \cap B^c)^c$ がなりた
つ。また，$A \cap B^c = (A^c \cup B)^c$ となる。双対性は，**ド・モルガンの法則**とも

合としては $\{1, 1, 2\} = \{1, 2\}$ である。同じ要素の重複度を考慮するときは多重集合
(multiset) という。

§4.1 デジタル情報とコンピュータの仕組み **97**

よばれる。

集合に含まれる要素の数は集合を特徴付ける重要な値であり，これを $|A|$ または $n(A)$ と表現する。たとえば，集合 $C = \{3, 4, 5\}$ の要素数は，$|C| = 3$ （または $n(C) = 3$）となる。

和集合 $A \cup B$ の要素数 $|A \cup B|$ は，$|A|, |B|$ と $|A \cap B|$ を使って，

$$|A \cup B| = |A| + |B| - |A \cap B|$$

と求めることができる。また，この関係から，$|A \cap B| = |A| + |B| - |A \cup B|$ も成立する。

以上の演算の他に，2つの普遍集合 U_1, U_2 からこれらの要素のペアのなす普遍集合を作る演算がある。$U_1 \times U_2$ を

$$U_1 \times U_2 = \{(a, b) : a \in U_1, b \in U_2\}$$

と定義し，U_1 と U_2 の**直積**とよぶ。たとえば2次元平面 $\mathbb{R}^2$ は $U_1 = U_2 = \mathbb{R}$ としたときの直積である。

否定，論理和，論理積

ブール代数は真（True）と偽（False）の2値で構成される数学の系であり，デジタル回路やコンピュータの設計の基礎をなす概念である。真と偽は，**真理値**や**ブール値**とよばれ，多くの場合1と0でそれぞれ表現される。真理値を扱う演算は**論理演算**とよばれ，基本的な演算として，**否定**（NOT），**論理和**（OR），**論理積**（AND）の3つがあげられる。

否定演算は記号 $\neg$ で表され，真理値の否定は反対の値となる。つまり，$\neg 0 = 1, \neg 1 = 0$ である。論理和演算は記号 $\vee$ で表され，2つの真理値の論理和はどちらかの値が1であるときに1となる。論理積演算は記号 $\wedge$ で表され，2つの真理値の論理積は両方の値が1のときに限り1となる。これらの演算の定義を，真理値表の形式にて，表4.4，表4.5，表4.6にまとめる。

なお，括弧で順序が特に指定されていない場合は，論理積が論理和に先立って行われることに注意する。

他にも，記号 $\oplus$ を用いて表現される**排他的論理和演算**（表4.7）や，記号 $\rightarrow$ で表現される**含意演算**（表4.8）もよく利用される。

表4.4 否定演算

A	$\neg A$
0	1
1	0

表4.5 論理和演算

A	B	$A \vee B$
0	0	0
0	1	1
1	0	1
1	1	1

表4.6 論理積演算

A	B	$A \wedge B$
0	0	0
0	1	0
1	0	0
1	1	1

表4.7 排他的論理和演算

A	B	$A \oplus B$
0	0	0
0	1	1
1	0	1
1	1	0

表4.8 含意演算

A	B	$A \to B$
0	0	1
0	1	1
1	0	0
1	1	1

論理演算の間の関係 `コラム`

　これらの論理演算の間にはさまざまな関係がなりたち，すべての論理演算を否定と論理積で表現することが可能である。たとえば，論理和，含意，排他的論理和はそれぞれ次のように表されることが，真理値表を作成することで確認できる。

$$A \vee B = \neg(\neg A \wedge \neg B)$$

$$A \to B = \neg(A \wedge \neg B)$$

$$A \oplus B = \neg(\neg(A \wedge \neg B) \wedge \neg(B \wedge \neg A))$$

　また，論理和と論理積の**分配則**は，通常の加算と乗算に対応する

$$A \wedge (B \vee C) = (A \wedge B) \vee (A \wedge C)$$

と，その**双対**である

$$A \vee (B \wedge C) = (A \vee B) \wedge (A \vee C)$$

がなりたつ。

§4.1 デジタル情報とコンピュータの仕組み **99**

浮動小数点

実数は 0 以上かつ 1 以下のような有限の範囲でも，無限個存在するため，コンピュータ内部では有限桁の小数によって近似値として扱う。**浮動小数点表現**では，**符号部** (sign)，**指数部** (exponent)，**仮数部** (mantissa) の 3 つの値を用いて，$(-1)^{符号部} \times 2^{指数部} \times 仮数部$ の形の指数表記で表された有限桁の小数を用いて近似的に実数を表現する。

一般に，2 進数による数は

$$\pm(0.f_1 f_2 \cdots f_m) \times 2^{E-E_0}$$

と指数表記で表すことができる[3]。小数点の位置を自由に浮動させると表現が一意に定まらないため，$f_1 \neq 0$ として正規化する。2 進数では，2 が基数 (base) であり，$E - E_0$ が指数である。小数を表現するには指数で負値を扱う必要があり，ここでは予め決められたオフセット値 E_0 を常に引く決まりにして指数部を非負整数 E で表している。仮数部の各桁の数 f_i は 0 または 1 であり，

$$\pm(0.f_1 f_2 \cdots f_m) = \pm(2^{-1}f_1 + 2^{-2}f_2 + \cdots + 2^{-m}f_m)$$

である。

2 進浮動小数点数では，f_i は 0 か 1 の 2 値のため，最初の非ゼロ桁 f_1 は常に 1 となり冗長である。そこで $f_1 = 1$ として省略し，f_2 以降の桁のみを用いて

$$\pm(1.f_2 f_3 \cdots f_m) \times 2^{E-E_0}$$

とする表現も広く用いられる。この方式は実質的に 1 ビット多く情報を保持でき，**けち表現**（economized form）ともよばれる。

> **コラム**
>
> ### IEEE754
>
> 多くのコンピュータ・プログラミング言語や，その処理系で使用される浮動小数点形式の標準として，**IEEE 754** がある。図 4.3 に，2 進数 -0.001011（10 進数 -0.171875）を 32 ビット単精度型 2 進浮動小数点形

---

[3] ただし 0 は例外であり，浮動小数点表現でも 0 はすべてのビットを 0 として表す。

式（binary32）で表現した例を示す．現行の IEEE 標準（IEEE 754-2008）の半精度（binary16）・単精度(binary32) は，かつて IEEE 754-1985 では単精度（single）・倍精度（double）とよばれていたため注意が必要である．現行の IEEE754 標準では倍精度は 64 ビットの形式（binary64）に相当する．

図 4.3 の 2 進数 -0.001011（10 進数 -0.171875）を IEEE754 単精度で表現する例を具体的に見てみよう．まず，仮数部が $(1.f_2f_3\cdots f_m)$ となるよう小数点を浮動させて正規化し，$(-1)^{符号部} \times 2^{指数部} \times 仮数部$ の指数表記に直す．2 進数 -0.001011 では，符号部 1，指数部 -3（10 進数），仮数部 1.011 となる．binary32 形式は符号部 1 ビット，指数部 8 ビット，仮数部 23 ビットの合計 32 ビットの形式となる．先頭の 1 ビットは仮数部の符号（0 のとき正，1 のとき負）を表す．指数部は 8 ビットで非負の数 E（0〜255）として指定し，binary32 で定められたオフセット値 $E_0 = 127$ より，指数部を -3 にするには $E = 124$ となり，その 2 進数表現 1111100 を格納する．仮数部は，実質 24 ビット使える「けち表現」に従って，1.011 の小数点以下 011 を仮数部に格納している．

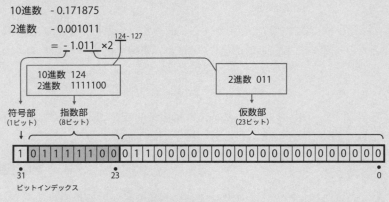

図 4.3　32 ビット単精度型 2 進浮動小数点形式（binary32）の例

有効数字，丸め誤差

有効数字とは，測定結果などを表す数字のうちで，位取りを示すだけの 0 を除いた意味のある数字である。たとえば，0.012345 は有効数字 5 桁，0.0003 は有効数字 1 桁，0.072 は有効数字 2 桁である。ただし，90.3 は有効数字 3 桁，19004 は有効数字 5 桁，83.00 は有効数字 4 桁であり，0 が位取りを示すだけではない場合は有効数字として考慮する。科学技術計算や計測など，有効数字を明確にする場合には，7.297×10^{-3} のような指数表記（科学的表記）を用いることも多い。Excel の指数表記では 7.297E-3 と表記される。

桁の大きい数に対し，n 桁の有効数字の最も近い数への**数値の丸め**が広く行われる。たとえば，数値を 2 桁の有効数字に丸める場合，12,300 は 12,000，0.00123 は 0.0012 となる。特に，コンピュータでは，数値は予め決められた桁数のビットで表され，無限に続く小数や非常に大きな数を正確に表現することができないため，最も近い値に「丸め」を行う。浮動小数点表示は，コンピュータ上での有効数字表現に丸める典型例である。

数値を最も近い値に丸める際に発生するわずかな誤差を，**丸め誤差**とよぶ。これは，数値を特定の精度でしか表現できないために生じる誤差であり，コンピュータのように物理的に有限の桁で数値を表現する場合は避けられない誤差である。

```
import numpy as np

for i in [123456789, 0.375, 0.05, 0.3, 0.4, 0.6]:
  print(format(np.float32(i), '.20f'))

123456792.00000000000000000000
0.37500000000000000000
0.05000000074505805969
0.30000001192092895508
0.40000000596046447754
0.60000002384185791016
```

図 **4.4** NumPy を用いた丸め誤差の確認 (Python)

実数を浮動小数点数，すなわち有限桁数の2進数で表現すると，丸め誤差が発生する。たとえば，単精度（32ビット）の浮動小数点では有効数字を保持する仮数部は23ビットであり，2進数で23桁までしか保持できない。IEEE754標準では仮数部は1.xxxxの形で正規化する（けち表現）ことが多いため，実質24ビット（2進数24桁）であるとして，これは10進数では$\log_{10}(2^{24}) = 7.2247\cdots$より，7桁に相当する。したがって，単精度浮動小数点表示では，有効数字8桁以上が必要な数値は正確に表現できず，丸め誤差が発生する。たとえば，整数123,456,789は10進数9桁なので下2桁は不正確になる。また，小数の場合，10進数では少ない桁の有効数字であっても，2進数でもそうとは限らない。10進数 $0.375 = 0.25 + 0.125$ は2進数では0.011であり有効数字2桁でも正確に保持できるが，10進数 0.05 や 0.3 など，2^{-n} の組合せでは表現できないほとんどの場合は，2進数では無限小数となり正確に表現できないことに注意が必要である（図4.4）。このように，浮動小数点表示では広い範囲の数を表現できる一方，ほとんどの場合に丸め誤差を伴う。

丸め誤差以外にも，コンピュータで扱う数値にはさまざまな誤差が伴うことに注意が必要である。絶対値が極端に異なる数値の加減算で小さい値の情報が無視されてしまう**情報落ち**（loss of trailing digits），非常に近い値の小数同士の引き算で有効数字が減ってしまう**桁落ち**（loss of significance），無限小数や無限級数などをある桁や項までで打ち切ることによる**打ち切り誤差**（truncation error），絶対値が表現可能な最大値・最小値の範囲をはみ出してしまうことによる**オーバーフロー**（overflow）・**アンダーフロー**（underflow）などがある。

文字の表現（ASCIIコード，シングルバイト文字，ダブルバイト文字）

コンピュータでは，それぞれの「文字」も2つの状態を表すビットを並べたビット列で表現しなくてはならない。ビット列は0と1を用いて表現すれば，2進数の整数と見ることができる。文字をビット列に対応づけるには，ビット列で表現可能な数字を用いて，「A」には97，「B」には98など，それぞれの異なる文字に異なる数字を対応づけ，その対応ルールを取り決めておけばよい。文字と，それに対応する非負整数値の集合を，**符号化文字集合**

§4.1 デジタル情報とコンピュータの仕組み **103**

（coded character set），あるいは単に文字コード（character code）と
よぶ。

**ASCII（American Standard Code for Information Interchange,
アスキー）コード**とは，1963 年にアメリカ合衆国で制定された，最も普及し
ている文字コードで，アルファベットや数字・記号に 7 ビットで表現できる
数字（0～127）を割り当てたものである。ヨーロッパなどでは，さらに 128
～255 に各国のダイアクリティカルマーク（アクセント記号など）付きアル
ファベットなどを割り当て 8 ビットにした拡張セットが用いられ，ASCII
コードは実用上 1 バイトの領域に格納して運用される。日本でも，128～
255 にカタカナ（いわゆる半角カナ）を割り当てた 8 ビットの ASCII 拡張
セットである JIS X 0201 がある。

ASCII コードのように 1 バイト（8 ビット）で表現される方式を**シングル
バイト文字**，日本語などでよく用いられる 2 バイトで文字を表現する方式を
ダブルバイト文字という。ダブルバイト文字のように 1 文字を表現するのに
2 バイト以上を用いる方式を**マルチバイト文字**とよぶ。

日本語や中国語の漢字などの一部の言語では，1 バイト（0～255）では
すべての文字を定義することができない。そのため，これらの言語の文字
の表現にはマルチバイト文字が必要となる。2 バイト（16 ビット）使えば
$2^{16} = 65,536$ 種類の文字を表すことができる。日本語ではシングルバイト
文字は半角文字，ダブルバイト文字は全角文字に対応する場合が多い。

0～65535 の整数と日本語の文字とを対応させるダブルバイト文字の方式
に **JIS コード**がある。ただし，シングルバイト文字とダブルバイト文字が
混在してしまうと，コードを見ただけでは 1 文字のダブルバイト文字なのか
2 文字のシングルバイト文字なのか判断できなくなってしまう。JIS コード
はバイトごとに見ると ASCII コードと同じ値を使用するため，たとえば，
0100 0101 0111 1101 はシングルバイト文字 2 文字として見ると「%}」，ダ
ブルバイト文字 1 文字として見ると「統」となり，どちらか判別できない。
そこで，「これ以降はシングルバイト文字」「これ以降はダブルバイト文字」
を表す特別なコード（制御コード）を用いる。

制御コードが不要であるように，ダブルバイト文字のコード表をうまく構
成する方法もある。ASCII コードは 7 ビットコードなので 8 ビットで運用す

ると領域の半分 (128〜255) は使われない。そこでこの部分を使うバイト (つまり先頭ビットが 1 のバイト) が来た場合，次のバイトと続けてダブルバイト文字とする方式が考えられる。この仕組みを利用しているのが Windows で現在でも用いられている**シフト JIS** である。

日本語では複数の文字コードがあり，どれを使うかによって同じ文字でもコードが異なるため，文字コードを誤るといわゆる文字化けが発生してしまう。そこで，日本・中国・ハングル・アラビアなど世界の主な国の文字を統一的に扱うために，英数文字も含めすべての文字を表す文字コードの業界標準規格として **Unicode**（ユニコード）が定められた。Unicode は，現代の文字だけでなく古代の文字や歴史的な文字，数学記号，絵文字なども含む。1990 年代の導入当初は，2 バイト固定長符号化方式ですべての文字や記号を表現する構想であったが，2 バイトでは結局足りなくなり，その後マルチバイト文字となっている。

実際にコンピュータで Unicode を使う場合には，そのままの数字ではなく，何らかの**文字符号化方式**（エンコーディング）を用いる。最も広く使われている文字符号化方式が ASCII 文字と互換性をもたせるよう開発された **UTF-8** である。UTF-8 は，ASCII と同じ部分は 1 バイトで表現し，そのほかの部分を 2〜4 バイトで表現する可変長符号化方式である。

コラム

EUC とシフト JIS

先頭ビットが 1 のバイトが来た場合，次のバイトと続けてダブルバイト文字とする方式としては，EUC (Extended Unix Code) があり，UNIX で用いられた。ただし，このやり方の場合，半角カナが使えなくなる。これを解決するため，8 ビットの半角カナを含む文字コードの中で，使われていないバイトを使う複雑な方式としてシフト JIS が開発された。シフト JIS では，JIS コードの 2 バイトの第 1 バイトが半角カナを含む拡張 ASCII コードと重複する場合，第 1 バイトが非使用領域になるようシフトする。このようにして，シフト JIS では半角カナも使うことができるが，複雑な処理が必要となる。

§4.2 アルゴリズム基礎

ここでは，アルゴリズムの表現，構造，基本的な例を示す。

4.2.1 アルゴリズムの表現

フローチャート

フローチャートとは，アルゴリズムを表現するために利用される図の作成方法である。アルゴリズムを，処理と条件分岐の繰返しとして記述することにより，視覚的にアルゴリズムを示す。

図 4.5 に示すように，フローチャートを作成するには，いくつかの決まった基本要素がある。フローチャートは，それらの基本要素を組み合わせて構成される。フローチャートの作成には，次の5つの主要なルールがある。

- アルゴリズムの始まりと終わりを端点で示し，処理，条件，分岐と矢印がフローチャートの基本構成要素となる。
- 始まりと終わりを示す端点は，角が丸い四角を使う。
- 処理は四角（長方形）を使い，処理の内容をその中に記載する。
- 入出力（データ）は平行四辺形を使う。
- 条件は菱形を用いて示し，条件が満足される（Yes/True）か，されない（No/False）かで2つの矢印の分岐で表現する。

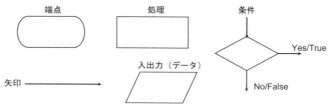

図 4.5 フローチャートの基本要素

これらの基本要素を，処理の流れに沿って矢印で連結していくことにより，処理の流れを図示する。

標本平均のフローチャート

データ $x_1, x_2, \ldots, x_n$ の標本平均 $\bar{x} = (1/n) \sum_{i=1}^{n} x_i$ の計算手続きをフローチャートで図示すると，図 4.6 のようになる．

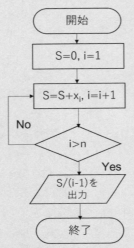

図 4.6 標本平均のフローチャート

具体的には，このフローチャートを作成するには，データの総和を計算してから，データの個数 n で総和を割り算する操作となる．

1. 変数 S を 0 に，またデータ番号を指定する変数 i を 1 に初期化する．
2. データ番号を順番に送りながら，変数 S に加算する操作を行う．
3. 番号 n のデータまで加算されれば総和が計算できたとするので，ここでデータ番号 i の値が n と比較して大きいかを確認する．
4. もし，$i > n$ であれば総和計算が完了したとして，次の 5 に進む．そうでなければ，2 に戻る．
5. データの総和 S をデータの個数 n で割り算し，標本平均 $\bar{x}$ の値を出力して，処理を終える．

次に，この計算手順に対して，処理は四角の要素，条件分岐は条件に応じて 2 つの矢印の分岐を有するひし形の要素を使った処理の流れに沿っ

て，図 4.5 に示した基本要素を使って記述する．具体的には，処理の始まりと終わりを丸い要素で表示する．始まりと四角で表示される 1 の処理を接続する．2 の処理を四角の要素に記載し，1 の処理と接続する．3 の処理は条件分岐なのでひし形で記載する．ひし形は条件が満足される場合と，されない場合とで分岐を示す．条件が満足されない場合は，2 の四角の要素と矢印を接続する．条件が満足される場合は，5 の四角の要素に矢印を接続する．5 の処理がアルゴリズムの終了と対応するので，終了を示す丸い要素と 5 の四角の要素からの矢印を接続すると，フローチャートが完成する．

アクティビティ図

対象システムで起こるべき内容を記述する方法として，**アクティビティ図**がある．アクティビティ図は，組織の運営や開発を担当するメンバーの間で，手順の開始，終了，統合，分割，シグナルの送受信などを特別な記号を使い，表現することで内容を共有することができる．アクティビティ図は，フローチャートと同様にアルゴリズムを視覚的に表現することに加え，行為主体（アクター）をレーンにより示し，行為主体が行う行為をレーンごとに配置されたアクティビティにより表現することで，アクティビティを行う主体の切り替わりの様子を表現することができる．

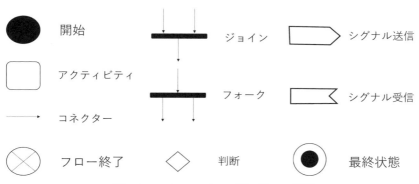

図 **4.7** アクティビティ図で用いる記号

図4.7にアクティビティ図で利用される記号を示す．アクティビティの開始は黒丸を用いて示す．また，すべてのアクティビティの最終状態は，黒丸を白丸で囲んだ記号を使う．行為または動作を示すアクティビティは，角の丸い四角で表示する．各アクティビティをコネクターとよばれる矢印で接続することで，アクティビティの流れ（フロー）を表現する．条件分岐を示す判断は菱形で表現する．また，2つ以上フローが同期して単一フローに変化するジョインと，単一フローが2つ以上のフローに分岐するフォークが存在する．

例として，店舗における商品購入を対象として，店員と顧客の2種類のアクターの行動を，アクティビティ図で図示してみよう．まず，店員と顧客のレーンを書く．次に，顧客の入店を開始状態，顧客の退店を終了状態とする．顧客のアクティビティと店員のアクティビティを抽出し，動作順序に対してコネクターで接続をしていく．

図4.8に，この商品購入に対するアクティビティ図を示す．顧客は入店後商品を探し，商品をレジに運ぶ．店員は商品の価格を確認し，購入代金を計算後，金額を請求する．顧客は代金を支払い，店員は代金を受け取った後，商品を顧客に渡す．顧客は商品を受け取り，最後に退店する．

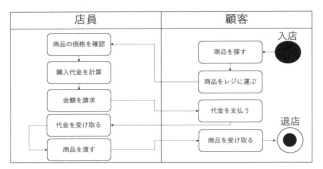

図4.8 店員と顧客による商品の購入過程のアクティビティ図

このように，アクティビティ図を用いることで，フローチャートでは表現しきれない，複数の行為主体が行うアルゴリズムの連動性を考慮した表現が

§4.2 アルゴリズム基礎 **109**

可能となる。

4.2.2 アルゴリズムの構造

アルゴリズムと基本構造

コンピュータサイエンスにおいて，**アルゴリズム**とは，特定の問題を解くためにコンピュータに実行させる，一連の指示のことである。特定の問題解決や計算を行うコンピュータプログラムを作成するためには，アルゴリズムを明確にする必要がある。一般に，同じ処理を行うアルゴリズムは複数存在するが，処理に要する時間やメモリ領域が小さいものが望ましい。特にデータが大規模な場合や，株式取引や Web 広告配信など，瞬時処理が求められる場合などでは，効率的なアルゴリズムの設計が重要となる。

アルゴリズムの基本的構成要素として，代入，順次構造，選択構造，繰り返し構造がある。

代入とは，記憶領域に数値や文字列を格納する操作である。コンピュータによる処理では，記憶領域に存在する値を読み取り，演算などの操作を行ったあと，代入操作により記憶領域に再び値を格納する処理が頻繁に行われる。アルゴリズムの推移により，記憶領域に格納されている値が変化することこそが，コンピュータにおける計算の基本となる。

順次構造とは，フローチャート（4.2.1 項参照）で示した，処理と矢印とが連結する構造である。前の処理で行われた値を次の処理で参照し，次の計算を行うような操作順序に対応する。

選択構造とは，ある条件に従い，処理に分岐を生じる構造である。フローチャートで示したひし形の条件分岐が，これに対応する。値の大小などのある条件が満足された場合と，それが満足されなかった場合とで，処理を選択的に分岐させることができる。

繰り返し構造とは，ある条件が満足されるまで，同じ処理を繰り返し行うような構造である。たとえば，1 から 10 までを加算するような場合に，加算処理が繰り返し行われる。これは，選択構造とカウンターに当たる初期状態 0 とした変数を使い，順次カウンターに 1 を加算し，カウンターが 10 を超えたかを選択構造で判断し，10 以下であれば，カウンターの値を加算する処理を行い，そうでなければ処理を終える判断をする。そのため，繰り返し構造

は，代入，順次構造，選択構造の組合せで実現できる。

計算時間とオーダー

与えられたアルゴリズム A に対して，A に与える入力の大きさを n とおく。大きさ n の入力に対して，アルゴリズム A が結果を出力するまでにかかる計算時間を $f(n)$ とおく。実用上は，アルゴリズム A を実装するプログラム言語や，ハードウェアといった計算環境によって計算時間は変わってしまうため，アルゴリズムを適用する際の計算時間の見積もり方としては，入力の大きさ n に依存しない，一つの作業にかかる時間を一定と捉えて，n に関する簡単な関数 $g(n)$ との大きさの差異を考慮することで，計算時間 $f(n)$ を**オーダー**という考え方で見積もる。このため，次の記号を導入する。

まず，$f(n)$ と $g(n)$ を自然数の上で定義された 2 つの関数とする。任意の自然数 n に対して，$f(n)/g(n) < C$ をみたす，n によらない定数 C が存在するとき，

$$f(n) = O(g(n))$$

と表記して，「$f(n)$ は $g(n)$ のオーダーである」という。

たとえば，n 次元ベクトル $\boldsymbol{x} = (x_1, \ldots, x_n)$ を入力して，$\boldsymbol{x}$ の要素の和 $\sum_{i=1}^{n} x_i$ を求める際には，1 回の足し算にかかる時間を定数時間とすれば，$n - 1$ 回の足し算が必要であるため，計算時間のオーダーは $O(n)$ である。また，順次要素の部分和 $(x_1, x_1 + x_2, x_1 + x_2 + x_3, \ldots, \sum_{i=1}^{n} x_i)$ を求める際に，もし前の足し算の結果を利用しない場合は，足し算の回数は

$$0 + 1 + \cdots + (n - 1) = \frac{(n-1)n}{2}$$

となるから，計算時間のオーダーは $O(n^2)$ である。一方で，部分和を $S_k = \sum_{i=1}^{k} x_i$ $(k = 1, \ldots, n)$ とおいて，一つ前の部分和を利用することで，$S_k = S_{k-1} + x_k$ と計算すれば足し算は $n - 1$ 回ですむから，計算時間のオーダーは $O(n)$ である。

4.2.3 基本的なアルゴリズム

ソートアルゴリズム

与えられた n 個の実数 $x_1, x_2, \ldots, x_n$ を，小さい順に並べた列（**昇順**），あ

§4.2 アルゴリズム基礎 **111**

るいは大きい順に並べた列（降順）を作ることを，**並べ替え（ソート）**という。ここでは，代表的なソートアルゴリズムと，その計算量について概説する。

与えられた n 個の実数から最小値を見つけるために，さしあたり最小値に対応する箱を用意して x_1 を格納しておき，$x_2, x_3, \ldots$ と順に大小比較を行い，より小さい実数 x_i が見つかったら，その都度 x_i を箱に入れ直して格納するという作業を繰り返すことで，$O(n)$ の計算時間で最小値を発見できる。同様の作業から，k 番目 $(k = 2, \ldots, n)$ に小さい値を見つけることができるため，このような愚直な方法でソートを行えば，$O(n^2)$ の計算時間で n 個の実数のソートを完了することが可能である。この方式の代表的なアルゴリズムとして，**バブルソート**がある。

より効率的にソートを完了させるために，データ構造として固定した**根**とよばれる点（ノード）から順に2分岐，もしくは分岐せずに枝を伸ばして得られる**2進木**（または**2分木**）の利用を考える。根に対応する点を祖先とする家系図のように考えて，ある点 v から枝分かれして新たに発生する点 u を v の**子**とよび，v を u の**親**とよぶ。根は，唯一親をもたない点である。子をもたない点を**葉**とよぶ。この定義から，2進木とは，根から出発して高々2つの子をもつように作られる木のことである。1つの点が2つの子をもつとき，**左の子**と**右の子**という名前をつけて区別する。2進木を平面上に描画する際には，慣例上，根に対応する点を一番上に配置して，下側に枝を伸ばすように図示する。2進木の作り方に特別な指定がない場合には，ある点が1つの子をもつときは左の子のみもつように，子に対応する点を左側に配置する。2進木の点 v に対して，v から根まで辿ったときに通過する枝の本数を，v の**深さ**とよぶ。各点の深さの最大値を，2進木の**高さ**とよぶ。

高さ k の2進木 T に対して，深さ k 未満の点がすべて現れているとき，T を**平衡2進木**とよぶ。図 4.9 は，2つの高さ3の平衡2進木の例である。平衡2進木とは，各葉の深さが（高々1しか違わず）揃っており，バランスのとれた木である。平衡2進木 T の点の数を n とおくとき，次の不等式がなりたつ。

$$1 + 2 + 2^2 + \cdots + 2^{k-1} + 1 \le n \le 1 + 2 + 2^2 + \cdots + 2^k$$

この不等式を整理して対数を考えることにより，$k = O(\log n)$ が得られる。

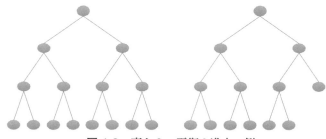

図4.9　高さ3の平衡2進木の例

ソートの問題を解くために，与えられた実数を平衡2進木の各点に上手に配置することで，効率のよいソートアルゴリズムを構築することが可能となる。より具体的には，与えられた実数を，順次平衡2進木上の点に配置し，根に至る経路上の枝で隣接する2つの実数について大小比較を行い，配置の入れ替えを適宜繰り返し，得られた最終配置の情報からソートを完了させるプロセスを考える。実数の入れ替え作業は，根に至るまでの経路に沿って実行することで，作業には $O(\log n)$ の計算時間を要し，点の数が高々 n であることにより，一連の実数入れ替え作業すべてを計算時間 $O(n \log n)$ で完了するソートアルゴリズムが構築される。したがって，効率のよいソートアルゴリズムの実装には，与えられた実数を平衡2進木の各点に上手に割り当てることが肝要となる。そのような代表的なソートアルゴリズムとして，以下で説明するクイックソートがある。

クイックソート　　　　　　　　　　　　　　　　　コラム

クイックソートのアルゴリズムの概略は，次のような2進木の構成手続きに基づく。

(1) x_1 を読み込み，木の根として配置する。

(2) $i = 2, \ldots, n$ の順に x_i を読み込み，根の値 x_1 との大小比較を行い，小さければ左の子へと進み，大きければ右の子へと進む。進んだ先

§4.2　アルゴリズム基礎　**113**

に，配置が済んでいる x_j $(j < i)$ がある場合は，同様に x_j との大小
比較を行い，x_i が小さければ左の子へと進み，大きければ右の子へ
と進む。進んだ先に比較する値がなくなったら，x_i をその2進木の
葉として配置する。

　上記のプロセスででき上がった2進木 T について，その構成方法から
一番左下の葉が与えられた実数の最小値であり，その一方で，最大値は
一番右下の葉に格納されているという構造を考慮して辿ることでソート
を完了することができる。もし，得られた2進木 T が平衡2進木に近い
形をしていれば，上記プロセスにおける大小比較は $O(n \log n)$ の回数で
済むため，ソートにかかる計算時間は $O(n \log n)$ である。また，与えら
れた実数 $x_1, \ldots, x_n$ を予めランダムにシャッフルしておけば，高い確率
で2進木 T は平衡2進木に近い形になるので，クイックソートは高い確
率で計算時間 $O(n \log n)$ のアルゴリズムとなる。

　その一方で，クイックソートの問題点として，たとえばシャッフルし
た実数 x_i たちが，たまたま既に小さい順に並んだ状態で上記 (1) と (2) の
プロセスを実行すると，2進木 T は分岐のない右下に伸びる道状のグラ
フとなる。このとき，大小比較は $O(n^2)$ の回数が必要となる。このよう
な最悪の場合には，$O(n \log n)$ の計算時間ではソートを達成できないこ
ともある。クイックソートの最悪の場合の難点を解消したアルゴリズム
として**ヒープソート**がある。

　別の計算時間 $O(n \log n)$ のソートアルゴリズムであるマージソートについ
ては再起呼び出しの項 (p.116) および例題 7.1.2 で扱う。

探索

　集合 $S = \{x_1, \ldots, x_n\}$ を，あるデータ構造に格納された n 個のデータから
なる集合とする。与えられたデータ x に対して，x が S に含まれるか否かを
照合し，S に含まれるときには x に関する情報を出力し，x が含まれないと
きには「存在しない」と出力する作業を**探索**あるいは**検索（サーチ）**という。
また，このような x を**検索要求**という。検索要求 x を $x_1, \ldots, x_n$ の順に照合

していく作業では，たとえば x が S に含まれない場合には $O(n)$ の計算時間がかかるため，より効率のよい検索アルゴリズムを考えたい。ここでは，代表的な検索アルゴリズムとして**2分探索**と**ハッシュ法**について概説する。

　ここでは，x と S の各要素は2進数表示された整数とし，S の要素は昇順にソートされていると仮定する[4]。2分探索では，S の要素を次のように平衡2進木 T に格納することを考える。まず，$x_{\lceil n/2 \rceil}$ を T の根に格納する。次に，根の左の子には $x_{\lceil n/4 \rceil}$ を，右の子には $x_{\lceil 3n/4 \rceil}$ を格納する。ここで，$\lceil a \rceil$ は，実数 a の小数点以下を切り上げて得られる整数を意味する。

　$x_{\lceil n/4 \rceil}$ が格納された点について，その点の左の子には $x_{\lceil n/8 \rceil}$ を，右の子には $x_{\lceil 3n/8 \rceil}$ を格納し，以下同様に格納する x_i の添え字 i について，左の子の添え字は i より小さい数の中央値となるように，右の子の添え字は i より大きい数の中央値となるようなデータを格納して，平衡2進木を構成する。このようにして得られた平衡2進木をもとに，x を根から順に検索することを考える。具体的には，格納されたデータ x_i に対して x との大小比較を行い，$x < x_i$ の場合には x_i が格納されている点の左の子に進み，$x > x_i$ の場合には右の子へ進む。$x = x_i$ の場合には，x_i を出力して検索が完了する。検索の照合作業は，T の葉に至る時点で終了するため，照合に必要な回数 $O(\log n)$ の計算時間で検索を完了することができる。

　以上が，2分探索のアルゴリズムの概要である。実は，2分探索の考え方は，身近な検索作業である辞書引きの作業において応用されている。英和辞典で単語を検索する場合の検索方法は26文字からなるアルファベットの順序に基づいて検索するが，これは26進木上で2分探索と本質的に同様の作業に基づく検索であり，照合に必要な回数についても辞書に収録されている単語の数を n として $O(\log n)$ の計算時間で検索を完了することができる。

　2分探索の計算時間は $O(\log n)$ であるが，さらに高速に検索する方法について考える。ここでもデータ x は2進数表示された整数とし，x を格納するために1次元配列 $A[i], i = 0, 1, \dots$ を用意する。そして，データの値自体を配列の要素番号（アドレス）と見立てて，x_i を要素 $A[x_i]$ に格納する。この設定のもとで，検索要求 x に対する検索は単に $A[x]$ を参照すればよいため，

---

[4] S の要素が数字でない場合には，要素を数字で対応させて考えることができる。

§4.2 アルゴリズム基礎 **115**

1回の操作で検索が完了し計算時間は $O(1)$ である．したがって，この設定が可能であれば非常に高速な検索が可能となる．しかし，たとえば10文字程度の文字列データ x でも，x を2進数表示すると非常に大きな整数となり，配列長をそこまで増やさなければならないため，現実的にはそのような大量のメモリを使うことは難しい．この問題の解決に有効な手法が，次に紹介するハッシュ法である．

　与えられた正整数 p と任意の x に対して，関数 $h(x)$ は x を $0, 1, \ldots, p-1$ のどれかに対応させる関数とする．x から $h(x)$ への対応は，なるべく不規則なものが望ましいため，たとえば x を p で割った余りとして対応させる定め方などが考えられる．このような $h(x)$ を**ハッシュ関数**とよぶ．このように導入した $h(x)$ と，1次元配列 $A[i]$ $(i = 0, 1, \ldots, p-1)$ を用意して，データ x_i をアドレス $h(x_i)$ に入れる．ここでは，x_i 自身をアドレスとみなす場合とは異なり，2つのデータ x_i, x_j が同じアドレス $h(x_i) = h(x_j)$ をもつことが起こりうることに注意する．すなわち，$A[h(x_i)]$ に直接 x_i を格納するのではなく，アドレス $h(x_i)$ をもつデータを入れるリスト (p.118) の先頭を指すポインタを $A[h(x_i)]$ に入れることとする．x の検索では，$h(x)$ をアドレスにもつ $A[h(x)]$ が指すリストを辿り，その中身を x と照合する．関数 h が整数を p 個の要素へランダムに対応させる関数であれば，1つのアドレスに入るデータの数は平均 n/p 個であり，分母 p を分子 n より大きく設定すれば，同じアドレスに入るデータは平均1個以下になるため，照合にかかる計算時間も平均して $O(1)$ である．この検索技術を**ハッシュ法**という．ハッシュ関数を表の形に表したものは**ハッシュ表**とよばれる．ハッシュ法による検索にかかる計算時間は平均 $O(1)$ であるが，最悪の場合には効率の悪い検索となる可能性がある点には注意が必要である．

数値データの合計

　ここでは，数式や手計算では自明に見える，次のような（負の値を含む）数値データの合計

$$12 + 9 + 81 + 55 - 43 + 7 = 121$$

を考えてみよう．このような単純な計算でも，コンピュータプログラムとして実現するためには，アルゴリズムを明確にする必要がある．もっとも素朴

な手順としては，たとえば，最初に合計値を格納する変数 total を用意しておき，それを total=0 と初期化した上で，データの値を一つひとつそこに足し込んでいく，という手順である。たとえば，Python では下記のような手順 [25]になる[5]。

```python
def sum_numbers(numbers):
    total = 0
    for number in numbers:
        total += number
    return total
```

これを実行すると，下記のようになる。

```python
>>> data = [12, 9, 81, 55, -43, 7]
>>> sum_numbers(data)
121
```

このような基本的なアルゴリズムから始めて，より複雑なアルゴリズムへと進んでいくことができる。たとえば，p.106 では，上記アルゴリズムを拡張して，標本平均を計算する例を扱っている。また，この合計の計算を次に述べる**再帰呼び出し**を用いたアルゴリズムで記述すると，下記のようになる。

```python
def sum_numbers(numbers):
    if len(numbers) == 0:
        return 0
    return numbers[0] + sum_numbers(numbers[1:])
```

異なるアルゴリズムであるが，対象としている問題（合計計算）は同じものであり，実行結果も全く同じになる。アルゴリズムの理解と適用は，データサイエンスだけでなく，あらゆる種類の問題解決において，重要なスキルである。

再帰呼び出しと分割統治

アルゴリズムの手続きのなかで，自分自身を呼び出すことを再帰呼び出し

---

[5] Python においては，合計処理は sum という組み込み関数が用意されているので，実用上は自身で用意する必要はない。また，変数名を sum とすると意図しない挙動につながるため，注意が必要である。

§4.2 アルゴリズム基礎 **117**

という。例題 7.1.2 で紹介するアルゴリズムのように，再帰呼び出しを用いると，複雑な手続きを非常に簡潔に表現できることがある。注意点としては，アルゴリズムの手続きが簡潔に表現されるからといって，計算時間が小さいとは限らない点である。

再帰呼び出しと**分割統治**は，親和性が非常に高いことが知られている。分割統治とは，問題を複数のサブ問題に分割してから解き，そのようなサブ問題の解を統合して，元の問題の答えを求める方法である。

マージソートアルゴリズムがその典型である (例題 7.1.2 も参照)。マージソートでは，集合を 2 つに分割し，2 つに分割された集合がソートできたとして，それらを大小比較しながらマージする。分割してサブ問題の結果を順番に確認しながらマージしていく操作が，分割統治である。さらにマージソートでは，これを再帰呼び出しにより実行することで，集合を 2 つに分割することを，要素数が 1 の集合になるまで繰り返す。要素数 1 の 2 つの集合を，大小関係によりマージすることは容易である。マージされた集合を，さらに上の階層にて値の大小関係によりマージすることを繰り返し，ソートを実行する。

しばしば，再帰呼び出しを用いたアルゴリズム $F(n)$ の計算時間が，指数関数のオーダーとなってしまうことがある。この主たる原因は，再帰呼び出しの手続きにおいて，問題の大きさが「一定の差」で小さくなっていることである。再帰呼び出しを利用した，効率のよいアルゴリズムを構築するためには，マージソートアルゴリズムで用いられるような，問題の大きさが「一定の比」で小さくなるようにする工夫が重要である。

フィボナッチ数列を再帰呼び出しで求めるアルゴリズム   `コラム`

　再帰呼び出しにより，アルゴリズムは簡潔となるが，多くの計算時間を要する例として，フィボナッチ数列の計算を考える。**フィボナッチ数列**は，$a_0 = a_1 = 1$，そして $i \geq 2$ においては $a_i = a_{i-1} + a_{i-2}$ と定義される，有名な数列である。これを求めるために，次のアルゴリズムを考える。

　Step 1: $n = 0$ または 1 ならば，$F(n)$ として 1 を出力する。そうでなけ

れば，Step 2 へ進む．

Step 2: $F(n-1)$ で出力した値と，$F(n-2)$ で出力した値の和を出力する．

このアルゴリズムでは $F(n)$ の計算時間は $F(n-1)$ の計算時間と $F(n-2)$ の計算時間の和であるから，$F(n)$ の計算時間はフィボナッチ数列そのものであり，フィボナッチ数列の一般項は

$$a_n = \frac{5+\sqrt{5}}{10}\left(\frac{1+\sqrt{5}}{2}\right)^n + \frac{5-\sqrt{5}}{10}\left(\frac{1-\sqrt{5}}{2}\right)^n$$

となることが知られているから，アルゴリズム $F(n)$ に要する計算時間は，$O(((1+\sqrt{5})/2)^n)$ である．

§4.3　データ構造とプログラミング基礎

4.3.1　データ構造

配列とリスト

さまざまなデータは，コンピュータのメモリ上では，配列やリストという形で格納される．**配列**は，メモリ上の連続した領域にデータの中の一つひとつの要素を割り当てた列で，図 4.10 のようになっている．要素に連続的にアクセスしやすい利点があるが，要素の追加や削除には時間がかかる．

図 4.10　配列の模式図

一方，**リスト**は，要素と次の要素のメモリアドレス（ポインタ）の組からなり，図 4.11 のようになっている．要素の追加や削除に便利だが，ポイン

タをたどる必要があるため，アクセスに時間がかかる。また，要素はメモリ上の連続した領域に配置されるとは限らない。したがって，メモリ上の連続した領域を一度に読み込むことで，データの読み書きを高速化する最近のCPUでは，配列に比べて計算が遅くなる傾向がある。

図 **4.11** リストの模式図

ベクトルや行列のようなデータの場合は，リストよりも配列に格納する方がアクセスが速いため，より好ましい。要素の書き換えはあっても，次元を増やしたり減らしたりする必要性はあまりないので，リストにするメリットは乏しい。

連想配列

連想配列は，キー（key）と値（value）の組をいくつも格納するデータである。連想リスト，辞書，マップともよばれる。キーを使って，対応する値を見つけるために使われる。日常的にみられる例を表 4.9 に示す。

コンピュータプログラムにおける連想配列では，挿入（組を追加），除去（組を削除），検索（キーに対応する値を抽出）といった操作が行われる。連想配列を実現するデータ構造の 1 つが，p.115 で扱ったハッシュ表である。検索などを高速に行えるため，データベースでも活用されている。

表 **4.9** 連想配列の例

例	キー	値
辞書	単語	定義や説明
本の索引	項目	ページ
Web 検索	キーワード	URL

4.3.2 インタープリタ言語

インタープリタ（interpreter）とは，プログラム言語で書かれたソースコードや，中間表現を逐次解釈しながら実行するプログラムのことである。

「インタプリタ」「インタープリター」と表記することもある。ソースコードを一度にハードウェアで直接実行可能な**機械語**に変換する**コンパイラ**と比べて，次のような長所と短所をもつ。

- ソースコードを変更するたびにコンパイルし直さないと実行できないコンパイラでは，プログラムが大きくなるとコンパイルの完了を待つ時間が長くなる。インタープリタでは，ソースコードを逐次的に解釈し実行するため，変更のテストが素早くでき，また部分的な実行ができるため，開発時の修正作業が容易である。

- コンパイラ方式では，ソースコードを翻訳した機械語の実行ファイルが作成され，ユーザはこの実行ファイルのみを利用する。機械語はハードウェアに依存するため，異なるプロセッサでは動作しないという意味で，可搬性が低い。一方，インタープリタ方式では，ユーザは実行するハードウェア上で動作するインタープリタを準備すれば，同一のソースコードを使用することができるためため，可搬性が高い。

- コンパイラではソースコードの解析を一度行うだけであるが，インタープリタでは実行時に毎回行うため，インタープリタの方が実行時の性能は低くなりやすい。

4.3.3　Pythonの構文，制御文，関数

ここではPythonを用いて構文，制御文，関数などのプログラミングの基礎を説明する。

変数の型と代入

プログラム言語では，値を記憶しておくための**変数**が使われる。一般に，変数にはアルファベット，数字および「_」（アンダースコア）の並んだ名前をつけ，Pythonではiやxやvalue1などが可能である。ただし名前の先頭には数字は使えない。また大文字と小文字は区別される。

変数に値を記憶させることを，**代入**とよぶ。Pythonでは，変数への値の代入は

```
x = 1
```

のように行う。これによって，変数xに値1が記憶される。この例のように，変数には整数を代入するほか，0.5などの実数を代入することも，"abc"などの文字列を代入することもできる。文字列は，その前後にクォーテーションマーク' もしくはダブルクォーテーションマーク"をつけて表示する。「整数」「実数」「文字列」などの区別を値の型とよび，型が違うと，一見プログラムの上では同じ操作をしているように見えても，得られる結果が異なることがあるので，注意が必要である。

たとえば，1+1の結果は2となるが，"1"+"1"の結果は文字列の連結として"11"となる。さらに，1+"1"は実行できず，エラーとなる。型には，このほかにも，論理型（「真」のTrueと「偽」のFalse）や，プログラム中で新たに定義される型がある。

型変換のための組込み関数としては，表 4.10 の関数を用いることができる。

表4.10　Python の型変換のための組込み関数一覧

変換先	組込み関数
整数型（切り捨て）	int()
実数（浮動小数点）型	float()
文字列型	str()

変数を使った計算は，

```
x = a+b
```

のようにできる。これは，変数aの値と変数bの値を足したものを，変数xに代入するという意味である。算術演算子としては，四則演算 (+，-，*，/) の他に，以下のものが使われる。

```
a ** b  # a の b 乗
a %  b  # a を b で割った余り
a // b  # 切り捨て除算
```

xが**配列変数**であれば，その最初の要素はx[0]，次の要素はx[1]のよう

に参照する。

```
x = [2, 5]
y = 2*x[0]+x[1]
```

を実行すると，$2 \times 2 + 5$ の結果，すなわち 9 が y に代入される。

分岐

　プログラム言語には，決まった計算処理を順番に行うだけでなく，条件に応じて特定の処理を行うか行わないかを判断したり，同じ処理を何度も繰り返したりする機能がある。条件を使って処理をするかしないかを決めることを**分岐処理**とよび，これは

```
if x>0:
    print("x␣is␣larger␣than␣0.")
else:
    print("x␣is␣not␣larger␣than␣0.")
print("done.")
```

のようにできる。␣ は空白を示す。この例では，変数 x の値が 0 より大きければ，x is larger than 0. と表示された後で，done. と表示され，さもなくば，x is not larger than 0. と表示された後で，done. と表示される。条件が満たされたとき，あるいは満たされなかったときだけ処理される部分は，Python のコードでは行頭にスペースが入る（インデントされている）ことに注目してほしい。Python では，このように特定の条件を満たしたときに実行される処理のかたまりをインデントによって表示する。インデントされていない最後の行は，条件 x>0 が満たされるときも，満たされないときも，ともに実行される。インデントが始まる直前の行の最後は，コロンで終わる。Python 以外のプログラム言語では，処理のかたまりをインデントではなく，括弧でくくることによって表すことが多い。

繰り返し

　繰り返しの構文には，for 文と while 文がある。まず，for 文では

```
for i in range(n):
    print(i)
```

§4.3　データ構造とプログラミング基礎　**123**

を実行すると，0からn-1までの整数が出力される。詳しく述べると，range(n) が0からn-1までの値を生成し，これが変数iに順次代入されてprint(i) が実行される。

　次に，while 文は，条件が満たされ続けている限り，繰り返し実行するという構文で，

```
i = 1
while i<1000:
    print(i)
    i *= 2
```

とすると，2の冪乗で1000未満のものが出力される。なお，i *= 2 は i = 2*i を省略した記法である。

　繰り返し構文において，繰り返したい処理のかたまりは，インデントされていることに注意してほしい。

　if 文や while 文に登場した x>0 や i<1000 は論理型の値を持つ。そのため，

```
while True:
    print("a")
```

のように書くこともでき，これを実行するとaが無限に出力されて，プログラムは終了しない。繰り返し構文の中でbreak 文を実行すると，繰り返しから脱出して次の処理に進める。

関数

　Pythonでは関数は

```
def func1(a, b):
    return a+b
```

のように定義する。ここで，aとbを関数func1 の**引数**とよび，この関数の**返り値**はa+bである。以上のように関数func1 を定義したとき，この関数func1 は

```
print(func1(1, 2))
```

のようによび出すことができ，この場合は3が出力される。関数の中で別の関数をよび出すこともでき，

```
def func2(a, b):
    x = func1(3*a, b)
    return 2*x
print(func2(4, 5))
```

を実行すると，34 が出力される。関数内の処理についても，分岐構文や繰り返し構文と同じように，インデントして表される。

§4.4　データハンドリング

ここでは，代表的なデータ形式として，csv，XML，JSON をとりあげ，さらにその他のデータ形式として，離散グラフ，キー・バリュー形式である隣接リストについて説明する。

4.4.1　代表的なデータ形式

データサイエンスではテキストや画像などさまざまなデータ形式があるが，標準化されており扱いやすいため特によく使われるデータ形式が数種類ある。ここでは，csv，XML，JSON を解説する。

csv (comma-separated values) は最も単純なデータ形式で，

```
種類,個数,単価
りんご,5,100
みかん,10,30
オレンジ,20,100
バナナ,5,40
```

のような表形式のテキストデータである。テキストの中の行が表の行に対応し，行の中の各列はコンマで区切られる。1 行目は表頭として解釈する，#で始まる行はコメントとして無視する，コンマを含む項目を含めたいときはダブルクオーテーションで区切る，などの拡張が行われることもある。

csv は単純なため使いやすいが，一方で単純すぎるため複雑な構造のデータを保持するのには向かないこともある。もっと複雑な構造のデータを記述したいときには XML (extensible markup language) を使う。

§4.4　データハンドリング　**125**

XML はウェブページに使われる HTML に類似した形式で，

```
<shoppinglist>
  <item 種類="りんご" 個数="5" 単価="100"></item>
  <item 種類="みかん" 個数="10" 単価="30"></item>
  <item 種類="オレンジ" 個数="20" 単価="100"></item>
  <item 種類="バナナ" 個数="5" 単価="40"></item>
</shoppinglist>
```

のようなテキストデータである。項目を入れ子にすることもできるため，階層的なデータも保持できる。XMLでは，`<shoppinglist>`～`</shoppinglist>`のようにマークアップとよばれる決まったタグで囲むことによりデータを階層的に構造化して記述することができる。

JSON (JavaScript object notation) は JavaScript のオブジェクトの表記法から発生した形式であり，

```
{
  "shoppinglist": [
    {"種類": "りんご", "個数": 5, "単価": 100},
    {"種類": "みかん", "個数": 10, "単価": 30},
    {"種類": "オレンジ", "個数": 20, "単価": 100},
    {"種類": "バナナ", "個数": 5, "単価": 40}
  ]
}
```

のようなテキストデータである。JSON も XML 同様に，階層的で複雑な構造のデータを記述できる。

4.4.2　離散グラフ

離散グラフ（以下，単にグラフとよぶ）とは，頂点とよばれる点（ノード）とそれらを結ぶ辺（エッジ）とよばれる線で結んだ線画のことを意味する。離散グラフを**離散ネットワーク**とよぶこともある。数学的な解釈としては，集合 V とその2元部分集合を集めた集合（集合族とよぶ）E の対 (V, E) のことであり，この対をグラフ $G = (V, E)$ として表現し，V を**頂点集合**，E を**辺集合**とよぶ。

グラフ G が n 個の頂点からなるとき，V の要素数が n であることから，辺

の数に対応する E の要素数の取り得る値の範囲は，E が空集合であるときの 0（すなわち n 点のみからなる辺のないグラフの場合）から，n 個のなかから 2 つ選ぶ組合せの総数である $\dfrac{n(n-1)}{2}$ までの幅がある。特に $\dfrac{n(n-1)}{2}$ 個の辺をもつグラフ G を完全グラフとよび，K_n で表す。$V = \{v_1, \ldots, v_n\}$ とおき，$i = 1, 2, \ldots, n-1$ に対して v_i と v_{i+1} が辺を構成するようなグラフ（すなわち，$E = \{\{v_1, v_2\}, \ldots, \{v_{n-1}, v_n\}\}$ をみたすグラフ）を道とよび P_n で表す。P_n を構成するグラフに対して，さらに辺 $\{v_1, v_n\}$ を付け加えたグラフを閉路とよび C_n で表す。グラフ $G = (V, E)$ の辺集合 E は，上の P_n の例で見られるような 2 元部分集合族として表されるが，各 2 元部分集合を e のように 1 つの記号で表せば，$E = \{e_1, e_2, \ldots, e_m\}$ のように表される。

与えられたグラフ $G = (V, E)$ に対して，G のいくつかの辺からなる集合 E' と，それらの辺で結ばれる頂点および孤立した頂点からなる集合 V' の対を考えることによって G の内部構造によるグラフ $G' = (V', E')$ を作ることができる。そのようなグラフ G' を G の部分グラフとよぶ。グラフ G のどの 2 頂点に対しても，それらをつなぐ道が G の部分グラフとして存在するとき，G を連結グラフとよぶ。閉路を部分グラフとして含まない連結グラフを木グラフ（または単に木）とよぶ。

グラフのデータ表現，隣接行列

グラフを計算機上で扱うために，グラフのデータ構造はしばしば行列を用いて表現される。ここでは，グラフの行列表現の代表的な概念であるグラフの隣接行列について紹介する。頂点集合 $V = \{v_1, v_2, \ldots, v_n\}$ からなるグラフ G の隣接行列 $\boldsymbol{A}(G)$ とは，行列の列と行がそれぞれ G の頂点に対応した $n \times n$ 正方行列であり，各 (i, j) 成分 a_{ij} について，v_i と v_j が G の辺で結ばれていれば 1，そうでなければ 0 をとる行列のことである。たとえば，図 4.12 のような 4 頂点からなるグラフ G の隣接行列 $\boldsymbol{A}(G)$ は次のように各頂点の隣接関係を考慮して生成される対称な 4 次正方行列として表現される。

$$\boldsymbol{A}(G) = \begin{array}{c} \\ v_1 \\ v_2 \\ v_3 \\ v_4 \end{array} \begin{array}{c} \begin{array}{cccc} v_1 & v_2 & v_3 & v_4 \end{array} \\ \left(\begin{array}{cccc} 0 & 1 & 1 & 1 \\ 1 & 0 & 1 & 0 \\ 1 & 1 & 0 & 1 \\ 1 & 0 & 1 & 0 \end{array} \right) \end{array} \qquad (4.4.1)$$

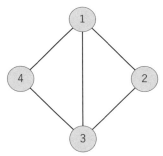

図 4.12 グラフ G (各頂点の数字 i は v_i の略記)

4.4.3 キーバリュー形式での隣接リスト

離散ネットワークを表現する隣接行列による表現は一般に多くの0が含まれる疎行列となる。隣接行列によるネットワークの表現は頂点数を n とすると n^2 の記憶領域が必要となる。そのため，ネットワークに含まれる頂点数 n が増えると，極めて大きな記憶空間を必要としてしまう問題がある。この問題を解決するために，離散グラフをキーバリュー型の形式（p. 119 の連想配列を参照）でデータ化してデータ量を減らす方法が知られている。

キーバリュー形式を利用して，接続している頂点のリストをキーで，指定された頂点と接続する頂点の集合をバリューの形で表現することで，隣接行列をリスト形式で表現し，必要となる記憶領域を削減することができる。

たとえば，式 (4.4.1) で表現した隣接行列の例では

$$\{v_1 : [v_2, v_3, v_4], v_2 : [v_1, v_3], v_3 : [v_1, v_2, v_4], v_4 : [v_1, v_3]\} \qquad (4.4.2)$$

となる。Pythonではこの形式のことを辞書型とよぶ。一般に，このような
データ形式は，4.4.1項で述べたJSON形式とよばれるものである。

4.4.4　データベース

　ここではデータベース管理システム (DBMS) とその操作，SQL，NoSQL
などについて説明する。本節の内容については，[28] が参考になる。

データベース管理システム (DBMS)

　組織や企業にはさまざまなデータが存在する。このようなデータを共有利
用するためにデータをひとつにまとめた集合体を**データベース**という。デー
タベースを扱う際には，通常，大量のデータを複数の利用者が安全かつ効率
的に管理できるようにするために，さまざまな機能を有する管理システムを
介して，さまざまな操作が行われる。データの集まりと管理システムの両方
をデータベースとよぶことも多いが，これらを区別してよぶ場合には後者
を**データベース管理システム** (Database Management System; DBMS) と
よぶ。

　代表的なデータベース管理システムとして，Oracle（米国オラクル社），
DB2（IBM），SQL Server（マイクロソフト），MySQL（オープンソース），
PostgreSQL（オープンソース）などがある。

　データベース管理システムの最も重要な機能は以下の3つである。

- メタデータ管理：データベースに関するメタデータ（データベースにど
  のようなデータが格納されているか，誰がどのような権限をもっている
  かなど）を適切に管理する。
- 質問処理：利用者がデータベースに発行した質問の構文・意味を解釈し，
  必要なデータを検索するためのコードを生成する。
- トランザクション管理：トランザクションとはデータの読み書き処理の
  最小単位であり，これを適切に管理することでデータベースの一貫性
  （実世界を正しく反映した状態）を保つ。特に，障害時回復と同時実行
  制御を行う。

特にトランザクション管理に関しては，ACID特性とよばれる性質を堅持す
ることが求められてきた。ここで，ACID特性とは，「原子性 (atomicity)」，

「一貫性 (consistency)」，「隔離性 (isolation)」，「耐久性 (durability)」を意味する英単語の頭文字から名付けられたトランザクションの特性であり，それぞれ次のような意味をもつ。

- 原子性：トランザクションは，それがすべて行われるか，あるいは全く行われないかのいずれかである。
- 一貫性：データベースが実世界を正しく反映していることを保証する。
- 隔離性：各々のトランザクションは他のトランザクションの影響をうけることなく，あたかもデータベースを占有しているかように処理を遂行できる。
- 耐久性：完了（コミット）したトランザクションが実行中に行った更新は，その後どのような障害が発生しても失われない。

以下で説明するリレーショナルデータベースなどの古典的なデータベースシステムでは，ACID特性をみたすように設計することでその信頼性を担保している。

リレーショナルデータベース

データベースには，計算機の実装技術に対応したネットワークデータモデルや階層データモデルなど，さまざまなデータモデルを採用したものがあるが，1970年代にコッド (E.F.Codd) によって提案された，数学の集合論に基づく極めて形式的なデータモデルであるリレーショナルデータモデルが広く利用されている。リレーショナルデータモデルを用いたデータベースはリレーショナルデータベース（Relational Database; RDB）とよばれる。

リレーショナルデータベースではリレーションとよばれる表によってデータを表現する。表 4.11 にリレーションの例を示す。表 4.11 の 1 行目の「社員番号」，「社員名」，「給与」，「所属」は**属性**あるいは**フィールド**とよばれる。2 行目以降の各行は 1 要素分のデータに対応し，**タプル**あるいは**レコード**という。各列に対応するそれぞれの属性に対し，取り得る値の集合を**ドメイン**という。リレーションを 1 行目と 2 行目以降に分けて考えると，1 行目はデータを入れるための「枠」を規定し，2 行目以降はすべての属性のドメインの直積の部分集合となっている。この枠のことを**スキーマ**とよび，部分集合を**インスタンス**とよぶ。

表4.11　リレーション「社員」

社員番号	社員名	給与	所属
A01	基礎太郎	60	B1
A02	発展花子	40	B2
A03	応用次郎	50	B2

　データベースではある所望の条件を満足するデータを特定し，抽出することが最も基本的な機能の一つである。任意のインスタンスに対して，一意にタプルを特定できる属性の集合を**超キー**（スーパーキー）という。リレーションは属性のドメインの直積の部分集合であることから重複するタプルは存在せず，どのスキーマに対しても，すべての属性の集合は超キーとなるので，任意のスキーマに必ず超キーが存在する。多くの場合，リレーションに対して超キーは複数存在するが，どのような真部分集合も超キーにならないような超キーを候補キーという。候補キーも複数存在する場合があるが，そのうちデータベースの管理上都合のよいものを1つ選択し，主キーという。表4.11のリレーション「社員」では，社員番号はユニークに割り当てられると考えられることから，属性「社員番号」を含んだ属性の集合はいずれも超キーとなるが，「社員番号」以外の属性はいずれも冗長であり，たった1つの属性「社員番号」が候補キー，さらには主キーとなる。なお，主キーはその値を空（その時点で値がわからなかったり，未定を意味する）とすることが許されないことに注意する。

　リレーショナルデータベースは一般に複数のリレーションから構成されるが，各リレーションは通常無関係ではありえない。たとえば，表4.11のリレーション「社員」に加えて，表4.12のリレーション「部署」がデータベース内にある場合を考えてみる。リレーション「部署」の属性「部長」の値は，リレーション「社員」の主キーである属性「社員番号」の値しか取り得ない。このとき，リレーション「部署」の属性「部長」は，リレーション「社員」の外部キーとよばれる。外部キーは主キーと異なりその値を空とすることが許される。

　リレーションの各ドメインがシンプルであるとき，そのリレーションは第1正規形とよばれる。ここで，シンプルとは，元が分解不可能な値であるこ

§4.4 データハンドリング **131**

表4.12 リレーション「部署」

部署番号	部長
B1	A01
B2	A03

と，すなわち他のドメインの直積であったり，部分集合であったりしないことを意味する。たとえば，表4.13のリレーションのように属性「社員名」の値を姓と名の直積の形で表現していたり，表4.14のリレーションのように属性「趣味」の値が部分集合になっていたりすると，非第1正規形のリレーションとよばれる。これらのリレーションはそれぞれ表4.15および表4.16のようにすることで第1正規形のリレーションに変換できる。このように正規形でないリレーションを正規形に変換する操作のことを**正規化**という。

表4.13 リレーション「社員」（非第1正規形の例1）

社員番号	社員名
A01	(基礎, 太郎)
A02	(発展, 花子)

表4.14 リレーション「社員」（非第1正規形の例2）

社員番号	社員名	趣味
A01	基礎太郎	{音楽, スキー, ゴルフ}
A02	発展花子	{釣り, バイク}

リレーショナルデータモデルのデータ操作言語として，リレーショナル代数とリレーショナル論理があり，これらは質問（問合せ，query）を記述する能力において等価であることが知られている。リレーショナル代数はリレーショナルデータモデルの提案者であるコッドによって導入されたデータ操作言語であり，具体的には以下の8つの演算が導入されている。

和集合演算　差集合演算　共通集合演算　直積演算
射影演算　　選択演算　　結合演算　　　商演算

表 4.15　リレーション「社員」(正規化の例 1)

社員番号	社員名(姓)	社員名(名)
A01	基礎	太郎
A02	発展	花子

表 4.16　リレーション「社員」(正規化の例 2)

社員番号	社員名	趣味
A01	基礎太郎	音楽
A01	基礎太郎	スキー
A01	基礎太郎	ゴルフ
A02	発展花子	釣り
A02	発展花子	バイク

8つの演算のうち，最初の4つが通常の集合演算である一方，後半の4つはリレーショナル代数に特有の演算である。ここでは**射影，選択，結合**について簡単に説明する。

　射影演算はリレーションを縦方向に切り出す演算であり，たとえば，表4.11のリレーション「社員」に対して，社員番号と所属だけに注目したいときに，社員名と給与の属性の列を削除することで表4.17のリレーション「社員［社員番号，所属］」を得る演算である。ただし，リレーションの列を単に削除するだけでは同一のタプルが複数現れることがある。そのような場合にはタプルが重複しないように1つだけリレーションに残す(リレーションは集合であるため要素の重複は許されないことに注意する)。

表 4.17　リレーション「社員［社員番号，所属］」

社員番号	所属
A01	B1
A02	B2
A03	B2

　選択演算はリレーションを横方向に切り出す演算(制限演算ともよばれ

§4.4 データハンドリング **133**

る）であり，ある条件を満足するタプルだけを抽出したいときに用いられる。
たとえば，表 4.11 のリレーション「社員」において，「給与＞ 45」を満足す
るタプルだけを抽出すると，表 4.18 のリレーション「社員［給与＞ 45］」が
得られる。

表 **4.18** リレーション「社員［給与 ＞45］」

社員番号	社員名	給与	所属
A01	基礎太郎	60	B1
A03	応用次郎	50	B2

結合演算は複数のリレーションを結合する。リレーショナルデータベース
では複数のリレーションにおけるタプル間のつながりは属性値を介して表現
されているが，異なるリレーションに含まれるタプル間の関係は明らかでは
ない。そこで，たとえば，表 4.11 のリレーション「社員」と表 4.12 のリレー
ション「部署」において，リレーション「社員」のタプルの所属値とリレー
ション「部署」のタプルの部署番号値が同一のものを結合すると，表 4.19
のリレーション「社員［所属＝部署番号］部署」が得られる。結合されたリ
レーションでは，各社員のタプルにその社員が所属する部署の部長の情報が
含まれており，各社員とその上司の関係が容易に確認できる。

表 **4.19** リレーション「社員［所属＝部署番号］部署」

社員.社員番号	社員.社員名	社員.給与	社員.所属	部署.部署番号	部署.部長
A01	基礎太郎	60	B1	B1	A01
A02	発展花子	40	B2	B2	A03
A03	応用次郎	50	B2	B2	A03

更新時異状と情報無損失分解　コラム

　リレーションは第1正規形であるだけでは不十分でありタプルの追加，削除，修正を行う際にリレーションの**更新時異状**とよばれる問題が発生する可能性がある。例として，表4.20のリレーション「ソフト注文」の更新について考えてみる。このリレーションは第1正規形であり，属性集合{学校名，ソフトウェア}が主キーであることに注意する。

表4.20　リレーション「ソフト注文」

学校名	ソフトウェア	ライセンス数	単価	総額
A大学	統計処理ソフト	5	100,000	500,000
B大学	統計処理ソフト	2	100,000	200,000
B大学	数式処理ソフト	3	150,000	450,000
C高専	データ処理ソフト	4	80,000	320,000

表4.21　リレーション「ソフト注文［学校名，ソフトウェア，ライセンス数，総額］」

学校名	ソフトウェア	ライセンス数	総額
A大学	統計処理ソフト	5	500,000
B大学	統計処理ソフト	2	200,000
B大学	数式処理ソフト	3	450,000
C高専	データ処理ソフト	4	320,000

表4.22　リレーション「ソフト注文［ソフトウェア，単価］」

ソフトウェア	単価
統計処理ソフト	100,000
数式処理ソフト	150,000
データ処理ソフト	80,000

　ここで，単価が120,000円のデータベースソフトが新たに発売されたとき，この情報をリレーションに追加したいとする。このソフトを注文している学校はまだないので，未定の属性の値を空（−で表す）としたタプル（−，データベースソフト，−，120,000，−）をリレーションに挿入

§4.4 データハンドリング **135**

したいが，これはできない。なぜなら属性「学校名」は主キーに含まれており，その値を空にすることができないからである。このリレーションにはソフトウェアと単価という属性があり，新しいソフトの名前と単価の情報を保存できそうに思われるが，実際にこのソフトに対する注文が発生して学校名が定まるまで，タプル挿入の要求はDBMSに拒否される。これはタプル挿入時異状とよばれる。

この他にタプル削除時異状やタプル修正時異状が生じることがある。

上の例のリレーション「ソフト注文」で生じた更新時異状の原因について考えてみると，1つのリレーションにソフトウェアの単価とソフトウェアの注文という本来独立な2つの事象に関するデータが格納されていることがその原因であることがわかる。実際，表4.20のリレーションを，表4.21および表4.22に示すリレーション「ソフト注文［学校名，ソフトウェア，ライセンス数，総額］」とリレーション「ソフト注文［ソフトウェア，単価］」という2つの射影に分解すると，更新時異状が解消されることが確認できる。

表4.21と表4.22のリレーションに対して，それぞれの属性「ソフトウェア」の等しいものについて結合し，さらに重複する属性「ソフトウェア」を1つ削除する射影を行うことで，元のリレーション「ソフト注文」を得ることができる。このような結合演算（自然結合という）によって元のリレーションに戻せるようなリレーションの分解は**情報無損失分解**とよばれる。

SQL

リレーショナルデータベースは集合論に基づいたリレーショナルデータモデルに立脚しており，集合演算を利用したリレーショナル代数とよばれるデータ操作言語を用いて，リレーショナル代数表現（リレーショナル代数の演算の組合せ）として質問文を構築することでリレーショナルデータベースから所望のリレーションを得ることができる。

しかしながら，一般のデータベース利用者の多くは集合論に明るくなく，リレーショナル代数によるデータ操作言語の習得はハードルが高いため，よ

りユーザーフレンドリーなリレーショナルデータベースのデータ操作言語が望ましい。

SQLはリレーショナル代数と同等以上の質問記述能力を有し（リレーショナル完備という）つつ，初心者にもわかりやすい形でリレーショナルデータベース管理システムに対してデータの管理や操作を行うことが可能なデータ操作言語である。ISO 9075:2023による標準SQLには

- データ定義
- データ操作
- データ制御

の3種類のコマンド群が定義されている。

データ定義に用いるコマンドとしては，

- CREATE
- DROP

がある。CREATEはデータベースオブジェクト（表，インデックス，制約）の定義のために使われる。DROPはデータベースオブジェクトを削除するために使われる。

たとえば，

```
CREATE TABLE tbl (a INTEGER, b CHAR(50));
```

はフィールドaとbをそれぞれ整数型，文字列型（半角50文字分）とするtblという名称の表を作成する。

データ操作に用いるコマンドとしては

- INSERT INTO
- UPDATE 〜 SET
- DELETE FROM
- SELECT 〜 FROM 〜 WHERE

がある。INSERT INTOはデータの挿入に用いられる。UPDATE 〜 SETは表の値を更新するために利用される。DELETE FROMは表から条件を満足する行を削除する。SELECT 〜 FROM 〜 WHEREは表データの検索，結果集合の取り出しに用いられる。

たとえば，次のINSERT INTOコマンドを用いることにより，表4.23のように値が挿入される。

§4.4 データハンドリング **137**

```
INSERT INTO tbl (a,b) VALUES (30,'りんご'), (40,'みかん'),
  (10,'すいか');
```

表4.23 データベースへのデータ挿入の例

a	b
30	'りんご'
40	'みかん'
10	'すいか'

また，表4.23に示す表を取り出す例として次のSELECTコマンドについて例を示す。

```
SELECT * FROM tbl ORDER BY a;
```

このSELECTコマンドにより，aの値の小さい順にソートされて表の値が取り出される。

10 すいか
30 りんご
40 みかん

これは，SELECTのすぐ後ろにある*により表tblのすべてのフィールドが指定され，ORDER BYオプションにより指定されたフィールドaに対して小さい順にソートが指示されていることによる。次に

```
SELECT b FROM tbl WHERE a >= 25 ORDER BY a;
```

の出力結果は

りんご
みかん

となる。これは，SELECTのすぐ後ろがbなので，表tblのbのフィールド値を出力することを意味する。さらに，WHEREの検索条件にあるaが25以上の値のものだけ取り出し，aの小さい順にソートして出力した結果である。

このように SELECT コマンドを利用することにより，表示結果を選択したり，条件により表の値を抽出，ソートして表示することができる。

NoSQL

リレーショナルデータベースに代表される従来の古典的なデータベースのトランザクションでは，ACID 特性を堅持することが求められてきた。一方，最近ではビッグデータの管理・運用を目的として，Dynamo (Amazon), MapReduce (Google), Bigtable (Google), BigQuery (Google) といったさまざまな分散型データベースが開発されている。**NoSQL** とはそのようなシステムの総称であり，"No SQL"ではなく"Not only SQL"と解釈するのが一般的とされる。

Inktomi 社の創設者ブルーワ (Eric Brewer) は「整合性，可用性，そしてネットワークの分断耐性の間には基本的にトレードオフがある」という経験則を2000 年に開催された国際会議で発表した。ここで，**整合性**（consistency）とは，書き込み操作が終了した後に読み取り操作をすれば，書き込まれた内容と同じ結果が得られなければならないことを意味する。データを複製して分散的に管理している場合には，どの複製を読んでも同じ値が返ることを意味する。また，**可用性**（availability）とは，指示した書き込み操作や読み取り操作に対して，それが無視されず，いつかは応答があることを意味する[6]。さらに，**分断耐性**（partition tolerance）はネットワークを介してサーバ間でやり取りするメッセージがいくら失われても構わないことを意味する。この経験則には後に証明が与えられ，**CAP 定理**とよばれている。

CAP 定理は，共有データシステムでは整合性，可用性，分断耐性のいずれかを諦める必要があることを意味する。実際には，通信ネットワークで結合された共有データシステムでは分断耐性は必要不可欠なので，整合性と可用性のどちらを諦めるかを選択することになるが，いずれを選択しても従来のデータベースで求められてきた ACID 特性を満足できない。

そこで，NoSQL では，整合性を緩和した結果整合性という考え方を導入

---

[6] ここでの可用性は，2.2.2項の情報セキュリティの3要素の「可用性」よりはゆるい定義である。

§4.4 データハンドリング **139**

することで，データベースの一貫性を担保する。具体的には，**BASE 特性**とよばれる，次の3つの性質を満足するように設計される。

- Basically Available（基本的に可用）：共有データシステムは CAP 定理の意味で可用であるということ
- Soft-state（ソフト状態）：システムの状態は結果整合性により，入力がなくても時間の経過と共に変遷していくかもしれないということ
- Eventual consistency（結果整合性）：現時点では整合性のないデータでも，新たな更新要求がなく，システムに障害も発生しなければ，すべての複製はいつかは整合するということ

NoSQL とよばれるシステムには多種さまざまなものがあるが，データモデルの観点で次の4つに分類されることが多い。

- キーバリューデータベース
- 列指向データベース
- ドキュメント指向データベース
- グラフデータベース

キーバリューデータベースは 4.4.1 項および 4.4.3 項で説明したキーバリュー形式によるデータモデルを採用したシステムであり，Dynamo などで採用されている。列指向データベースは，クローラーとよばれるウェブを巡回してデータを収集するソフトウェアによって集められたウェブページのデータを柔軟に格納するために開発されたデータモデルであり，Bigtable などで採用されている。リレーショナルデータベースでは列を属性，各行を1要素分のデータとしているのに対し，列指向データベースでは列ごとに関連するデータの値を格納することで柔軟性を獲得している。ドキュメント指向データベースでは 4.4.1 項で説明した XML のような構造化ドキュメントが対象とされるが，現在はシンプルな表現が可能な JSON を用いる方式が主流であり，MongoDB などで採用されている。グラフデータベースは実世界を1つのグラフとして表現するデータモデルであり，たとえばノード「基礎太郎」とノード「データ科学大学」がエッジ「学生」で繋がれるといった形でデータが表現され，各ノードとエッジのそれぞれに属性をもつことが許される。

4 章
情報に関する基礎的な事項

4.4.5 データクレンジング

「データは 21 世紀の石油」といわれるように，データをうまく活用すれば多くの有用な情報が得られる。一方で，「Garbage in, garbage out」（ゴミを入れたら，ゴミが出てくる）といわれるように，役に立たないゴミのようなデータからは有用な結果は得られない。そのため，データ分析を行う前に事前にデータをチェックし，異常値が含まれていないか，表記ミスや表記ゆれがないかなどを確認する必要がある。このようにデータの品質を向上させるためにデータを確認し整理することをデータクレンジングという。

表記ゆれ

データを確認するうえで重要な点の 1 つは表記ゆれの確認である。同じ意味を表しているものでも異なる表記で記載されるものは多くあり，これらを別のものとして扱ってしまうと誤った結果を導いてしまう。たとえば，人の名前の場合は単純な表記ミスや旧漢字と新漢字の違い，苗字と名前の間のスペースの有無などが考えられる。数字を扱う場合は半角数字と全角数字，算用数字と漢数字，漢数字の中にも通常の漢字と旧漢字の違いがある。また，3 桁区切りのカンマの有無で，ソフトウェアによっては別のものとして扱われる場合もある。日付の場合は西暦と和暦の違いだけでなく，表記の方法も多種多様である（2024/1/1，2024 年 1 月 1 日，2024-01-01 など）。また，日付と曜日の不一致などもある。時刻の場合も日時と同様に多種多様な表記について注意する必要がある（20 時 30 分，20:30，二十時半，午後 8 時 30 分など）。

名寄せ

同一の意味を表す異なる表記のデータを同一のものとして扱う処理のことを名寄せという。データクレンジングにおいて名寄せを行うことはとても重要である。その際に，誤って異なるデータを同一のものとみなさないように注意しなければならない。特に人の名前を扱う場合は，同姓同名でも別人というケースも少なくなく，名寄せを行う場合，できる限り人の目で最終確認を行うことが望ましい。

§4.4　データハンドリング　**141**

表 **4.24**　データフレームの例

種類	個数	単価
りんご	5	150
みかん	10	30
オレンジ	20	100
バナナ	5	40

4.4.6　Python によるデータ加工

Python で表形式のデータを扱うときもっともよく使われるライブラリは Pandas である。A.1.3 でも Pandas について追加的な事項について説明している。

Pandas では表をデータフレームとよぶ。表 4.24 は

```
import pandas as pd
df = pd.DataFrame(
        {"種類": ["りんご", "みかん", "オレンジ", "バナナ"],
         "個数": [5, 10, 20, 5],
         "単価": [150, 30, 100, 40]})
```

によって変数 df にデータフレームとして格納できる。

このとき，df["種類"] は ["りんご", "みかん", "オレンジ", "バナナ"] となり，df["個数"][0] は 5 となる。df[df["個数"]*df["単価"] >= 200] で総額が 200 円以上となる行を探索（サーチ）でき，df[(df["個数"]>=10) | (df["単価"] >= 100)] で個数が 10 個以上，もしくは単価が 100 円以上の行を抽出できる。| は条件の論理和であり，& は条件の論理積である。

データフレームは並べ替え（ソート）もできる。「単価」の列の値の昇順に並べ替えるには

```
df2 = df.sort_values("単価")
```

のようにする。降順にするには

```
df2 = df.sort_values("単価", ascending=False)
```

とする。

2 つのデータフレームを連結して行を追加するには，

表 4.25　行を追加したデータフレームの例

種類	個数	単価
りんご	5	150
みかん	10	30
オレンジ	20	100
バナナ	5	40
すいか	1	1000

```
df3 = pd.DataFrame({"種類": ["すいか"],
                    "個数": [1],
                    "単価": [1000]})
df4 = pd.concat([df, df3])
```

のようにする。df4 には表 4.25 が格納される。

第5章

統計・可視化に関する基礎的な事項

本章では，統計・可視化に関する基礎的な事項を説明する。以下では，データリテラシー，確率と確率分布，統計的推測，種々のデータ解析，データ活用実践の順で説明する。特にデータリテラシーの部分は内容が多い。

§5.1　データリテラシー

本節ではデータを読んだりデータを用いて説明する際に念頭におくべきさまざまな事項について説明する。本節の内容は**統計情報の正しい理解**のために重要である。

5.1.1　データを読む

データの種類

データにはいくつかの種類がある。特に数値で表現されるデータを**量的データ**とよび，文字や記号列で属性を表すデータを**質的データ**とよび区別する。量的データのことを**メジャー**，質的データのことを**ディメンジョン**ともよぶ。

量的データは**間隔尺度**とよばれる間隔に意味のある数値と，絶対原点があり値の比に意味がある**比例尺度**に分類される。間隔尺度の例として摂氏温度が挙げられる。比例尺度の例として，重さや長さがある。

質的データは順序に意味のある**順序尺度**と順序性に意味のない**名義尺度**に分けられる。

コラム

示量性変量と示強性変量

　他にも工学や物理学では量的変量を**示量性変量**と**示強性変量**とに分類する。示量性変量とは人数や液体の体積，重さのように総和量を算出できる量的データである。一方，示強性変量とは強度概念であり，密度や速度のように総和量に意味を与えられない量的データである。

データの代表値

　量的データ全体の分布の様子を要約する値を要約統計量というが，その中でも特に分布の中心を表現する値を**代表値**という。代表値としては**平均値**（あるいは平均），**中央値**，**最頻値**（あるいはモード）が用いられることが多い。

　n 個のデータ $x_1, \ldots, x_n$ の平均値 $\overline{x}$ は

$$\overline{x} = \frac{x_1 + \cdots + x_n}{n} = \frac{1}{n} \sum_{i=1}^{n} x_i$$

である。中央値とは，データを昇順に並べたときに中央にくる値のことである。データを昇順に並べ替えたものを $x_{(1)}, \ldots, x_{(n)}$ と書くことにする。n が奇数の場合，中央値は $x_{((n+1)/2)}$ である。n が偶数の場合は $x_{(n/2)}$ と $x_{(n/2+1)}$ の平均値を中央値とする。

　平均値も中央値も分布の中心の指標であるが，外れ値（p.146）の影響を受けやすい。それに対して，中央値は最大値や最小値の影響を直接は受けないことから，外れ値の影響を受けにくい。最頻値とは，最も観測数の多い値のことである。最頻値は一般には一意に定まらない。度数分布表のように階級ごとにデータの度数がカウントされている場合，度数の一番多い階級の階級下限と階級上限の平均値を最頻値とすることがある。

順序統計量，最小値，最大値

　n 個のデータ $x_1, x_2, \ldots, x_n$ を，昇順に並べたもの，すなわち

$$x_{(1)} \leq x_{(2)} \leq \cdots \leq x_{(n)}$$

を順序統計量という。下付き添字の (i) は小さい方から数えて i 番目であることを示す。このとき，$x_{(1)}$ を最小値，$x_{(n)}$ を最大値という。

データのばらつき

　代表値は分布の中心や，最も出やすい値の指標であるが，これだけではデータが代表値のまわりをどの程度ばらつくのかを把握することはできない。分布のばらつき（散らばり）の指標としては，**分散，標準偏差，四分位範囲**がよく用いられる。

　データ x の分散は，平均値 $\overline{x}$ を用いて

$$s_x^2 = \frac{\sum_{i=1}^n (x_i - \overline{x})^2}{n}$$

によって定義される。分散は各データと平均値の差の二乗の平均であるから，分散の大きいデータはばらつきが大きいと言える。x の標準偏差は分散の正の平方根 $s_x = \sqrt{s_x^2}$ である。標準偏差は単位が元のデータと同じになる。

　総和記号の線形性 (式 (3.2.1)) により，分散について次の等式がなりたつ。

$$s_x^2 = \frac{1}{n} \sum_{i=1}^n x_i^2 - 2\overline{x} \frac{1}{n} \sum_{i=1}^n x_i + \overline{x}^2 = \frac{1}{n} \sum_{i=1}^n x_i^2 - \overline{x}^2 \tag{5.1.1}$$

　データを昇順に並べたときに，小さい方から 25% の値を**第 1 四分位数**，大きい方から 25% の値を**第 3 四分位数**という。第 1，第 3 四分位数の計算法はさまざまなものが存在する。最も簡単な計算方法は，中央値を計算し，データを中央値より小さいグループと中央値より大きいグループに分け，中央値より小さいグループの中央値を第 1 四分位数，中央値より大きいグループの中央値を第 3 四分位数とする方法である。中央値は第 2 四分位数とよばれることもある。データの最小値，第 1，第 2，第 3 四分位数，最大値の組をデータの **5 数要約**という。四分位範囲は第 3 四分位数と第 1 四分位数の差のことで，分布の中央にある 50% のデータの範囲を表す。

　分散は外れ値の影響を受けやすい。一方，四分位範囲は，中央値と同様に最大値や最小値の影響を直接受けないので，外れ値の影響は受けにくい。

外れ値

　測定の誤りや入力ミスなどの理由により，他のデータから極端に離れた値を意味する外れ値について，統一的な定義はない。四分位範囲を用いた定義，平均・標準偏差を用いた定義の例はそれぞれ以下の通りである。

1. 四分位範囲 (IQR: Interquartile Range) は，第3四分位数 (UR: upper quantile) と第1四分位数 (LR: lower quantile) の差 $UR - LR$ で定義される。このとき，区間 $[LR - 1.5 \cdot IQR, UR + 1.5 \cdot IQR]$ に含まれないデータを外れ値とする。
2. 標本平均，標準偏差をそれぞれ $\bar{x}, s$ とするとき，区間 $[\bar{x} - 3s, \bar{x} + 3s]$ に含まれないデータを外れ値とする。

中央値や四分位範囲は，外れ値にあまり影響を受けないという**頑健性**をもつ。最大値が単独で非常に大きい値をとっても中央値や四分位範囲は変化しないが，平均値や標準偏差はサンプルサイズ n にも依るが大きく変化するだろう。実際のデータ解析の場面では，データの正確さのチェックの一環として，外れ値の存在については注意を払う必要がある。

　なお，異常値という用語も用いられるが，これは桁数の誤りなど明らかに誤ったデータの意味で使われることもある。

欠測値

　何らかの理由で観測されなかったデータを**欠測値**あるいは**欠損値**という。欠測値を扱うときには，欠測の理由や背景を理解する必要がある。単に記録し忘れたデータであれば，他の値を代入するなどの簡易な処理も可能である。しかし欠測の理由がより複雑な場合もある。たとえば病院に通院している患者のデータについて，患者が来なくなり欠測する理由としては，病気から快復する，重病になって転院する，死亡するなど，さまざまな理由が考えられる。理由によって欠測のパターンは異なる可能性がある。このように途中から観測できなくなることを**打ち切り**という。

多次元のデータ

　ここまでは1つの変量（あるいは変数）に関するデータの記述を考えて

§5.1 データリテラシー **147**

きた。実際のデータは、1 つの観察対象から複数の変量を観測して得られることが多い。例として図 3.4 の Excel のシートに入力されたデータを考えると、身長と体重の 2 つの変量について $n = 3$ 名分のデータが得られている。1 名分の身長と体重の観測値の組は 2 次元のベクトルと考えることができるので、このようなデータを 2 次元データという。さらにたとえば胸囲、血圧などを加えれば多次元のデータとなる。

量的データの次元を p、標本の大きさを n とすれば、$n \times p$ のデータ行列を

$$\boldsymbol{X} = \begin{pmatrix} x_{11} & x_{12} & \dots & x_{1p} \\ x_{21} & x_{22} & \dots & x_{2p} \\ \vdots & \vdots & & \vdots \\ x_{n1} & x_{n2} & \cdots & x_{np} \end{pmatrix} \tag{5.1.2}$$

と表すことができる。

データ行列の各行は 1 つの観察対象に関するデータであるが、観察対象を**個体**ということがある。データベースでは各行をレコードあるいはタプルとよぶ (4.4.4 項参照)。データ行列の各列はここでは変数とよんだが、データベースでは属性とよぶ。

データ行列は数値のみからなるが、図 3.4 にあるように各列には変数名の情報がある。また各行に識別子の情報があることも多い。データ行列を扱う際にこれらの追加的なデータも一緒に扱うことが有用である。Python のライブラリの Pandas では、データフレームとしてデータ行列と変数名等の情報を統合的に扱っている (4.4.6 項、A.1.3 項参照)。

以下ではまず 2 次元の場合 ($p = 2$) を考える。その場合は 2 重添え字を用いず、2 つの変数を x と y で表す。

散布図

散布図とは、量的な 2 次元データ $(x_1, y_1), \dots, (x_n, y_n)$ を xy 平面の座標と同一視してプロットしたもので、量的な 2 次元データの可視化法としては最も標準的なものである。

図 5.1 は 2016 年の 47 都道府県における全人口に対する 20 歳〜40 歳の人口の比率（パーセント）、婚姻率、死亡率の関係をあらわした散布図である。

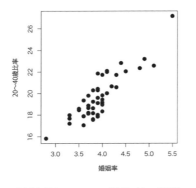 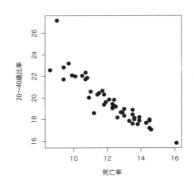

婚姻率と20〜40歳比率の関係　　死亡率と20〜40歳比率の関係
相関係数 = 0.870　　　　　　　相関係数 = −0.914

図 5.1　20〜40歳比率，婚姻率，死亡率の関係
(都道府県別人口動態統計 (2016))

婚姻率とは該当年における人口 1000 人あたりの婚姻数，死亡率とは人口 1000 人あたりの死亡者数である．図 5.1 の左のように，散布図内の点群が右上がりのときは，2 変数間に**正の相関**があるといい，図 5.1 の右のように，散布図内の点群が右下がりのときは，2 変数間に**負の相関**があるという．

相関係数

相関の程度を調べるには，**相関係数**を計算すればよい．変数 x と y の間の相関係数 r_{xy} は

$$r_{xy} = \frac{\frac{1}{n}\sum_{i=1}^n (x_i - \overline{x})(y_i - \overline{y})}{\sqrt{\frac{1}{n}\sum_{i=1}^n (x_i - \overline{x})^2}\sqrt{\frac{1}{n}\sum_{i=1}^n (y_i - \overline{y})^2}}$$

で定義される．ただし $\overline{x}, \overline{y}$ はそれぞれ x と y の平均である．分子は x と y の**共分散**とよばれる量であり

$$s_{xy} = \frac{1}{n}\sum_{i=1}^n (x_i - \overline{x})(y_i - \overline{y}) \tag{5.1.3}$$

と表す．分母はそれぞれ x と y の標準偏差である．常に，$-1 \leq r_{xy} \leq 1$ である（これは**シュワルツの不等式** (p.55 参照) から示せる）．

§5.1 データリテラシー **149**

　散布図内の点群が右上がりのときは相関係数は正となり，一方の変数が増えるにつれてもう一方の変数も増える傾向にある。逆に，散布図内の点群が右下がりのときは相関係数は負となり，一方の変数が増えるにつれてもう一方の変数が減る傾向にある。

　相関係数が 0 であるとき，**無相関**という[1]。相関係数の大小について客観的な評価は難しいが，$|r_{xy}| > 0.7$ であれば，強い相関と言われることが多い。また，相関係数は線形関係のみを評価している点には注意すべきである。無相関であっても，2 つの変数が無関係であるとは限らない（線形でない関係がある可能性がある）。

相関と因果の違い

　相関と因果はよく混同される。相関関係を因果関係と誤って説明する記事やテレビ番組をよく見かける。これらの 2 つは違うものであることを理解する必要がある。相関係数が高いことは，強い相関関係があるということだが，これは必ずしも 2 つの変数間に**因果関係**があるということではない。たとえば体重と足のサイズには正の相関があるが，体重が重いことが足のサイズが大きいことの原因とは言えないし，足のサイズが大きいことが体重が重いことの原因とはいえない。

　因果関係には原因変数から結果変数への方向性があるが，相関関係には方向性はなく 2 つの変数について対称的である。

散布図行列と相関係数行列

　3 変数以上ある場合に，図 5.2 のようなすべての 2 変数の組合せの散布図を格子状に並べたものを**散布図行列**という。各散布図の横軸の変数はその散布図と同じ列にある変数，縦軸の変数はその散布図と同じ行にある変数である。2 行 1 列のところの散布図の横軸は 20～40 歳比率，縦軸は婚姻率である。

　散布図行列は 2 変数の散布図を行列の形に並べたものであるが，各散布図

---

[1] 実際のデータから相関係数を計算すると厳密に 0 に一致することはほぼないが，たとえば 0.05 のように 0 に近いときも無相関ということがある。

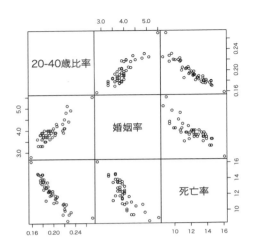

図 5.2 20～40 歳比率, 婚姻率, 死亡率の散布図行列
婚姻率と死亡率の相関係数 $= -0.823$

(都道府県別人口動態統計 (2016))

について相関係数を計算することができる．相関係数を並べた行列を**相関係数行列**あるいは**相関行列**とよぶ．図 5.2 に対応する相関係数行列は以下である．

$$R = \begin{pmatrix} 1 & r_{12} & r_{13} \\ r_{21} & 1 & r_{23} \\ r_{31} & r_{32} & 1 \end{pmatrix} = \begin{pmatrix} 1 & 0.870 & -0.914 \\ 0.870 & 1 & -0.823 \\ -0.914 & -0.823 & 1 \end{pmatrix} \quad (5.1.4)$$

コラム

データ行列を用いた相関係数行列の表現

データ行列 (式 (5.1.2)) から相関係数行列を行列演算によって表すことを考える．データ行列の第 j 列の平均を $\bar{x}_j = (1/n)\sum_{i=1}^{n} x_{ij}$ とし，これらからなる p 次元ベクトル $\bar{x}$ を**平均ベクトル**とよぶ．$\mathbf{1}_n$ をすべての要素が 1 である n 次元ベクトルとすれば $\bar{x}$ は

$$\bar{x} = \frac{1}{n} X^T \mathbf{1}_n \quad (5.1.5)$$

と書ける．

§5.1 データリテラシー **151**

またデータ行列の第 i 列と第 j 列のデータの共分散を

$$s_{ij} = \frac{1}{n} \sum_{h=1}^{n} (x_{hi} - \overline{x}_i)(x_{hj} - \overline{x}_j)$$

とおく。s_{ii} は第 i 変数の分散を表す。s_{ij} を (i,j) 要素とする行列を $\boldsymbol{S}$ と表し，**分散共分散行列**とよぶ。

$$\boldsymbol{S} = \begin{pmatrix} s_{11} & s_{12} & \cdots & s_{1p} \\ s_{21} & s_{22} & \cdots & s_{2p} \\ \vdots & \vdots & \ddots & \vdots \\ s_{p1} & s_{p2} & \cdots & s_{pp} \end{pmatrix} \tag{5.1.6}$$

$\boldsymbol{S}$ は対称行列である。分散共分散行列を単に**共分散行列**，あるいは**分散行列**とよぶこともある。

ここで行列 $\boldsymbol{X} - \frac{1}{n}\mathbf{1}_n \overline{\boldsymbol{x}}^T$ を考えると，この行列の (i,j) 要素は $x_{ij} - \overline{x}_j$ である。これより

$$\boldsymbol{S} = \frac{1}{n} \left(\boldsymbol{X} - \frac{1}{n}\mathbf{1}_n \overline{\boldsymbol{x}}^T \right)^T \left(\boldsymbol{X} - \frac{1}{n}\mathbf{1}_n \overline{\boldsymbol{x}}^T \right) \tag{5.1.7}$$

と書けることがわかる。また $(1/\sqrt{s_{11}}, \ldots, 1/\sqrt{s_{pp}})$ からなる対角行列を $\boldsymbol{D}$ とおくと，相関係数行列 $\boldsymbol{R}$ は

$$\boldsymbol{R} = \boldsymbol{DSD} \tag{5.1.8}$$

と書ける。

回帰分析

回帰分析とは，ある特定の変数を他の変数から予測あるいは説明するための手法である。予測あるいは説明したい変数を**目的変数**といい，予測あるいは説明に用いる変数を**説明変数**という。5.5.1 項でも説明するように，目的変数を従属変数や被説明変数とよぶこともある。説明変数を独立変数や共変量とよぶこともある。説明変数が 1 つの場合を**単回帰分析**とよび，複数の場合を**重回帰分析**とよぶ。予測式としては線形式（説明変数の一次結合）を用

いることが基本的であり**線形回帰**とよぶ。なお最近ではニューラルネットワークなどの非線形の複雑な予測式を用いることも多く，その場合を**非線形回帰**とよぶ。

ここでは簡単のため，（線形）単回帰分析について説明する。単回帰分析では，目的変数 y の予測に説明変数 x の1次式を用いる。つまり，

$$\hat{y} = \alpha + \beta x$$

として目的変数 y を予測する。記法として $\hat{y}$ の＾が**予測値**であることを表し，係数 α と β を**回帰係数**とよぶ。実際に観測された y の値と予測値 $\hat{y}$ の差

$$e = y - \hat{y}$$

を**残差**とよぶ。

次に，n 組の観測値 $(x_1, y_1), \ldots, (x_n, y_n)$ を用いて，最もあてはまりの良い直線の切片と傾きとして，回帰係数 α と β を推定することを考える。まず，各観測値 (x_i, y_i) に対して残差 $e_i = y_i - (\alpha + \beta x_i)$ を定義する。これらの残差が全体的に 0 に近いほど，推定直線はデータによりあてはまっていると考えることができるので，**残差平方和**

$$\mathrm{RSS}(\alpha, \beta) = \sum_{i=1}^{n} e_i^2 = \sum_{i=1}^{n} (y_i - (\alpha + \beta x_i))^2$$

を最小にするような回帰係数 $\hat{\alpha}$ と $\hat{\beta}$ を求めるという推定法を**最小二乗法**，そして最小二乗法によって得られる推定量を**最小二乗推定量**とよぶ。具体的には，残差平方和 $\mathrm{RSS}(\alpha, \beta)$ は α と β のどちらの回帰係数に関しても凸な2次関数であるので，それぞれの偏微分を 0 とする α と β が求める解である。すなわち次の2式

$$\frac{\partial}{\partial \alpha} \mathrm{RSS}(\alpha, \beta) = -2 \sum_{i=1}^{n} (y_i - (\alpha + \beta x_i)) = 0$$

$$\frac{\partial}{\partial \beta} \mathrm{RSS}(\alpha, \beta) = -2 \sum_{i=1}^{n} x_i (y_i - (\alpha + \beta x_i)) = 0$$

を同時にみたす α と β を求めることで，

$$\hat{\alpha} = \overline{y} - \hat{\beta}\overline{x}, \quad \hat{\beta} = \frac{\sum_{i=1}^{n} (x_i - \overline{x})(y_i - \overline{y})}{\sum_{i=1}^{n} (x_i - \overline{x})^2} \tag{5.1.9}$$

§5.1 データリテラシー **153**

が得られる。

　回帰分析にはさまざまな手法があり，説明変数をそのまま用いるのではなく，その2乗や3乗などを用いる多項式回帰や，説明変数の特定の関数の1次式によって目的変数を表す関数回帰，目的変数が質的変数の場合のロジスティック回帰などがあり，目的に応じて各手法を適切に使い分ける必要がある。

擬似相関

　3変数以上のデータを見る際には，その中の特定の2変数の相関について見るときにも，その他の変数との関係を考慮する必要がある。たとえば，都道府県別の高等学校数と歯科診療所数では，相関係数はおよそ 0.952（2020年）となり，強い正の相関が見られる。つまり，高等学校が多いところは歯科診療所も多いということである。しかし，常識的には，両者の間には直接的な関係はないと考えられる。高等学校が多いからといって歯科診療所ができるわけでもなく，逆に，歯科診療所が多いからといって高等学校が立地するわけでもないだろう。ここで，人口という要因を考えてみると，人口が多いところはどちらも多いだろうと気が付く。実際，人口と高等学校数，人口と歯科診療所数の相関係数はそれぞれ 0.962，0.979 と高くなっている。

　このように，2つの変数それぞれと正の相関が強い別の変数が存在するとき，元の2つの変数の正の相関が強くなる[2]。このような相関関係を**擬似相関**といい，擬似相関の原因となる変数（上記の例では人口）を**交絡因子**という。高等学校数と歯科診療所数の相関係数 0.952 は，擬似相関であるため，あまり意味がない。このような場合には**偏相関係数**を用いた方がよい。変数 x, y, z があるとき，変数 z の影響を除いた変数 x と y の偏相関係数は，x を z で単回帰した際の残差と y を z で単回帰した際の残差の間の相関係数で定義され，具体的には

$$\frac{r_{xy} - r_{xz}r_{yz}}{\sqrt{1 - r_{xz}^2}\sqrt{1 - r_{yz}^2}}$$

---

[2] 相関が強くても別の変数と逆向きの相関がある場合は相関が弱くなるケースがある。また負の相関が強くても，交絡因子とそれぞれ正の相関があり，相関が弱くなるケースもある。このような場合は擬似無相関とよばれることがある。

と計算できる。上記の例の場合，x を高等学校数，y を歯科診療所数，z を人口とすると，$r_{xy} = 0.952, r_{xz} = 0.962, r_{yz} = 0.979$ であるから，人口の影響を除いた高等学校数と歯科診療所数の偏相関係数は 0.186 となり，関係は強くないことがわかる。

分類とグループ化（階層的クラスタリング，非階層的クラスタリング）

分類とグループ化（グルーピング）は似た手法であるが，分類は教師あり学習，グループ化は教師なし学習の区別がある。すなわち分類は，カテゴリーのラベルが与えられており，そのラベルを予測する問題となる[3]。グループ化ではカテゴリーがデータとしては与えられておらず，データから標本を似たグループに分割する問題を考える。

分類は判別ともよばれる。分類の手法も多数にわたるが，ここでは決定木について簡単に説明する。決定木は，分類のための説明変数を，重要と思われるものから順次見ていって，説明変数の値によって木を分岐させていき，木の葉により分類を行うものである。たとえばある商品が売れるかどうかを考える。どのような客がその商品を購入したかしなかったかの購買データが得られたとする。その商品が女性向きで特に若い女性に好まれるのであれば，客をまず男女で分けて，女性についてはさらに年齢で分けることが考えられる。これを図示したものが図 5.3 である。木の葉に書かれている数値は購入確率を表している。

次に教師なし学習の手法であるグループ化（あるいはクラスタリング）について説明する。グループ化では似た個体をグループにまとめていく作業を行う。クラスタリングには階層的クラスタリングと非階層的クラスタリングの 2 つの手法がある。

階層的クラスタリングでは，各個体がすべてばらばらの状態から始めて，似た（すなわち距離の近い）個体やグループを順次まとめていく。そのプロセスは，デンドログラム（樹形図）として可視化するとわかりやすい。{3,

---

[3] 機械学習では「分類」は質的変数を予測する手法の意味で用いられる。たとえば性別を含むデータを，男性のデータと女性のデータに単に分ける作業は，一般的な用語としては分類であるが，機械学習の意味での「分類」ではない。この場合，統計的な用語としては「層化」（あるいは「層別」）を用いるのがよい。

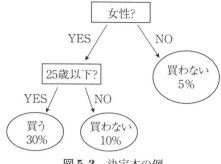

図 5.3　決定木の例

12, 6, 2, 8} という 5 つの数字について，2 つの数字の距離を差の絶対値で定義し，**最短距離法**，すなわちグループ間の距離をそれらに属する要素の間の距離の最小値と定義して，階層的クラスタリングする場合は，

```
import numpy as np
import matplotlib.pyplot as plt
import scipy.cluster.hierarchy

X = np.array([3, 12, 6, 2, 8])
Z = scipy.cluster.hierarchy.linkage(X[:,None], 'single')
fig, ax = plt.subplots(dpi=100)
dn = scipy.cluster.hierarchy.dendrogram(Z, labels=list(X), ax=ax)
ax.set_ylabel("距離", fontname="MS Gothic")
plt.savefig('HCluster01.pdf')
plt.show()
```

と Python で実装すると，図 5.4 のようなデンドログラムが `HCluster01.pdf` に描画される。たとえば，このデンドログラムから 3 つのグループを取り出したいならば，距離 2.5 のところで切ればよい。この場合，{2,3}，{6,8}，{12} の 3 つのグループになる。グループ数を変えたければ，切るところの距離を変えればよい。

非階層的クラスタリングの代表的な手法である **K-means 法**で K 個のグループ $C_1, \ldots, C_K$ にクラスタリングする場合は，各グループ $k = 1, \ldots, K$ の中心 μ_k を

$$\mu_k = \frac{1}{|C_k|} \sum_{i \in C_k} x_i$$

と設定して，次の最小化問題を解くことになる。

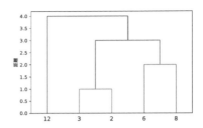

図 5.4 階層的クラスタリングでのデンドログラムの例

$$\min_{\mu_1,\ldots,\mu_K} \sum_{k=1}^{K} \sum_{i \in C_k} ||x_i - \mu_k||$$

ただし，$|C_k|$ はグループ C_k に含まれる要素数であり，$||x_i - \mu_k||$ は点 x_i とグループ中心 μ_k との距離である．K-means 法の最小化問題を解くためには，通常次の繰り返し計算を行う．

1. 初期値として K 個のグループ中心を設定する．
2. 各観測値を最も近いグループ中心のグループに属させる．
3. 各グループの重心（平均ベクトル）を計算し，グループ中心とする．
4. グループが変化しなくなるまで，2. と 3. を繰り返す．

ただし，このアルゴリズムで求められるのは極小値であり，最小値でないこともあるため，さまざまな初期値を用いて収束先を確認する必要がある．

クロス集計表と質的データの要約

　質的データは，そのままでは定量的な取扱いが困難であるので，適切な条件を満足する質的データの個数を数えることで定量化するのが一般的である．

　たとえば，表 5.1 はある会社の健康診断時に取得したデータから性別と血液型を抜き出した個票の例である．性別も血液型も質的データの名義尺度であり，このデータのままでは，その傾向を量的に捉えることは容易ではない．

　そこで，性別と血液型の組合せを有する人数を集計してみる．たとえば，性別が男性でかつ血液型が A 型であるのは，データ番号 00001 と 00003 の計

§5.1 データリテラシー **157**

表 5.1 健康診断の個票データの例

データ番号	個人識別コード	性別	血液型
00001	2014212	男	A
00002	2551212	女	AB
00003	3122125	男	A
00004	2151221	男	AB
00005	1241241	女	B

2名である。性別（男性，女性）を縦，血液型（A，B，O，AB）を横に並べて，縦横の組み合わさるマス目に条件を同時に満足する度数を記載する。この集計した結果を，表 5.2 に示す。このような2条件を満足する人数を集計した表を**クロス集計表**あるいは**分割表**という。クロス集計表を用いることで，質的データを量的にとらえることができる。各マス目を**セル**とよぶ。合計を**周辺和**とよぶ。

表 5.2 性別と血液型に対するクロス集計表の例

	A	B	O	AB	合計
男性	2	0	0	1	3
女性	0	1	0	1	2
合計	2	1	0	2	5

　クロス集計表の合計の箇所はそれぞれの属性に対する度数分布表に対応する。質的データ（定性変数）であっても，このように，2次元分割表または度数分布表へと集計することにより，その後は量的データと同様に取り扱い分析することができる。

2 × 2 の分割表と相関

　2つの属性がそれぞれ2値のときには，分割表は 2 × 2 分割表とよばれる。属性 A および B の YES を 1，NO を 0 とダミー変数表示すると，N 組の

データは表 5.3 のようになる。これを 2×2 分割表に表示すると表 5.4 となる。これより，A および B の平均と分散，A と B の間の共分散を計算す

表 5.3　ダミー変数表示

A	B	度数
1	1	a
1	0	b
0	1	c
0	0	d
	計	N

表 5.4　2×2 分割表

		B		
		YES	NO	計
	YES	a	b	m
A	NO	c	d	n
	計	s	t	N

ると

$$\text{A の平均}: \frac{a+b}{N} = \frac{m}{N}, \quad \text{A の分散}: \frac{a+b}{N}\frac{c+d}{N} = \frac{mn}{N^2}$$

$$\text{B の平均}: \frac{a+c}{N} = \frac{s}{N}, \quad \text{B の分散}: \frac{a+c}{N}\frac{b+d}{N} = \frac{st}{N^2},$$

$$\text{A と B の共分散}: \frac{ad-bc}{N^2}$$

と求まる。A と B の相関係数は**ファイ係数**とよばれ，以上の計算より

$$\phi = \frac{ad-bc}{\sqrt{mnst}} \tag{5.1.10}$$

と表される。ファイ係数の絶対値はクラメールの連関係数（[5]の 3.2 節）とよばれる。

母集団と標本抽出

　統計の形で整理されたデータを扱う際には，そのデータがどのような集団に関するものであるかに注意する必要がある。たとえば，選挙が近づき各政党の支持率を調べる際には，対象となる集団は有権者である。また全国学力・学習状況調査で小学校 6 年生の学力を調べる際には，対象となる集団は日本の小学校 6 年生である。このように統計データが対象とする集団を**母集団**という。母集団全体を調査するには多大な費用がかかるため，通常は母集

団の一部を選んで統計調査を行う。実際の調査を行う母集団の一部を**標本**という。

たとえば学力調査では生徒の学力を測定するが，生徒の学力はさまざまである。このように調査の対象となる特性値は母集団で一定の分布をもっている。母集団における特性値の分布を**母集団分布**という。母集団から個体を無作為に抽出して観測すると，その特性値は母集団分布に従う確率変数とみなすことができる。この意味で，関心の対象となる確率分布自体を母集団分布とよぶことがある。

ここでは，母集団からの標本抽出法について代表的な方法を説明する。

単純無作為抽出法 単純無作為抽出法は，最も基本的な抽出法であり，母集団から等確率で無作為に個体を抽出する方法である。同じ個体を重複して抽出することを許す場合を**復元抽出**，それぞれの個体は高々1回のみ抽出する場合を**非復元抽出**とよぶ。復元抽出は，独立同一分布 (i.i.d.) に対応する (5.3.1 項参照)。

系統抽出法 系統抽出法は単純無作為抽出法と類似した抽出法である。具体的には (i) 母集団の要素を並べたリストを作る，(ii) 1 番目の個体をリストから無作為に抽出する，(iii) 2 番目以降は等間隔で抽出する。

層化抽出法 層化抽出法は予め母集団を属性を考慮して複数の層に分割して，各層から必要な大きさの標本を無作為に抽出する方法である。個人を調査する場合に，性別，年代，職業などの特性で層に分割して，各層から無作為に対象者を抽出することが考えられる。複数の層の比較が可能になる，各層から標本を抽出するために推定精度が高くなるという利点がある一方で，層に分けるためには母集団の属性情報が必要となる点に注意が必要である。

クラスター抽出法 母集団は通常，多くの小集団（クラスター）から構成されている。その場合，複数のクラスターを無作為に抽出してその構成員全員を対象として調査する。クラスター毎の名簿があれば，時間と費用が節約可能である。たとえば，全国の小学校児童を対象とする調査で，全国からいくつかの小学校を無作為に抽出して，その小学校の児童全員を調査する。一方で，同じクラスターに属する調査対象は似た性質をもちやすいので，標本に偏りが生じる可能性がある。

多段抽出法 大規模な標本調査においては，調査対象を直接抽出することが困難である。多段抽出法は，抽出単位に複数の階層を設ける方法で，第1次抽出単位をある確率で抽出し，抽出された第1次抽出単位の中から，ある確率で第2次抽出単位を抽出する。このように指定した段数までを行うのが多段抽出法である。たとえば，全国の小学校児童を対象とする調査で，各都道府県から小学校を抽出，その小学校からクラスを抽出，そこから児童（生徒）を無作為抽出すると，費用を低く抑えられる。層化抽出法と多段抽出法を組み合わせた層化多段抽出法も広く用いられる。

5.1.2 データを説明する

データの表現

データを説明する際に，適切なグラフを用いて，データを**可視化**することが重要である。たとえば5数要約は**箱ひげ図**で表すと一目で理解することができる。複数の量的データを可視化するには散布図 (p.147) が有用である。時系列データは折れ線グラフによって**チャート化**するとよい。

コンピュータの画面のように色が使える場合には，量的な大小を色の違いで表すことができる。これを**ヒートマップ**という。たとえば天気予報で各地の温度を表すには，高い温度を赤に近い色，低い温度を青に近い色で表す。このように地理的な情報だけでなく，たとえば多数の変数の相関係数行列を示す際に，絶対値が1に近い相関係数を赤に近い色で，0に近い相関係数を白に近い色で表すことが行われる。

データの比較

たとえばある施策の効果をデータから検証する場合には，その施策を行った対象のデータのみを見るのでは不十分である。その施策を行わなかった場合でも，同様の効果が見られる可能性があるからである。そこでデータとしては，その施策を行った対象からのデータとその施策を行わなかった対象からのデータを得て，それらを比較する必要がある。施策の効果を数量的に把握する際も，施策の絶対的な効果よりも，施策を行わなかった場合との差の評価が重要であることが多い。医学統計の分野では施策を行った対象を処

理群あるいは**処置群**，行わなかった対象を**対照群**あるいは**コントロール群**という。

　処理群と対照群で差が見られる場合でも，たとえば処理群は男性が多く対照群は女性が多いと，施策の有無の違いが表されているのか，性別の違いが表されているのかの区別ができない。つまり性別が交絡因子となる可能性がある。このような交絡を避けるには，処理群と対照群が，施策の有無以外の要素では条件がほぼ同一であることが望ましい。このような比較を**条件をそろえた比較**という。条件をそろえるための1つの方法として，対象のペアを作ることがある。たとえば男女の嗜好の違いを調べるときに夫婦を抽出して夫と妻の嗜好の違いを見るような場合である。これは所得水準や地域などの条件をそろえるためである。条件のそろったペアを作ることを**マッチング**ということがある。またこのようにして得られたデータを**対標本**ということがある。

　たとえば特定のダイエット方法の効果など，効果が出るまでに一定の時間がかかる場合には，同じ対象についてそのダイエット方法を始める前の体重と一定期間行ったあとの体重の差を見ることが有効である。このような比較を**処理の前後での比較**という。また処理群と対照群で処理の前後での比較を行うことを，社会学や計量経済学などの分野では**差分の差分法**とよぶ。

　条件をそろえた比較のための強力な方法が**ランダム化比較試験** (RCT, Randomized Controlled Trial) である。ランダム化比較試験では，特定の処理を施す対象と施さない対象を無作為に選ぶ。たとえば新薬の効果を確認する試験では，その新薬を与える人と，**偽薬（プラセボ）**を与える人を無作為に決める。無作為化しても，処理群と対照群でたとえば男女の比が異なってしまう可能性は残るが，無作為化により平均的にはバランスがとれる。

A/Bテスト

　A/Bテストとは，主としてインターネットマーケティングの分野で，ウェブコンテンツ，ウェブ広告，ダイレクトメールなどの戦略最適化に用いられる効果検証の手法である。

　ウェブ広告の最適化のためのA/Bテストでは，複数パターンの広告がユーザーに無作為に表示されるように設定した上で，ユーザーのトラッキング情

報のデータを取得する。そして，それぞれのパターンを閲覧したユーザーグループ間のトラッキング情報を比較し，最適な広告デザインがどれかを検証する。複数の条件にユーザーをランダムに割り付けることになるので，ランダム化比較試験 (RCT) と原理は同じであるが，医学や心理学の実験における RCT と異なり，比較的低コストで多くのデータの取得が可能であるという特徴をもつ。

　A/B テストでは，RCT と同様に比較したい条件以外のすべての条件を統一した上で調査を行う必要がある。複数の調査時期に得られたデータを併合したり，調査が長期化するなどして，調査結果が時期の影響を受けるような状況は好ましくない。また，比較したい相違点を明確にしないと，仮に有意差が見られた場合でも，その原因を特定することができなくなる点には注意が必要である。

　A/B テストは，バラク・オバマ (B. H. Obama) 氏が 2007-2008 年の大統領選挙において，メール会員の登録を行うウェブサイトの最適化に用いて，大きな成果を上げたことでも知られている。

不適切なグラフ表現

　不適切なグラフ表現など，グラフ作成時の留意点を述べる。ここで示すグラフはいずれも Excel を用いて作成した。

　データの変化を示すことを目的とする折れ線グラフでは，目盛をゼロから始める必要はない。しかし，棒の「長さ」で量を示す棒グラフは，目盛をゼロから始める必要がある。図 5.5 と図 5.6 は同じデータを示している。図 5.5 は縦軸の目盛をゼロから始めているが，図 5.6 はそうではない。1 月の値を基準とした場合，5 月の値は 3 割程度の減であるが，図 5.6 では数分の 1 に大きく減少したような印象を与える。また，棒で表すことができるのは比例尺度であることにも注意しよう。たとえば，間隔尺度である温度（摂氏）を棒グラフで示すのは適切ではない。

　第 2 軸を使ったグラフには，異なる単位をもつデータを効率的に 1 つの図で表現できるメリットがあるが，第 2 軸の設定には注意を要する。図 5.7 のように同じ単位で同程度のデータがあったとしよう。1 月から 5 月にかけて，破線で示される量は 3 割程度減少し，実線で示される量は 4% 程度減少して

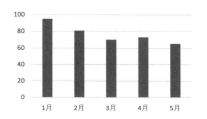
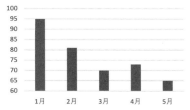

図 5.5 適切な棒グラフ（目盛が0から）　　**図 5.6** 不適切な棒グラフ（目盛が0からでない）

いる．図5.8では，実線の量の第2軸の目盛を操作することで，破線の量と同様に減少している印象を与えている．

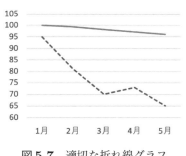
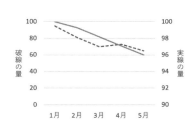

図 5.7 適切な折れ線グラフ　　**図 5.8** 不適切な第2軸を使ったグラフ

　Excelなどの表計算ソフトには，グラフを3次元（立体）的に表示させる機能があるが，3次元化によって数値の比較や読み取りが難しくなるため，基本的に使わない方が賢明である．図5.9の3次元円グラフでは，大きい順にA（32%），C（29%），B（26%），D（13%）であるが，そうはなかなか見えないだろう．また，図5.10の3次元棒グラフでは，項目1のaの値と項目2のbの値はどちらも2であるが，それらを読み取るのは困難だろう．

　さらに，影や本質的でないグラデーションなどの過度な視覚的要素（**チャートジャンク**）も避けるべきである．

図 5.9　3次元円グラフ

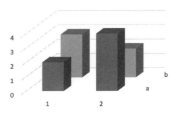
図 5.10　3次元棒グラフ

グラフの色や形状の配慮

　データを可視化する上で，有効である視覚と認識との関係について述べる。視覚とは像を見ることであるが，視覚の動作は極めて速く効率的である。他方，認識とは考えることを意味し，情報を処理することによって，関係性を比較し検証する活動である。数字や文字は認識により捉えられるが，一般的に認識の動作は遅く，視覚と比べると非効率的である。

　データを数字や文字だけで表現すると，解釈する場合に，認識を使う必要があり，処理に時間がかかり，またその負担も大きくなり非効率である。これを避けるために，視覚属性を使った可視化の方法が発展してきた。

　人間の**視覚属性**には図 5.11 に示す 8 種類があるといわれており，その 8 種類の視覚属性には識別強度の順序があるとされる [26]（色は図の下の QR コードから確認できる）。

位置	● ● ●　●	大きさ（面積）	● ● ●　● ● ●　● ● ●
長さ	｜ ｜ ｜ ｜	色 (彩度または明度)	● ● ●　● ● ●　● ● ●
向き（角度）	｜ ／ ｜ ＼	色（色相）	● ● ●　● ● ●　● ● ●
太さ（幅）	｜ ｜ ｜ ｜	形	● ● ●　● ■ ●　● ● ●

図 5.11　視覚属性の種類

http://www.tokyo-tosho.co.jp/books/978-4-489-02429-0/

§5.1 データリテラシー **165**

その順序は式 (5.1.11) に示すとおりであり，位置が最も識別しやすく，次いで長さ，向き（角度），太さ（幅）となる。さらに，大きさ，色（彩度または明度），色（色相），形の順に識別がしにくくなる。

位置 > 長さ > 向き（角度）> 太さ（幅）

> 大きさ（面積）> 色（彩度または明度）> 色（色相）> 形 　　(5.1.11)

さらに，この視覚属性とデータの種類との組合せには一定の法則性が存在している。表 5.5 は視覚属性とそれを表現するために使用できるデータの種類（p. 143 参照）との対応を表している。

位置はすべてのデータ種類を表現するために利用でき，かつ，その識別順序も最も高い。長さ，太さ，大きさ（面積），色（彩度または明度）は間隔尺度，比例尺度，順序尺度のデータを表現するためには使えるが，名義尺度のデータを表現するのには適さない。向き（角度）は量的データを表現するために使うことができるが，質的データを表現するためには適当でない。他方，色（色相）と形は質的データ（名義尺度）を表現するために使え，量的データを表現するために対応付けできない。

表 5.5 視覚属性とそれを表現するために使用できるデータの分類との対応

視覚属性	量的データ	質的データ(順序尺度)	質的データ(名義尺度)
位置	○	○	○
長さ	○	○	
向き(角度)	○		
太さ(幅)	○	○	
大きさ(面積)	○	○	
色(彩度または明度)	○	○	
色(色相)			○
形			○

一般に，名前が付けられているグラフ（棒グラフ，折れ線グラフ，円グラフなど）は，これら視覚属性のうち識別強度が強いものを組み合わせて作られている。そのため，データの可視化を行う場合には，識別強度の強いものを選ぶとともに，特に強調がしたい場合には，識別強度の異なる 2 種類の視覚属性を同時に用いることが有効である。

たとえば，**棒グラフ**は，位置を質的データに対応させ，長さを量的データに対応させた可視化と理解できる。棒グラフの場合，位置で属性を区別して棒を示すが，さらに棒を異なる色で塗りつぶすことにより，棒ごとの属性の違いを強調できる。

また，**折れ線グラフ**は，位置と長さ・向き（角度）の組合せとして作成される。折れ線グラフは，質的データで示される異なる属性を線の色または形（太さ，線種）と対応付け重ねて表示するのに適している。

向きと大きさ（面積）の組合せで作成される**円グラフ**は比率を表現するために利用されるが，それぞれの円弧を異なる色で塗りつぶすと属性の違いを強調することができ，判読しやすくなる。

次に，散布図について考えてみる。散布図は縦と横の位置により2つの量的データの組 (x, y) を表現するために用いられる。散布図では位置をすでに2つの量的データの組 (x, y) を表現するために使ってしまっているため，異なる質的データにより表される属性をもつ散布図を同時に表現するとき，色相により表現する方法と，点の形状により表現する方法の2通りが選択できる。

さらに，散布図において点の大きさ（面積）を量的データと対応させることにより，図 5.12 に示すような，3つの量的データの組 (x, y, z) を表現することもできる。このような散布図のことを特に，**バブルプロット**（または**バブルチャート**）とよぶ。

線の太さや破線の種類を変えることは，形を変えることに対応するため，折れ線グラフや回帰直線など線を使い可視化する場合，質的データに対応づけされた属性を表現するために利用することができる。

色を選ぶ場合，色覚障がいのある人でも見やすいグラフとなるように次の点について気を付けるとよい [27]。

1. 色相の組合せ（赤色と緑色を同時に使うと見分けにくい場合がある。）
2. 明度差（明度の差が小さいと見分けにくくなる場合がある。）
3. 色の違いに頼った情報提供だけでなく，文字，形，線の太さや線種を併用する。
4. 色と共に柄（ハッチング）を併用する。

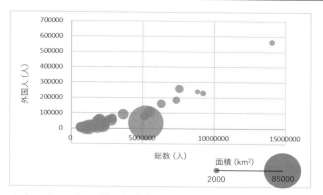

図 5.12 バブルプロットの例。都道府県毎の 2020 年国勢調査人口総数，外国人総数，面積 (km^2)。円の大きさが面積に対応する。

色を用いるとデータがわかりやすくなる効果があるが，一方であまり多数の色を用いると逆に見にくくなることがある。たとえば多数の時系列データを同一の折れ線グラフに表示する場合，色によっては見にくくなる系列が生じる。その際には，線の太さや線種を工夫するとよい。線種には，通常の実線の他に表 5.6 に示すような種類がある。

表 5.6 線種の例

名称	例
点線	・・・・
破線（鎖線）	----
一点鎖線	-・-・-
二点鎖線	-・・-・・-

§5.2　確率と確率分布

ここでは確率と確率分布についての基礎的な事項を説明する。

5.2.1 事象とその確率

1回ずつの個別の結果が偶然に左右される実験や観測を**試行** (trial) といい，試行によって起こりうる個々の結果を**根元事象**，素事象または標本点という。すべての根元事象の集合を全事象または**標本空間**（記号 Ω で表す）とよぶ。コイン投げのように，起こりうる結果が2通りのみの場合の試行を**ベルヌーイ試行**とよぶ。コイン投げの根元事象を「表」と「裏」とすれば，標本空間は $\Omega = \{\,$表, 裏$\,\}$ と書ける。

標本空間の部分集合を**事象**とよぶ。事象に関する集合の概念・用語を以下にまとめる。

- **和事象**：事象 $A_1, A_2, \ldots, A_n$ のうち，少なくとも1つが起こるという事象で，

$$A_1 \cup A_2 \cup \cdots \cup A_n$$

 と表記する。

- **積事象**：事象 $A_1, A_2, \ldots, A_n$ が同時に起こるという事象で，

$$A_1 \cap A_2 \cap \cdots \cap A_n$$

 と表記する。

- **空事象**：何も起こらないという事象で，$\emptyset$ もしくは $\varnothing$ と表記する。
- **余事象**：全事象の中で事象 A に含まれていない根元事象からなる事象で，A^c と表記する。このとき，$A \cup A^c = \Omega$ と $A \cap A^c = \varnothing$ がなりたつ。
- **互いに排反**：事象 $A_1, A_2, \ldots, A_n$ の中の任意の2つ $A_i, A_j (i \neq j)$ の積事象が空事象 $\varnothing$ であるとき，これらの事象 $A_1, A_2, \ldots, A_n$ は互いに排反であるという。

事象の確率

事象のもつ不確実性を定量的に扱うため，事象の起こりやすさ（確からしさ）を表す**確率** (probability) を定義する。数学的には，確率とは，

1. 任意の事象 A に対して，$0 \leq P(A) \leq 1$

2. 全事象 Ω に対して，$P(\Omega) = 1$
3. $A_1, A_2, \ldots$ が互いに排反な事象ならば，

$$P(A_1 \cup A_2 \cup \cdots) = P(A_1) + P(A_2) + \cdots$$

の3つの性質をみたす関数 $P(\cdot)$ のことである。

事象の確率を図示するために**ベン図** (図 5.13) が有用である。図 5.13 では

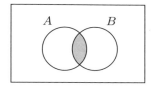

図 5.13 ベン図

標本空間を長方形であらわし，その面積を1としている。2つの事象 A, B をそれぞれ円で表し，グレーの部分が $A \cap B$ である。

条件つき確率

事象 A が起こるという条件の下で事象 B の起こる確率を $P(B|A)$ と表記し

$$P(B|A) = \frac{P(A \cap B)}{P(A)} \tag{5.2.1}$$

と定義する。これは，事象 A が起こる中で (分母の $P(A)$)，さらに事象 B も起こる (分子の $P(A \cap B)$) 確率を表現している。条件つき確率は $P(A) \neq 0$ のときに定義される。また事象 A と B が排反，すなわち $A \cap B = \emptyset$ であれば，条件つき確率はゼロとなる。

条件つき確率の定義 (5.2.1) を書き直すことでえられる等式

$$P(A \cap B) = P(B|A)P(A) \tag{5.2.2}$$

は，**乗法定理**あるいは**乗法公式**とよばれる。

ベイズの定理

ベイズの定理は，「結果から逆算的に原因を推定する」公式である。その
よく知られた形式として

$$P(B|A) = \frac{P(B \cap A)}{P(A)} = \frac{P(B)P(A|B)}{P(A)}$$

があり，これは条件つき確率の定義 (5.2.1) と乗法定理 (5.2.2)（の事象 A と
B を交換したもの）から容易に導出できる。$P(B)$ を B の**事前確率**といい，
$P(B|A)$ を (A を観測した後の)B の**事後確率**という。

さらに一般的には，事象 A の原因として，n 個の互いに排反な事象
$B_1, B_2, \ldots, B_n$ が考えられ，それ以外に原因はありえない，すなわち $\Omega =
B_1 \cup B_2 \cup \cdots \cup B_n$ を仮定すると，事象 A をそれぞれの原因に分割し，さら
に乗法定理 (5.2.2) を適用することで，分母の確率 $P(A)$ を

$$\begin{aligned}
P(A) &= P(A \cap B_1) + P(A \cap B_2) + \cdots + P(A \cap B_n) \\
&= P(B_1)P(A|B_1) + P(B_2)P(A|B_2) + \cdots + P(B_n)P(A|B_n)
\end{aligned}$$

と表記する。一方，分子には乗法定理 (5.2.2) を適用する。これにより，B_k
の事後確率，すなわち「結果 A」を条件とした条件つき確率 $P(B_k|A)$ は

$$\begin{aligned}
P(B_k|A) &= \frac{P(B_k \cap A)}{P(A)} \\
&= \frac{P(B_k)P(A|B_k)}{P(B_1)P(A|B_1) + P(B_2)P(A|B_2) + \cdots + P(B_n)P(A|B_n)}
\end{aligned}$$

と表される。このようにベイズの定理は，事前確率 $P(B_k)$ と「原因 B_k」を
条件とした条件つき確率 $P(A|B_k)$ によって事後確率 $P(B_k|A)$ を表現する。

5.2.2　順列と組合せ

組合せについては 3.2 節でも説明したが，ここであらためて説明する。

1, 2, 3, $\ldots$, n のすべての積を $n!$ と書き，**階乗**とよぶ。これは n 個の要
素の並べ方の総数にあたる。1 個目の要素としてどれを選ぶかは n 通り，2
個目の要素としてどれを選ぶかは（最初の 1 個を除いた）$n-1$ 通り，$\ldots$ だ
からである。

§5.2 確率と確率分布 **171**

n 個の要素の中から k 個を取り出したときの並べ方の総数を**順列**といい，$_n\mathrm{P}_k$ と書く。1 個目の要素としてどれを選ぶかは n 通り，2 個目の要素としてどれを選ぶかは（最初の 1 個を除いた）$n-1$ 通り，... だから

$$_n\mathrm{P}_k = \frac{n!}{(n-k)!}$$

となる。

n 個の要素の中から順序を無視して k 個を取り出したときの取り出し方の総数を**組合せ**（あるいは**二項係数**）といい，$_n\mathrm{C}_k$ もしくは $\binom{n}{k}$ と書く。k 個が取り出されたとき，その並べ方は $k!$ 通りあるから，順列 $_n\mathrm{P}_k$ を $k!$ で割って

$$_n\mathrm{C}_k = \frac{n!}{k!(n-k)!}$$

となる。

5.2.3 確率分布の概念

確率変数と確率分布

標本空間 Ω の中の根元事象 ω に実数値を対応させる関数 X で，X がある値をとることについて確率を考えられるとき，X を**確率変数**という。5.2.1 項でも扱ったコイン投げの例で表を 1，裏を 0 に対応させれば $X(\text{表}) = 1$，$X(\text{裏}) = 0$ である。確率変数 X がある値 x をとる確率は，$P(\{\omega \in \Omega \mid X(\omega) = x\})$ であるが，$P(X = x)$ と略記されることが多く，ここでもこのように略記する。コイン投げで表の出る確率を p とすれば

$$P(X = 1) = p, \quad P(X = 0) = 1 - p \tag{5.2.3}$$

である。このように $0, 1$ のみをとる確率変数を成功確率 p の**ベルヌーイ変数**とよぶ。

確率変数 X が有限集合，あるいは整数の集合のように可算集合 $\{x_1, x_2, \dots\}$ の中の値しかとらないとき，**離散確率変数**という。X が x をとる確率を $f(x)$ とすると，

$$f(x) = \begin{cases} p_i & x = x_i \text{のとき} \\ 0 & \text{上記以外} \end{cases}$$

となる。ここで，$p_i = P(X = x_i)$ である。この $f(x)$ を**確率関数**という（**確率質量関数**とよぶこともある）。常に $f(x) \geq 0$ であり，また，確率の和は 1 であるから，

$$\sum_i f(x_i) = 1$$

がなりたつ。サイコロの確率関数のグラフを図 5.14 に示す。

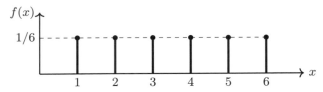

図 5.14 サイコロの確率関数。$1, 2, 3, 4, 5, 6$ 以外では 0。

確率変数 X が連続した値をとるとき，**連続確率変数**という。そのとき，X が a から b の間の値をとる確率は，ある関数 $f(x)$ によって，

$$P(a \leq X \leq b) = \int_a^b f(x)dx$$

と表される（図 5.15 参照）。ただし，常に $f(x) \geq 0$，かつ，

$$\int_{-\infty}^{\infty} f(x)dx = 1$$

がなりたつ。この関数 $f(x)$ を X の**確率密度関数**という。

確率変数 X が，x 以下の値をとる確率

$$F(x) = P(X \leq x)$$

を**累積分布関数**という。これは，確率関数や確率密度関数を使って次のように書ける。

$$F(x) = \begin{cases} \sum_{x_i \leq x} f(x_i) & \text{（離散）} \\ \int_{-\infty}^{x} f(t)dt & \text{（連続）} \end{cases}$$

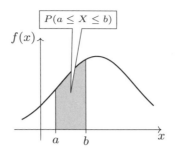

図 5.15 確率密度関数。曲線下の面積がその区間の確率となる。

累積分布関数は，広義単調増加（$x_1 < x_2$ ならば $F(x_1) \leq F(x_2)$）であり，$x \to -\infty$ のとき $F(x) \to 0$，かつ，$x \to \infty$ のとき $F(x) \to 1$ となる。なお，連続の場合には，微分積分学の基本定理により，$F'(x) = f(x)$ となる。

確率関数や確率密度関数などにより定まる X に関する確率のことを X の**確率分布**という。

確率変数の期待値

確率変数はいろいろな値を取るが，およそどのくらいの値をとるのか，どの程度の範囲におさまるのか，といったことを知りたい場合は多い。このようなときに便利なのが，次の期待値や分散，標準偏差といった要約特性値である。

確率変数 X の**期待値**または**平均**は，$E[X]$ と書き，次式で定義される。

$$E[X] = \begin{cases} \sum_i x_i f(x_i) & \text{（離散）} \\ \int_{-\infty}^{\infty} x f(x) dx & \text{（連続）} \end{cases} \tag{5.2.4}$$

$E[X]$ をしばしば μ と表す[4]。

---

[4] なお $E[X]$ と書くときには，$E[|X|]$ を表す級数 $\sum_i |x_i| f(x_i)$ あるいは積分 $\int_{-\infty}^{\infty} |x| f(x) dx$ が収束していることを前提としている。もし発散している場合には「X の期待値は存在しない」と言う。

期待値記号

確率変数 X の関数 $g(X)$ の期待値を

$$E[g(X)] = \begin{cases} \displaystyle\sum_i g(x_i)f(x_i) & \text{（離散）} \\ \displaystyle\int_{-\infty}^{\infty} g(x)f(x)dx & \text{（連続）} \end{cases} \quad (5.2.5)$$

と定義する。$E[\ ]$ を期待値記号という。期待値記号の重要な性質として線形性がある。すなわち，a, b を定数，$g(x), h(x)$ を x の関数として

$$E[ag(X) + bh(X)] = aE[g(X)] + bE[h(X)] \quad (5.2.6)$$

がなりたつ。

確率変数の分散

確率変数 X の**分散**は，$V[X]$ と書き，次式で定義される。

$$V[X] = E[(X - \mu)^2]$$

ここで，$\mu = E[X]$ であり，分散を $\sigma^2 = V[X]$ と表記することが多い。分散が小さいほど確率変数が生成する値は平均値周辺に集まりやすく，逆に分散が大きいほど確率変数が生成する値が平均値からばらつきやすいことを表す。分散の重要な性質は次のとおりである（c は定数）。

- $V[c] = 0$
- $V[X + c] = V[X]$
- $V[cX] = c^2 V[x]$

分散の正の平方根 $\sigma = \sqrt{V[X]}$ を X の**標準偏差**という。標準偏差は元の確率変数 X と同じ単位の量であるので便利である。すでに述べたように，期待値や分散は存在しない場合もある。

期待値記号の線形性を用いると分散について次の式がなりたつ。

$$V[X] = E[(X - \mu)^2] = E[X^2] - 2\mu E[X] + \mu^2 = E[X^2] - \mu^2 \quad (5.2.7)$$

これは標本についての式 (5.1.1) と同様である。

§5.2 確率と確率分布 **175**

ポアソン分布などの離散分布の場合はさらに $E[X^2] = E[X(X-1)] + E[X]$ と分解して分散を以下の形に書くと有用である (p.180)。

$$V[X] = E[X(X-1)] + \mu - \mu^2 \tag{5.2.8}$$

以上で確率変数の期待値（平均）や分散について説明してきたが，データ $x_1, \ldots, x_n$ から計算される平均や分散と区別するために，確率変数の期待値（平均）や分散については「母」をつけて**母平均，母分散**とよぶことがある。またデータから計算される量については「標本」をつけて**標本平均，標本分散**とよぶことがある。これは 5.1.1 項にあるように母集団の分布を確率分布と考えることに対応する。

複数の確率変数の同時分布

次に，確率変数が複数の場合を考える。2 つの離散確率変数 X, Y があるとする。$X = x$ であり，同時に $Y = y$ である確率を $f(x, y)$ と書くと，

$$f(x, y) = \begin{cases} p_{i,j} & (x = x_i \text{かつ } y = y_j \text{のとき}) \\ 0 & (\text{上記以外}) \end{cases}$$

となる。ここで，$p_{i,j} = P(X = x_i, Y = y_j)$ である。この $f(x, y)$ を X と Y の**同時確率関数**という。

連続確率変数 X, Y に対しても，**同時確率密度関数**とよばれる $f(x, y)$ によって，X が a から b の値を取り，同時に Y が c から d の値を取る確率は

$$P(a \le X \le b, c \le Y \le d) = \int_c^d \int_a^b f(x, y) dx dy$$

と表される。ただし，確率変数が 1 つの場合と同様に，常に $f(x, y) \ge 0$，かつ，

$$\int_{-\infty}^{\infty} \int_{-\infty}^{\infty} f(x, y) dx dy = 1$$

がなりたつ。このように同時確率関数や同時確率密度関数などにより定義された確率分布のことを X と Y の**同時確率分布**という。

同時確率分布に関する期待値記号は次のように用いられる。$g(x, y)$ を実数値関数とするとき，

$$E[g(X,Y)] = \begin{cases} \displaystyle\sum_{x,y} g(x,y)f(x,y) & \text{(離散)} \\ \displaystyle\int_{-\infty}^{\infty}\int_{-\infty}^{\infty} g(x,y)f(x,y)dxdy & \text{(連続)} \end{cases} \tag{5.2.9}$$

と定義する。

周辺分布

確率変数 X または Y,それぞれの確率分布は,次のように同時確率分布から求めることができる。

$$f_X(x) = \begin{cases} \displaystyle\sum_{y} f(x,y) & \text{(離散)} \\ \displaystyle\int_{-\infty}^{\infty} f(x,y)dy & \text{(連続)} \end{cases}$$

$$f_Y(y) = \begin{cases} \displaystyle\sum_{x} f(x,y) & \text{(離散)} \\ \displaystyle\int_{-\infty}^{\infty} f(x,y)dx & \text{(連続)} \end{cases}$$

それぞれ,X, Y の**周辺確率関数**(離散),**周辺確率密度関数**(連続)という。これらの関数から定まる確率分布のことを**周辺確率分布**という。

共分散と相関

確率変数 X, Y の(母)共分散 $\mathrm{Cov}[X, Y]$ は,$\mu_X = E[X]$,$\mu_Y = E[Y]$ として,

$$\mathrm{Cov}[X, Y] = E[(X - \mu_X)(Y - \mu_Y)]$$

と定義される。$\mathrm{Cov}[X, Y]$ は σ_{XY} と表記することが多い。

X, Y の(母)相関係数 ρ_{XY} を

$$\rho_{XY} = \frac{\mathrm{Cov}[X, Y]}{\sqrt{V(X)V(Y)}}$$

と定義する。ここで,$\sqrt{V(X)}, \sqrt{V(Y)}$ は X, Y それぞれの標準偏差である。これより,X, Y の相関が 0 ということは,X, Y の共分散が 0 であることと同値である。

母分散および母共分散,母相関係数については,標本についての式 (5.1.4)

§5.2 確率と確率分布 **177**

や式 (5.1.6) と同様に行列の形にまとめることができ，（母）分散共分散行列，（母）相関係数行列とよぶ。

確率変数の和の期待値と分散

確率変数 X, Y の和の期待値と分散は

$$E[X + Y] = E[X] + E[Y] \tag{5.2.10}$$

$$V[X + Y] = V[X] + V[Y] + 2\,\mathrm{Cov}[X, Y] \tag{5.2.11}$$

で与えられる。式 (5.2.10)は，X と Y の間に相関関係が存在するかどうかにかかわらずなりたつ。また，X, Y が無相関（特に次項で見るように X, Y が独立）ならば，式 (5.2.11)は，

$$V[X + Y] = V[X] + V[Y]$$

と簡略化される。

共分散の分配法則　　　　　　　　　　　　　　　　　　コラム

共分散の計算に関して，次の分配法則がなりたつ。

$$\mathrm{Cov}[aX + bY, cX + dY]$$
$$= ac\mathrm{Cov}[X, X] + (ad + bc)\mathrm{Cov}[X, Y] + bd\,\mathrm{Cov}[Y, Y]$$
$$= ac\mathrm{V}[X] + (ad + bc)\mathrm{Cov}[X, Y] + bd\mathrm{V}[Y]$$

ただし，a, b, c, d は定数とする。

独立性

離散型（または連続型）確率変数 X, Y が**独立**であるとは，X, Y の同時確率関数（または同時確率密度関数）$f(x, y)$，X と Y の周辺確率関数（または周辺確率密度関数）$f_X(x), f_Y(y)$ が，

$$f(x, y) = f_X(x)f_Y(y)$$

をみたすことをいう。

確率変数 X と Y が独立であれば，X と Y の相関は 0 となる。一方で，一

般に X と Y の相関が 0 であっても X と Y が独立であるとは限らない。ただし，X と Y がともに後述の正規分布に従う場合は，X と Y の相関が 0 であれば X と Y は独立となる。

n 個の独立な確率変数の和の期待値と分散については以下がなりたつ。

$$E[X_1 + \cdots + X_n] = E[X_1] + \cdots + E[X_n] \tag{5.2.12}$$

$$V[X_1 + \cdots + X_n] = V[X_1] + \cdots + V[X_n] \tag{5.2.13}$$

5.2.4 主要な確率分布

二項分布の性質

二項分布 $B(n,p)$ は，i 回目において，確率 p で $y_i = 1$，確率 $1-p$ で $y_i = 0$ をとる試行（ベルヌーイ試行）を n 回独立に繰り返したとき，その総和

$$X = \sum_{i=1}^{n} y_i \tag{5.2.14}$$

の分布である。最初の k 回の試行が 1，その後の $n-k$ 回の試行が 0 となる並びが出る確率はそれぞれの試行の確率の積で与えられ，$p^k(1-p)^{n-k}$ である。これ以外にも全部でちょうど k 回の試行が 1 になる並びは全部で $\begin{pmatrix} n \\ k \end{pmatrix}$ 通りある。したがって，二項分布 $B(n,p)$ の確率関数は

$$P(X = k) = \begin{pmatrix} n \\ k \end{pmatrix} p^k (1-p)^{n-k} \ (k = 0, 1, \cdots, n)$$

である。二項分布 $B(n,p)$ の期待値と分散は以下で与えられる。

$$E[X] = np, \quad V[X] = np(1-p) \tag{5.2.15}$$

なお，

$$p(1-p) = -\left(p - \frac{1}{2}\right)^2 + \frac{1}{4}$$

より $V[X]$ は $p = 1/2$ において最大値 $n/4$ をとることに注意する。

§5.2　確率と確率分布　**179**

二項分布の平均と分散の導出 コラム

まず $n = 1$ のときの単一のベルヌーイ変数の平均と分散は，以下のように求められる。

$$E[X] = 0 \times (1-p) + 1 \times p = p$$
$$V[X] = E[X^2] - (E[X])^2 = E[X] - p^2 = p - p^2 = p(1-p)$$

なお，X が 0 か 1 の値しかとらないことから $X^2 = X$ であることを用いた。

二項分布 $B(n,p)$ は n 個の独立なベルヌーイ変数の和であるから，式 (5.2.12), 式 (5.2.13) より，期待値と分散はそれぞれベルヌーイ変数の期待値と分散の n 倍である。

ポアソン分布の性質

ポアソン分布は，稀な事象の生起回数を表す確率分布であり，X を事象の生起回数を表す確率変数としたとき，確率関数は，λ を正の値として

$$f(x;\lambda) = P(X=x) = \frac{\lambda^x}{x!}e^{-\lambda} \qquad (x = 0,1,2,\dots) \qquad (5.2.16)$$

となる。この確率分布をパラメータ λ のポアソン分布という。これが確率分布を与えること，すなわち $x = 0,1,2,\dots$ の $f(x;\lambda)$ をすべて加えると 1 になることは式 (3.3.12) を用いて

$$\sum_{x=0}^{\infty} f(x;\lambda) = \sum_{x=0}^{\infty} \frac{\lambda^x}{x!}e^{-\lambda} = e^{-\lambda}\sum_{x=0}^{\infty} \frac{\lambda^x}{x!} = e^{-\lambda}e^{\lambda} = 1$$

と示される。

ポアソン分布は交通事故の件数など，稀な事象が起きる回数を表す分布として用いられる。それぞれの事故が起こる確率は小さいが，事故が起こりえる状況が多数であるような場合である。これは試行回数 n, 確率 p の 2 項分布 $B(n,p)$ において，n が大で p が小の場合と考えることができる。このような状況で $\lambda = np$ とおくと，二項分布の確率関数はポアソン分布の確率関数で近似される。

$$\binom{n}{x} p^x (1-p)^{n-x} \approx \frac{\lambda^x}{x!} e^{-\lambda} \qquad (\lambda = np) \tag{5.2.17}$$

この近似は以下の式 (5.2.19) の形で正当化され，**小数法則**とよばれる。

ポアソン分布の期待値と分散はいずれも λ に一致することが示される。すなわち，X をパラメータが λ のポアソン分布に従う確率変数とするとき

$$E[X] = \lambda, \qquad V[X] = \lambda \tag{5.2.18}$$

である。期待値と分散が一致することはポアソン分布の重要な特徴である。

ポアソン分布の性質の証明 `コラム`

式 (5.2.17) は次の極限の形で証明される。二項分布 $B(n,p)$ の確率関数で，$\lambda = np$ を一定として $n \to \infty, p \to 0$ とすると，$p = \lambda/n$ だから

$$\binom{n}{x} p^x (1-p)^{n-x} = \frac{n(n-1)\cdots(n-x+1)}{x!} \left(\frac{\lambda}{n}\right)^x \left(1-\frac{\lambda}{n}\right)^{-x} \left(1-\frac{\lambda}{n}\right)^n$$

$$= \frac{1(1-1/n)\cdots\{1-(x-1)/n\}}{x!} \lambda^x \left(1-\frac{\lambda}{n}\right)^{-x} \left(1-\frac{\lambda}{n}\right)^n$$

$$\to \frac{\lambda^x}{x!} e^{-\lambda} \quad (n \to \infty) \tag{5.2.19}$$

となる。ここで，$n \to \infty$ のとき $\{1-(\lambda/n)\}^{-x} \to 1$，および式 (3.3.13) より $\{1-(\lambda/n)\}^n \to e^{-\lambda}$ であることを用いた。

ポアソン分布の期待値は

$$E[X] = \sum_{x=0}^{\infty} x \cdot \frac{\lambda^x}{x!} e^{-\lambda} = \lambda \sum_{x=1}^{\infty} \frac{\lambda^{x-1}}{(x-1)!} e^{-\lambda} = \lambda \sum_{y=0}^{\infty} \frac{\lambda^y}{y!} e^{-\lambda} = \lambda$$

となる。ここで $y = x-1$ とおき，最後の等式では，ポアソン分布の全確率は 1 となることを用いた。また，

$$E[X(X-1)] = \sum_{x=0}^{\infty} x(x-1) \cdot \frac{\lambda^x}{x!} e^{-\lambda} = \lambda^2 \sum_{x=2}^{\infty} \frac{\lambda^{x-2}}{(x-2)!} e^{-\lambda} = \lambda^2 \sum_{z=0}^{\infty} \frac{\lambda^z}{z!} e^{-\lambda}$$
$$= \lambda^2$$

となる。ここで $z = x-2$ とおき，最後の等式では，ポアソン分布の全確率は 1 となることを用いた。よって分散は式 (5.2.8) より

$$V[X] = E[X(X-1)] + E[X] - (E[X])^2 = \lambda^2 + \lambda - \lambda^2 = \lambda$$

となる。

一様分布の性質

区間 $[a,b]$ 上の**一様分布**に従う確率変数 X の確率密度関数は

$$f(x) = \begin{cases} \dfrac{1}{b-a} & (a \leq x \leq b) \\ 0 & (\text{その他}) \end{cases}$$

である（図 5.16 参照）。

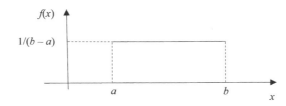

図 5.16 区間 $[a,b]$ 上の一様分布の確率密度関数

X の累積分布関数は

$$F(x) = P(X \leq x) = \begin{cases} 0, & (x < a) \\ (x-a)/(b-a), & (a \leq x \leq b) \\ 1, & (x > b) \end{cases}$$

である。区間 $[0,1]$ 上の一様分布に従う U の期待値と分散は，

$$E[U] = \int_0^1 u\,du = \left[\frac{u^2}{2}\right]_0^1 = \frac{1}{2},\ V[U] = E[U^2] - (E[U])^2 = \int_0^1 u^2 du - \frac{1}{4} = \frac{1}{12}$$

である。ここから $X = a + (b-a)U$ の形で変換すれば，区間 $[a,b]$ 上の一様分布の期待値と分散は

$$E[X] = \frac{a+b}{2}, \qquad V[X] = \frac{(b-a)^2}{12}$$

と求まる。

W を任意の連続型確率変数とし，その累積分布関数 $F(w) = P(W \leq w)$ は連続で狭義単調増加とする。すなわち，$w_1 < w_2$ のとき $F(w_1) < F(w_2)$ で，このとき F の逆関数 F^{-1} が存在する。確率変数 U を $U = F(W)$ と定義すると，明らかに $0 \leq U \leq 1$ である。このとき，U の累積分布関数は，$0 \leq u \leq 1$ の範囲で

$$G(u) = P(U \leq u) = P(F(W) \leq u) = P(W \leq F^{-1}(u)) = F(F^{-1}(u)) = u$$

となり，これは区間 $[0,1]$ 上の一様分布の累積分布関数である。したがって，U は区間 $[0,1]$ 上の一様分布に従う確率変数となる。変換 $U = F(W)$ は確率積分変換とよばれる。逆に，区間 $[0,1]$ 上の一様分布に従う確率変数 U を $W = F^{-1}(U)$ と変換すると，W は累積分布関数 $F(w)$ をもつ確率変数となる。これは，一様乱数から累積分布関数 $F(w)$ をもつ乱数 W を生成する方法に応用でき，**逆関数法**とよばれる。

離散一様分布の性質

取り得る値が $1, 2, \ldots, n$ の**離散一様分布**に従う確率変数を Y とすると，その確率関数は

$$g(y) = \begin{cases} 1/n, & (y = 1, 2, \ldots, n) \\ 0, & (その他) \end{cases}$$

となる。$n = 6$ の場合の確率関数は図 5.14 にある。Y の期待値は

$$E[Y] = \frac{1}{n}\sum_{y=1}^{n} y = \frac{1}{n} \times \frac{n(n+1)}{2} = \frac{n+1}{2}$$

である。また，

$$E[Y^2] = \frac{1}{n}\sum_{y=1}^{n} y^2 = \frac{1}{n}\frac{n(n+1)(2n+1)}{6} = \frac{(n+1)(2n+1)}{6}$$

であるので，分散は

$$V[Y] = E[Y^2] - (E[Y])^2 = \frac{(n+1)(2n+1)}{6} - \left(\frac{n+1}{2}\right)^2 = \frac{n^2-1}{12}$$

となる。離散一様分布に従う確率変数 Y は，区間 $[0,1]$ 上の一様乱数を U としたとき，$Y = \mathrm{INT}(nU) + 1$ で生成できる。ここで $\mathrm{INT}(a)$ は a の整数部分を返す関数である。

§5.2 確率と確率分布 **183**

指数分布の性質

確率密度関数が $f(x) = \lambda e^{-\lambda x}$ $(x > 0)$，累積分布関数が

$$F(x) = P(X \leq x) = \int_0^x \lambda e^{-\lambda t} dt = \left[-e^{-\lambda t} \right]_0^x = \begin{cases} 1 - e^{-\lambda x}, & (x \geq 0) \\ 0, & (x < 0) \end{cases}$$

で与えられる確率分布を，パラメータ $\lambda (> 0)$ の**指数分布**とよぶ。その期待値は，部分積分により

$$E[X] = \int_0^\infty x \cdot \lambda e^{-\lambda x} dx = \left[-xe^{-\lambda x} \right]_0^\infty + \int_0^\infty e^{-\lambda x} dx = \left[-\frac{1}{\lambda} e^{-\lambda x} \right]_0^\infty = \frac{1}{\lambda}$$

となり，期待値はパラメータ λ の逆数であることに注意する。また，

$$E[X^2] = \int_0^\infty x^2 \cdot \lambda e^{-\lambda x} dx = \left[-x^2 e^{-\lambda x} \right]_0^\infty + 2 \int_0^\infty xe^{-\lambda x} dx = \frac{2}{\lambda^2}$$

なので，分散は

$$V[X] = E[X^2] - (E[X])^2 = \frac{2}{\lambda^2} - \frac{1}{\lambda^2} = \frac{1}{\lambda^2}$$

となる。

指数分布の特徴的な性質に**無記憶性** (memoryless property) がある。それは，数式では

$$P(X > c + x \,|\, X > c) = P(X > x) \tag{5.2.20}$$

と表記される。たとえば X が生存期間をあらわす場合，時点 c まで生存したという条件 $(X > c)$ の下で，さらに期間 x だけ生存する条件付き確率は，最初から期間 x だけ生存する確率に等しく，すでに c だけ生存したという記憶を失うという性質である。

正規分布

正規分布は，量的変数の分析において頻繁に使用される，連続型確率分布の代表といってもよい分布である．正規分布は平均 μ と分散 σ^2 によって規定され，確率密度関数は

$$f(x) = \frac{1}{\sqrt{2\pi\sigma^2}} \exp\left(-\frac{(x-\mu)^2}{2\sigma^2}\right) \tag{5.2.21}$$

で与えられる．一般に，平均 μ，分散 σ^2 の正規分布を $N(\mu, \sigma^2)$ と表記することが多い．さらに，平均 0，分散 1 の場合，すなわち $N(0,1)$ を**標準正規分布**とよび，その密度関数は式 (5.2.21) がさらに簡略化された

$$f(x) = \frac{1}{\sqrt{2\pi}} \exp\left(-\frac{x^2}{2}\right)$$

となる．正規分布には，おもに次のような性質がある．

1. 確率変数 X が正規分布 $N(\mu, \sigma^2)$ に従うとき，その線形変換 $aX + b$ も正規分布に従い，平均は $E[aX + b] = a\mu + b$，分散は $V[aX + b] = a^2\sigma^2$，すなわち $aX + b$ は $N(a\mu + b, a^2\sigma^2)$ に従う．
2. 確率変数 X と Y が独立に正規分布 $N(\mu_1, \sigma_1^2)$ と $N(\mu_2, \sigma_2^2)$ に従うとき，それらの和 $X + Y$ も正規分布にしたがい，その分布は $N(\mu_1 + \mu_2, \sigma_1^2 + \sigma_2^2)$ である．この性質は正規分布の再生性とよばれる．
3. 確率変数 X と Y がどちらとも正規分布に従う場合，それらが独立であることと無相関であることは同値である．一般的に，X と Y のどちらかだけでも正規分布に従わなければ，独立であれば無相関となるが，無相関であっても独立とは限らないことに留意されたい．

標準正規分布の密度関数をしばしば $\phi(x)$ で表し，標準正規分布の累積分布関数をしばしば $\Phi(x)$ で表す．

$$\Phi(x) = \int_{-\infty}^{x} \phi(t)dt, \qquad \phi(t) = \frac{1}{\sqrt{2\pi}} \exp\left(-\frac{t^2}{2}\right) \tag{5.2.22}$$

2 変量正規分布

確率変数 X と Y がそれぞれ正規分布 $N(\mu_X, \sigma_X^2)$ と $N(\mu_Y, \sigma_Y^2)$ に従い，これらの確率変数間の相関係数を ρ とする．X と Y の同時確率密度関数は，平

均ベクトルと分散共分散行列を

$$\boldsymbol{\mu} = \begin{pmatrix} \mu_X \\ \mu_Y \end{pmatrix}, \quad \boldsymbol{\Sigma} = \begin{pmatrix} \sigma_X^2 & \rho\sigma_X\sigma_Y \\ \rho\sigma_X\sigma_Y & \sigma_Y^2 \end{pmatrix}$$

とし，$\mathbf{z} = (x, y)^T$ と書くとき，

$$\begin{aligned}
f(\mathbf{z}) &= \frac{1}{2\pi|\det(\boldsymbol{\Sigma})|^{1/2}} \exp\left(-\frac{1}{2}(\mathbf{z}-\boldsymbol{\mu})^T\boldsymbol{\Sigma}^{-1}(\mathbf{z}-\boldsymbol{\mu})\right) \\
&= \frac{1}{2\pi\sigma_X\sigma_Y\sqrt{1-\rho^2}} \\
&\quad \times \exp\left(-\frac{1}{2(1-\rho^2)}\left(\frac{(x-\mu_X)^2}{\sigma_X^2} - \frac{2\rho(x-\mu_X)(y-\mu_Y)}{\sigma_X\sigma_Y} + \frac{(y-\mu_Y)^2}{\sigma_Y^2}\right)\right)
\end{aligned}$$

と表記できる。この2次元確率分布を2変量正規分布とよび，$N(\boldsymbol{\mu}, \boldsymbol{\Sigma})$ と記述することが多い。先に，2変量正規分布であれば無相関 ($\rho = 0$) は独立を含意すると書いたが，実際に $\rho = 0$ をこの同時確率密度関数に代入してみると

$$\begin{aligned}
f(\mathbf{z}) &= \frac{1}{2\pi\sigma_X\sigma_Y} \exp\left(-\frac{1}{2}\left(\frac{(x-\mu_X)^2}{\sigma_X^2} + \frac{(y-\mu_Y)^2}{\sigma_Y^2}\right)\right) \\
&= \frac{1}{\sqrt{2\pi\sigma_X^2}}\exp\left(-\frac{(x-\mu_X)^2}{2\sigma_X^2}\right) \times \frac{1}{\sqrt{2\pi\sigma_Y^2}}\exp\left(-\frac{(y-\mu_Y)^2}{2\sigma_Y^2}\right)
\end{aligned}$$

と1次元正規分布の確率密度関数 (5.2.21) の積として表記できることからも確認できる。

§5.3 統計的推測

5.3.1 統計的モデル

前節でとりあげた正規分布や二項分布はパラメータ（あるいは**母数**）を含む分布族（分布の集合）である。たとえば正規分布は期待値 μ と分散 σ^2 の2つのパラメータをもつ。二項分布の場合は通常は n は所与として成功確率 p をパラメータとする。

このように，パラメータを含む確率分布を想定し，その分布からの確率変数を用いて現象を記述するモデルを**統計的モデル**あるいは**統計モデル**という。統計的モデルのパラメータは θ で表すことが多い。

統計的モデルのパラメータの値をデータから推定（統計的推定）したり，パラメータに関する仮説を検証（仮説検定）することを，**統計的推測**とよぶ。統計的推測は，データ $(X_1, \ldots, X_n)$ のなんらかの関数 $t(X_1, \ldots, X_n)$ に基づいて行うことが多い。データの関数を**統計量**とよぶ。たとえば標本平均は統計量であり，母平均はパラメータである。

独立同一分布 (i.i.d.)

統計的推測では，得られたデータから，そのデータが得られた元の集団（母集団）に関する推論を行う。その際，観測データは母集団からランダムに取られたもの，すなわち無作為抽出された標本であると想定することが多い。これを無作為標本という。その無作為標本のモデルとして，母集団分布を $F(x; \theta)$ としたとき，n 個の観測データを表す確率変数 $X_1, \ldots, X_n$ を考え，それらは互いに独立に同じ分布 $F(x; \theta)$ に従うとする。この仮定を独立同一分布 (i.i.d., independent and identically distributed)，もしくは独立同分布という。$F(x; \theta)$ に確率密度関数 $f(x; \theta)$ が存在する場合，確率変数ベクトル $(X_1, \ldots, X_n)$ の同時確率密度関数は

$$\prod_{i=1}^{n} f(x_i; \theta) = f(x_1; \theta) f(x_2; \theta) \cdots f(x_n; \theta)$$

と積の形で表すことができる。これは分布 $F(x; \theta)$ に（確率密度関数ではなく）確率関数 $p(x; \theta)$ が存在する場合も同様で，確率変数ベクトル $(X_1, \ldots, X_n)$ の同時確率関数は $p(x_1; \theta) p(x_2; \theta) \ldots p(x_n; \theta)$ と積の形で表すことができる。

また，独立同一分布に従う確率変数 $X_1, \ldots, X_n$ の期待値が μ，分散が σ^2 であるとき，式 (5.2.12)および式 (5.2.13) より，

$$E[\overline{X}] = \frac{n\mu}{n} = \mu, \qquad V[\overline{X}] = \frac{n\sigma^2}{n^2} = \frac{\sigma^2}{n} \tag{5.3.1}$$

となる。

§5.3 統計的推測　**187**

単回帰モデル

変数 Y が変数 X を要因として変動すると考えられるとき，その関係を

$$Y = \alpha + \beta X + \epsilon \tag{5.3.2}$$

と表す統計モデルを**単回帰モデル**とよぶ．すなわち，Y の変動を直線 $Y = \alpha + \beta X$ と，X 以外の要因による Y の変動を表す誤差項 ϵ の和によって説明するモデルである．5.1.1 項で取り上げた単回帰分析は，与えられたデータに直線を事後的に回帰するのに対して，単回帰モデルではデータの背後に真の回帰直線 $y = \alpha + \beta x$ がもともと存在しており，最小二乗法で得られた解を真のパラメータの推定量であると解釈する．最小二乗法の解は式 (5.1.9) に与えられている．

5.3.2　標本分布

標本分布の定義と基本的性質

ここでは正規分布 $N(\mu, \sigma^2)$ からの無作為標本 $X_1, \ldots, X_n$ に関連する分布について説明する．これらは**標本分布**とよばれることが多い．正規分布に基づく標本分布は，推定や検定などの統計的推測に用いられる．

まず標本平均の分布を考える．$X_1, \ldots, X_n$ を互いに独立に $N(\mu, \sigma^2)$ に従う確率変数としたとき，それらを標準化した $Z_i = (X_i - \mu)/\sigma \quad (i = 1, \ldots, n)$ は互いに独立に標準正規分布 $N(0, 1)$ に従う．また，標本平均 $\overline{X} = (X_1 + \cdots + X_n)/n$ は正規分布 $N(\mu, \sigma^2/n)$ に従うので，$Z = (\overline{X} - \mu)/\sqrt{\sigma^2/n}$ は $N(0, 1)$ に従う．

次に，標本分散に関連して，カイ二乗分布，t 分布がよく用いられる．これらの分布の数表は巻末の付録（A.2 節）に与えている．

互いに独立に標準正規分布 $N(0, 1)$ に従う k 個の確率変数を $Z_1, \ldots, Z_k$ としたとき，それらの 2 乗和 $Y = Z_1^2 + \cdots + Z_k^2$ の分布を自由度 k の**カイ二乗分布**という．

Z を $N(0, 1)$ に従う確率変数，Y を自由度 k のカイ二乗分布に従う確率変数とし，それらが互いに独立なとき，

$$T = \frac{Z}{\sqrt{Y/k}}$$

の分布を**自由度 k の t 分布**という。特に，$k = 1$ のときコーシー分布という。$k \to \infty$ のときは $N(0,1)$ に近づく。

大数の法則

$X_1, X_2, \ldots$ を同一分布に従う互いに独立な確率変数列とする。この同一分布は正規分布である必要はなく，また離散分布でも連続分布でもよい。$\mu = E[X_1]$ が存在するとき，サンプルサイズ n を無限大に増やしていくと，標本平均 $\overline{X}_n = (1/n)\sum_{i=1}^{n} X_i$ が $\mu = E[X_1]$ へ確率 1 で収束する，すなわち

$$\overline{X}_n \to \mu, \tag{5.3.3}$$

が確率 1 で成立する。この収束を**大数の法則**とよぶ[5]。

大数の法則の応用として**モンテカルロシミュレーション**がある。大数の法則より，独立同一分布に従う確率変数 $X_1, X_2, \ldots$ が得られれば，期待値 $\mu = E[X_1]$ の近似値として標本平均 $\overline{X}$ を用いることができる。このことを「モンテカルロシミュレーションによって μ を求める」という。実際にはコンピュータで多数の**擬似乱数** $X_1, X_2, \ldots$ を発生させてそれらの標本平均を計算する。ここで擬似乱数とよぶのは，コンピュータは決定的な機械であり，真に確率的な乱数を発生することはできないためである。擬似乱数は決定的なアルゴリズムで作られるが，独立同一分布に従う真の乱数と同様の性質をもち，モンテカルロシミュレーションに多用される。Python では NumPy を用いて擬似乱数を発生することができる (付録の A.1.1 項を参照)。

中心極限定理　　　　　　　　　　　　　　　　　　　　　　　　コラム

標本平均の 1 次モーメントへの収束を表現する大数の法則 (5.3.3) が成立した上で，さらに分散 $\sigma^2 = V[X_1]$ も存在するとき，大数の法則 (5.3.3) の収束速度が $1/\sqrt{n}$ であり，かつ漸近正規性を主張する**中心極限定理**が知られている。これは現実的には，n が大きいときに $\overline{X}_n$ の分布が期待値 μ，分散 σ^2/n の正規分布 $N(\mu, \sigma^2/n)$ で近似できることを主張する。正確

---

[5] 厳密には，式 (5.3.3) は大数の「強」法則とよばれ，これとは別に大数の「弱」法則も存在するが，本書では触れない。

§5.3 統計的推測　**189**

には $\sqrt{n}(\overline{X}_n - \mu)/\sigma$ の累積分布関数を

$$F_n(x) = P\left(\frac{\sqrt{n}(\overline{X}_n - \mu)}{\sigma} \leq x\right)$$

とおくとき，各 x について

$$\lim_{n \to \infty} F_n(x) = \Phi(x) \qquad (5.3.4)$$

がなりたつ。ただし $\Phi(x)$ は式 (5.2.22) の標準正規分布の累積分布関数である。注意点として，確率変数列 $X_1, X_2, \ldots$ が従う同一分布は分散 σ^2 が存在すれば何でもよく，大数の法則の場合と同様に離散分布でも連続分布でもよい。興味深いのは，それにも関わらず収束先の分布は必ず正規分布になるという，極めて高い普遍性である。

二項分布の正規近似

式 (5.2.14) にあるように，二項分布は独立同一なベルヌーイ変数の和であるから，n が大きいとき，中心極限定理によって二項分布は正規分布によって近似できる。具体的には X_n を二項分布 $B(n,p)$ に従う確率変数として，X_n をその期待値 np と母標準偏差 $\sqrt{np(1-p)}$ で標準化すれば，累積分布関数が標準正規分布の累積分布関数で近似できる。すなわち

$$\lim_{n \to \infty} P\left(\frac{X_n - np}{\sqrt{np(1-p)}} \leq x\right) = \Phi(x) \qquad (5.3.5)$$

である。

5.3.3　点推定

点推定では，確率変数 X_i $(i = 1, 2, \ldots, n)$ の何らかの関数で表現される推定量 $\hat{\theta} = t(X_1, X_2, \ldots, X_n)$ を用いて，パラメータ θ を推定する。このとき，$\hat{\theta}$ も確率変数である[6]。

---

[6] 本書では点推定のみを説明し，区間推定についての説明は省略する。区間推定については [7] の 9.2 節および [5] の 7.2 節に説明がある。

不偏性

推定量 $\hat{\theta}$ が任意の θ について $E[\hat{\theta}] = \theta$ をみたすとき，$\hat{\theta}$ を θ の**不偏推定量** (unbiased estimator) という。ここで，推定量の期待値とパラメータの差 $E[\hat{\theta}] - \theta$ は**偏り**あるいは**バイアス** (bias) を表すため，不偏推定量は偏りがないことを意味する。

たとえば，確率変数 X_i $(i = 1, 2, \ldots, n)$ が i.i.d. のとき，式 (5.3.1) より標本平均 $\overline{X}_n = (1/n) \sum_{i=1}^{n} X_i$ は母平均 $\mu = E[X_1]$ の不偏推定量である。

標本不偏分散

期待値 μ, 分散 σ^2 をもつ確率分布に従う n 個の独立な確率変数 $X_1, \ldots, X_n$ の標本平均 $\overline{X}_n$ からの偏差平方和を $A = \sum_{i=1}^{n} (X_i - \overline{X}_n)^2$ とすると，等式

$$A = \sum_{i=1}^{n} (X_i - \overline{X}_n)^2 = \sum_{i=1}^{n} (X_i - \mu)^2 - n(\overline{X}_n - \mu)^2 \tag{5.3.6}$$

がなりたつ。母平均 μ が既知の場合は，σ^2 の自然な推定量は

$$S^{*2} = \frac{1}{n} \sum_{i=1}^{n} (X_i - \mu)^2$$

であり，容易に $E[S^{*2}] = \sigma^2$ が示されるので，S^{*2} は σ^2 の不偏推定量となる。

母平均 μ が未知の場合は，それを標本平均 $\overline{X}_n$ で推定する。このとき，式 (5.3.6) より

$$E[A] = E\Big[\sum_{i=1}^{n} (X_i - \overline{X}_n)^2\Big] = \sum_{i=1}^{n} E[(X_i - \mu)^2] - nE[(\overline{X}_n - \mu)^2] = n\sigma^2 - \sigma^2$$
$$= (n-1)\sigma^2$$

となるので

$$\hat{\sigma}^2 = \frac{1}{n-1} \sum_{i=1}^{n} (X_i - \overline{X}_n)^2 \tag{5.3.7}$$

とすると，$E[\hat{\sigma}^2] = \sigma^2$ となり，$\hat{\sigma}^2$ は σ^2 の不偏推定量となる。このため，$\hat{\sigma}^2$ は**標本不偏分散**あるいは**不偏分散**とよばれる。

§5.3 統計的推測 **191**

　これまでの議論では，母集団の確率分布は μ と σ^2 の存在のみが条件で，その分布型は特定していなかった。すなわち，上記の性質はすべての確率分布に対してなりたつ。分布形を正規分布 $N(\mu, \sigma^2)$ とすると，$\overline{X}$ は μ の最尤推定量 (p.193) であり，σ^2 の最尤推定量は $\tilde{S}^2 = A/n$ となることが示される (p.193)。したがって，$E[\tilde{S}^2] = \sigma^2 - (\sigma^2/n)$ より，最尤推定量 $\tilde{S}^2$ は σ^2 の不偏推定量ではなく，負のバイアスをもつ。

　不偏分散 $\hat{\sigma}^2$ の計算では，μ が未知であるため，分布の中心を μ でなく $\overline{X}$ で推定して偏差を計算している。このため，偏差の 2 乗の和（偏差の平方和と呼ぶ）の期待値は，σ^2 が n 個分でなく，$(n-1)$ 個分に減少する。それに伴い，分散の不偏推定では，平方和を n ではなく，$(n-1)$ で割る必要がある。

刈込み平均

　標本平均 $\overline{X}_n$ は μ の自然な推定量であるが，その他の推定量も考えられる。たとえば，$X_{(1)} \leq \cdots \leq X_{(n)}$ を n 個の確率変数の順序統計量（小さい順に並べたもの）とし，$c_1, \ldots, c_n$ を定数として

$$\tilde{\mu} = c_1 X_{(1)} + \cdots + c_n X_{(n)}$$

の形の推定量を考える。$c_i = 1/n \ (i = 1, \ldots, n)$ としたのが標本平均である。たとえば n が奇数のとき，$c_{(n+1)/2} = 1$ でその他の $c_i = 0$ とすると中央値となる。また，$c_1 = c_n = 0$，$c_i = 1/(n-2) \ (i = 2, \ldots, n-1)$ とすると最小値と最大値をとり除いた**刈込み平均** (trimmed mean) となる。

平均二乗誤差

　パラメータ θ のある推定量を $\hat{\theta}$ とし，それが必ずしも不偏とは限らないとき，$\hat{\theta}$ の精度を表す指標に平均二乗誤差 (mean squared error, MSE) がある。平均二乗誤差は推定量 $\hat{\theta}$ とパラメータ θ との差の二乗の期待値，すなわち $\mathrm{MSE}[\hat{\theta}] = E[(\hat{\theta} - \theta)^2]$ で定義され，

$$\mathrm{MSE}[\hat{\theta}] = V[\hat{\theta}] + (E[\hat{\theta}] - \theta)^2 \tag{5.3.8}$$

と $\hat{\theta}$ の分散 $V[\hat{\theta}]$ とバイアス $E[\hat{\theta}] - \theta$ の二乗の和として表される。これを**バイアス分散分解**あるいは**バイアス-バリアンス分解**とよぶ。バイアス分散分

解の概念を図示したものが図 5.17 である．左はバイアスは小さいが分散が大きい場合，右はバイアスは大きいが分散が小さい場合を示している．

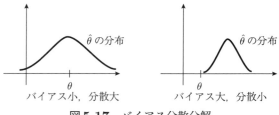

図 5.17　バイアス分散分解

分解の証明は，$\mu = E[\hat{\theta}]$ とおくと，式変形

$$\begin{aligned}MSE[\hat{\theta}] &= E[(\hat{\theta} - \theta)^2] \\ &= E[\{(\hat{\theta} - \mu) + (\mu - \theta)\}^2] \\ &= E[(\hat{\theta} - \mu)^2] + E[(\mu - \theta)^2] + 2E[(\hat{\theta} - \mu)(\mu - \theta)] \\ &= V[\hat{\theta}] + (\mu - \theta)^2 + 2(\mu - \theta)E[\hat{\theta} - \mu] \\ &= V[\hat{\theta}] + (\mu - \theta)^2\end{aligned}$$

により容易に得られる．ここで，$\mu - \theta$ は定数であること，および $E[\hat{\theta} - \mu] = 0$ であることを用いた．

　推定量 $\hat{\theta}$ の標本分布の形状が θ を中心に左右対称の場合には $\hat{\theta}$ の不偏性がなりたつが，標本分布が対称でない場合には，不偏性は必ずしも推定量がもつべき性質とは限らない．たとえば家計の所得分布のように分布が歪んでいる場合には，平均所得が必ずしも分布の特徴を捉えているとは限らない．その場合には，推定量の評価として，分散のみならず平均二乗誤差も考慮したほうがよい．

モーメント法

　確率変数 X の分布の p 次元のパラメータベクトルを $\boldsymbol{\theta} = (\theta_1, \ldots, \theta_p)$ とし，k 次モーメントをそれらの関数で表して $\mu_k = E[X^k] = g_k(\boldsymbol{\theta})$ とする

$(k = 1, \ldots, p)$。そして，モーメントから逆に解き直して $\theta_j = h_j(\mu_1, \ldots, \mu_p)$ となったとする $(j = 1, \ldots, p)$。n 個の無作為標本 $X_1, \ldots, X_n$ が与えられたとき，k 次モーメントの自然な推定量は標本モーメント $m_k = \sum_{i=1}^n X_i^k / n$ であるので，これを関係式に代入して θ_j の推定量を $\tilde{\theta}_j = h_j(m_1, \ldots, m_p)$ とする推定法をモーメント法 (method of moments) という。

パラメータの推定法として以下の最尤法が用いられることが多いが，問題によっては推定量が陽には表現されず，コンピュータを用いた数値計算が必要となる。そのような場合には，簡便な推定法としてモーメント法が1つの選択肢となる。最尤法は，漸近不偏性や漸近有効性のような推定量として望ましい性質をもつことが知られているが，モーメント法による推定量は必ずしもそのような性質をもつとは限らないので，個別に評価する必要がある。

例として，確率変数 X が正規分布 $N(\theta, \sigma^2)$ に従うとき，1次と2次のモーメントは $\mu_1 = E[X] = \theta$, $\mu_2 = E[X^2] = \sigma^2 + \theta^2$ となるので，パラメータとモーメントの関係は $\theta = \mu_1$, $\sigma^2 = \mu_2 - \mu_1^2$ である。$X_1, \ldots, X_n$ を互いに独立にそれぞれ $N(\theta, \sigma^2)$ に従う確率変数とし，1次と2次の標本モーメントをそれぞれ $m_1 = \sum_{i=1}^n X_i / n = \overline{X}$, $m_2 = \sum_{i=1}^n X_i^2 / n$ とすると，モーメント法によるパラメータ θ および σ^2 の推定量はそれぞれ

$$\tilde{\theta} = m_1 = \overline{X}, \quad \tilde{\sigma}^2 = m_2 - m_1^2 = \frac{1}{n} \sum_{i=1}^n (X_i - \overline{X})^2$$

となる。これらは θ および σ^2 の最尤推定量でもある。$\tilde{\theta}$ は θ の不偏推定量であるが，$\tilde{\sigma}^2$ は σ^2 の不偏推定量ではない。ただし，$\tilde{\sigma}^2$ の除数の n を $n-1$ にすれば不偏となる。

最尤法

最尤法は m 個のパラメータ θ_j $(j = 1, \ldots, m)$ を有する確率関数 $p(x; \theta_1, \ldots, \theta_m)$ のパラメータをデータ $(X_1, X_2, \ldots, X_n)$ から決定するときに利用される。データが独立同一分布からの抽出であると仮定する場合，尤度は

$$L(\theta_1, \ldots, \theta_m) = \prod_{i=1}^n p(X_i; \theta_1, \ldots, \theta_m) \qquad (5.3.9)$$

と定義される。自然対数 $\log x$ は単調増加関数であるので，尤度の対数をとった**対数尤度**

$$l(\theta_1, \ldots, \theta_m) = \sum_{i=1}^{n} \log p(X_i; \theta_1, \ldots, \theta_m) \tag{5.3.10}$$

を最大化することは，尤度 $L(\theta_1, \ldots, \theta_m)$ を最大化することと同値である。ここまでは確率関数の場合で説明したが，確率密度関数の場合も式 (5.3.9) および式 (5.3.10) の確率関数を確率密度関数で置き換えればよい。

尤度，または，対数尤度を最大化することにより，パラメータを決定する方法を**最尤法**とよび，次の式の $(\hat{\theta}_1, \ldots, \hat{\theta}_m)$ を**最尤推定量** (MLE, Maximum Likelihood Estimator) とよぶ。

$$(\hat{\theta}_1, \ldots, \hat{\theta}_m) = \underset{\theta_1, \ldots, \theta_m}{\arg\max} \, l(\theta_1, \ldots, \theta_m) \tag{5.3.11}$$

ここで $\arg\max$ は関数の最大値を与える点を表す。最尤推定量の値を最尤推定値とよぶ。

対数尤度を最大化するパラメータは，停留点により決まるので，対数尤度関数のパラメータに対する偏導関数がすべて 0 となる必要がある。方程式

$$\frac{\partial l}{\partial \theta_j} = 0 \quad (j = 1, \ldots, m) \tag{5.3.12}$$

を**尤度方程式**とよぶ。尤度方程式の解は最尤推定値の候補を与える。尤度方程式が複数の解を有する場合，尤度方程式は極値を与えているに過ぎないため，尤度方程式のある 1 つの解が必ずしも最尤推定値であるとは限らない。最尤推定法の例題を問 7.2.5 にあげる。

5.3.4 仮説検定の考え方

ここでは仮説検定の概念と用語の概略を説明する。より丁寧な説明は[5]の 7 章，[8]の 4 章に与えられている。

統計的仮説検定は，統計モデルのパラメータ θ が特定の値 θ_0 であるかどうかをデータから決めることを目的とする。ここでは θ は 1 次元のパラメータとする。θ が特定の値 θ_0 であるとする仮説を**帰無仮説**とよび

$$H_0 : \theta = \theta_0 \tag{5.3.13}$$

と表す。たとえば，コイン投げの成功確率 p をパラメータ θ とすると「コインに歪みがない」という帰無仮説は $H_0 : p = 1/2$ と表される。帰無仮説を否

§5.3 統計的推測 **195**

定した仮説を**対立仮説**とよび H_1 で表すが，1 次元パラメータの場合

$$H_1 : \theta > \theta_0 \qquad (\text{あるいは}\,\theta < \theta_0) \tag{5.3.14}$$

を**片側対立仮説**,

$$H_1 : \theta \neq \theta_0 \tag{5.3.15}$$

を**両側対立仮説**とよぶ。また，対立仮説が片側である検定問題を**片側検定**,両側である検定問題を**両側検定**とよぶ。

データに基づき H_0 を否定することを，帰無仮説を**棄却**するといい，棄却できないと判断することを**受容**するという。

コイン投げで帰無仮説を $H_0 : p = 1/2$ とする場合には，二項分布 $B(n,p)$ に従う確率変数 X を用いて X が H_0 のもとでの期待値 $n/2$ に近いかどうかを見ればよいと考えられる。そこで検定を $T(X) = X - n/2$ に基づいて行うこととする。このように検定のために用いる統計量を**検定統計量**とよぶ。コイン投げの検定問題では，片側検定 $H_1 : \theta > \theta_0$ の場合には，あるしきい値 c_1 を決めて $T(X) \geq c_1$ のとき H_0 を棄却し，両側検定の場合はしきい値 c_2 を用いて $|T(x)| \geq c_2$ のときに H_0 を棄却すればよいであろう。

X は確率変数であるから，H_0 が正しくても $T(X) \geq c_1$（あるいは $|T(X)| \geq c_2$）となり，H_0 を棄却することがあり得る。この誤りを**第 1 種の過誤**とよぶ。逆に H_0 が正しくないのにそれを受容する誤りを**第 2 種の過誤**とよぶ。

統計的検定では，第 1 種の過誤をおかす確率を一定の水準以下（たとえば 0.05 あるいは 0.01）に抑える。この水準を**有意水準**といい，通常 α で表す。有意水準 α が与えられると，しきい値 c_1, c_2 を α に依存して $c_{1\alpha}, c_{2\alpha}$ のように定める。これらは H_0 の下での $T(X)$ の分布の上側 α 点 (100α パーセント点) あるいは両側 α 点ととればよい。また対立仮説が正しいときに，帰無仮説を（正しく）棄却する確率を**検出力**という。

片側検定において，実際に観測されたデータ x_0 に基づく検定統計量の値 $T(x_0)$ に対して，帰無仮説のもとで「それ以上に極端な値を観測する確率」

$$P(T(X) \geq T(x_0)|H_0) \tag{5.3.16}$$

を **p 値**とよぶ。両側検定で検定統計量として $|T(X)|$ を用いる場合には $P(|T(X)| \geq |T(x_0)| \,|H_0)$ を p 値とする。有意水準を α とすれば，p 値が α 以下のときに H_0 を棄却する。

帰無仮説のもとで $T(X)$ の分布が原点に関して対称ならば，両側 p 値は片側 p 値の 2 倍である。$T(x)$ の分布が対称でない場合も，簡便のため両側 p 値を片側 p 値の 2 倍と定義することが多い。

2×2 分割表の検定：カイ二乗統計量

表 5.7　2×2 分割表

		B		
		YES	NO	計
A	YES	a	b	m
	NO	c	d	n
	計	s	t	N

表 5.7 の各セルの頻度 a, b, c, d に対応して，それらの確率を $\alpha, \beta, \gamma, \delta$ $(\alpha + \beta + \gamma + \delta = 1)$ で表すとき，行分類と列分類の独立性の帰無仮説は $\alpha : \beta = \gamma : \delta$, すなわち

$$H_0 : \alpha\delta - \beta\gamma = 0 \tag{5.3.17}$$

と表される。この仮説を検定するための**カイ二乗検定統計量**は，期待値と観測度数間の乖離を評価する（[5] の 3.2 節）。H_0 のもとではセル確率が対応する周辺確率の積になることから，カイ二乗検定統計量は

$$Y = \frac{(a - ms/N)^2}{ms/N} + \frac{(b - mt/N)^2}{mt/N} + \frac{(c - ns/N)^2}{ns/N} + \frac{(d - nt/N)^2}{nt/N} \tag{5.3.18}$$

と定義される。これを変形すると

$$Y = \frac{N(ad - bc)^2}{mnst} = N\phi^2 \tag{5.3.19}$$

を得る。ただし ϕ は式 (5.1.10) のファイ係数である。帰無仮説のもとで Y は近似的に自由度 1 のカイ二乗分布に従う。これより有意水準を α として，Y が自由度 1 のカイ二乗分布の上側 $100\alpha\%$ 点より大きいときに帰無仮説 H_0 を棄却すればよい。

§5.4 種々のデータ解析 **197**

分割表と行列式 コラム

2×2 分割表が表5.7のように与えられたとき, 行分類と列分類が独立であれば, 期待値として $a = ms/N$, $b = mt/N$, $c = ns/N$, $d = nt/N$ となる。これより, $a:b = s:t$ であり, $c:d = s:t$ であるので, $a:b = c:d$ がなりたつ。セル度数を 2×2 行列 $\boldsymbol{T}$ とみると, $a:b = c:d$ は, 2つの行が一次従属であることを表し, そのときに行列式 $\det(\boldsymbol{T}) = ad - bc$ は0になる。これより, 分割表の独立性と行列の一次独立性が密接な関係にあることになる。

§5.4 種々のデータ解析

5.4.1 時系列データ解析

時系列解析では, 人間活動の周期性を理解したうえで行わなければならない。経済統計分野では経済量の変動要因を以下の4つに分解するという考え方がある ([23]の3章, [5]の8章)。

傾向変動 長期にわたって単調に変化するなめらかな動き。たとえば, 売り上げの変化について考察する際, 業界全体の傾向変動を考慮する必要がある。傾向変動を**トレンド**ともいう。

循環変動 設備投資などに起因し, 3〜10年ほどの周期で変動する動き。たとえば, 5年周期で社員のパソコンをまとめて買い替える企業があるとすると, 5年ごとに大きな設備費がかかることになり, 単純に前年比較を行うと誤った結論を導く可能性がある。

季節変動 季節に起因する動き。GDPなど多くの経済統計は四半期ごとに発表されるが, 経済活動の季節性から単純に前期との比較を行うことは好ましくない。季節変動の影響を取り除く手法を**季節調整**とよび, 最も基本的な手法として, 各時点のデータをその時点を中心とする1年分の

データの平均値で置き換える移動平均に基づく手法がある[7]。また，対前年同期比を用いても，季節性を除去する効果がある。

不規則変動　災害や感染症の流行のような規則性や周期性をもたない動き。突然の変動を起こしたデータとの比較の際には，その比較が何を意味するのかを強く意識する必要がある。

時刻を添え字 t で表し，時系列データを x_t，傾向変動を T_t，循環変動を C_t，季節変動を S_t，不規則変動を I_t で表すとき

$$x_t = T_t + C_t + S_t + I_t$$

と分解するモデルは**加法モデル**とよばれる。また正の値をとる時系列データ x_t に対して

$$x_t = T_t \times C_t \times S_t \times I_t$$

と表すモデルは**乗法モデル**とよばれる。

5.4.2　テキスト解析

本項では**テキスト解析**あるいは**自然言語処理**の基本的な事項について説明する。参考文献としては[24]をあげる。

形態素解析と単語分割

形態素解析とは自然言語処理の方法の基本となるものであり，単語辞書に基づき文章に対して**単語分割**を実行する方法である。分割された単語は，その品詞により分類して処理を行うことができる。

いくつかの形態素解析エンジンが Python において利用可能であるが，MeCab はその中でもよく利用される形態素解析エンジンのひとつである。たとえば，次の Python ソースコードを使って，「天は人の上に人を造らず人の下に人を造らず」というテキスト（文章）を形態素解析して単語に分解し，その品詞を特定してみる。結果は下のようになる。

---

[7] 月次データの場合，12か月分のデータの平均をとるが，実際には6か月前と6か月後のデータの重みは1/24とし，5か月前から5か月後のデータの重みは1/12として，平均する。

§5.4 種々のデータ解析 **199**

```
import MeCab
t = MeCab.Tagger()
text = '天は人の上に人を造らず人の下に人を造らず'
tokens = t.parse(text)
print(tokens)
```

天 名詞,普通名詞,*,*,天,てん,代表表記:天/てん 漢字読み:音 カテゴリ:場所-自然
は 助詞,副助詞,*,*,は,は,連語
人 名詞,普通名詞,*,*,人,じん,代表表記: 人/じん 漢字読み:音 カテゴリ:人
の 助詞,接続助詞,*,*,の,の,連語
上 名詞,副詞的名詞,*,*,上,うえ,代表表記:上/うえ
に 助詞,格助詞,*,*,に,に,連語
人 名詞,普通名詞,*,*,人,じん,代表表記:人/じん 漢字読み:音 カテゴリ:人
を 助詞,格助詞,*,*,を,を,連語
造ら 動詞,*,子音動詞ラ行,未然形,造る,つくら,代表表記:造る/つくる
ず 助動詞,*,助動詞ぬ型,基本連用形,ぬ,ず,*
人 名詞,普通名詞,*,*,人,じん,代表表記:人/じん 漢字読み:音 カテゴリ:人
の 助詞,接続助詞,*,*,の,の,連語
下 名詞,普通名詞,*,*,下,した,代表表記:下/した 漢字読み:訓 カテゴリ:場所-機能
に 助詞,格助詞,*,*,に,に,連語
人 名詞,普通名詞,*,*,人,じん,代表表記:人/じん 漢字読み:音 カテゴリ:人
を 助詞,格助詞,*,*,を,を,連語
造ら 動詞,*,子音動詞ラ行,未然形,造る,つくら,代表表記:造る/つくる
ず 助動詞,*,助動詞ぬ型,基本連用形,ぬ,ず,*

日本語の形態素解析によって分類される単語の品詞には，名詞，動詞，助詞，助動詞，形容詞，副詞，接続詞，連体詞，感動詞，指示詞などがある。単語の出現頻度には文章に固有のパターンが存在しているため，単語の出現頻度と単語の共起関係（文章中の前後での出現の頻度）を調べることによりテキスト（文章）のもつ特徴を数量的に把握することができる。

n-gram とは形態素解析により分割した単語を n 個の連続する単語のまとまりとして表現したものである。一般化して，文章を n 個の隣接するシンボルとして分解することを考える。ここで，シンボルとして，文字，音節，単語などをシンボルとして選ぶことができる。特に，$n = 1$ の場合，ユニ・グラム，$n = 2$ の場合をバイ・グラム，$n = 3$ の場合をトリ・グラムなどとよぶ。

形態素解析は辞書に登録されている単語をパターンマッチングして実行されるため，形態素解析の分析結果は，利用する辞書にその結果が強く依存する。特に日本語では**分かち書き**をしないという問題がある。この問題は日本

語の名詞が複数の名詞を連結して意味の異なる名詞を作ることから生じる。たとえば，日本銀行は日本と銀行という2つの異なる名詞を結合して「日本銀行」という意味の異なる名詞を作り出している。もし辞書に日本銀行が登録されていないとすると，形態素解析の結果は「日本」と「銀行」となり，「日本銀行」が抽出されることはない。このように，辞書に依存して形態素解析の結果が異なる問題は自然言語処理において認識しておくべき問題である。

　次に，テキスト解析において利用できる手法について説明する。まず，単語の出現頻度に対する度数分布を調べることがテキスト解析の初期分析ではよく利用される。形態素解析により分解された単語の出現頻度を数えることにより度数分布表を求める。たとえば，「天は人の上に人を造らず人の下に人を造らず」の名詞だけについて，その出現頻度を数えると，表 5.8 のようになる。一般にテキストに含まれる単語の種類は，極めて多いためそのまま

表5.8　「天は人の上に人を造らず人の下に人を造らず」の名詞出現頻度

名詞	天	人	上	下
度数	1	4	1	1

度数分布表を棒グラフで表示すると，読み取りができないという問題がある。これを解決する方法として利用されるのが，**ワードクラウド**とよばれる方法である。ワードクラウドは出現頻度の大きい単語を大きく表示する可視化方法であり，文章の特徴を視覚的に理解するために利用できる。表 5.8 をワードクラウドとして表示すると図 5.18 のようになる。

　また，**共起行列**で表現されるネットワーク構造を分析することにより，文章が有する単語の関係性を分析することが可能である。共起行列は，ある単語に着目したときにその前後 k 単語分に存在する単語が何回出現しているかによって構成する行列であり，単語を頂点，単語の共起関係を辺として表現する有向または無向の離散グラフとして表現できる。このような離散グラフの接続関係は隣接行列（adjacency matrix）により正方行列として表現することができる。有向グラフの場合は，単語の出現順の前後関係に着目し，2

図 5.18 「天は人の上に人を造らず人の下に人を造らず」の名詞出現頻度に対して描いたワードクラウド

組の単語の前の単語と後ろの単語を区別して出現頻度を数える。無向グラフの場合では，着目する単語の前後 k 単語分に出現する単語の出現頻度から単語間に辺の重みを与える。

例として，「天は人の上に人を造らず人の下に人を造らず」の名詞に対して共起行列を作成してみる。このテキストから名詞だけを順番に取り出すと

$$[天, 人, 上, 人, 人, 下, 人] \tag{5.4.1}$$

となる。これを単語の出現順序に単語に番号付けを行い，単語を番号で表現する。単語の番号付けは表 5.9 のようになる。この番号をもとに，式 (5.4.1) を番号で表現すると，$[0, 1, 2, 1, 1, 3, 1]$ となる。これから，1 番目の単語と 2

表 5.9 「天は人の上に人を造らず人の下に人を造らず」の名詞と番号との関係

番号	単語
0	天
1	人
2	上
3	下

番目の単語に対して出現頻度を数える。0 の前後に対しては，0 が 0 回，1 が 1 回，2 が 0 回，3 が 0 回出現するので，共起行列の 1 行目は $(0, 1, 0, 0)$ となる。1 の前後に対しては，0 が 1 回，1 が 2 回，2 が 2 回，3 が 2 回出現する

ので，共起行列の2行目は $(1, 2, 2, 2)$ となる．同様に3行目，4行目も求めると，共起行列は

$$\begin{pmatrix} 0 & 1 & 0 & 0 \\ 1 & 2 & 2 & 2 \\ 0 & 2 & 0 & 0 \\ 0 & 2 & 0 & 0 \end{pmatrix}$$

となることがわかる．

文章間類似度

単純な文章間の類似度尺度として，文章Aに含まれる単語と文章Bに含まれる単語を，集合Aおよび集合Bの要素と考え，集合間の類似度尺度（Jaccard 係数，Dice 係数，Simpson 係数など）を用いて文章Aと文章Bの類似度を測るというものがある．

文章Aに含まれる単語集合を $A = \{$ 犬, 猫, 猿, 狸 $\}$，文章Bに含まれる単語集合を $B = \{$ 犬, 猿, キジ, 人 $\}$ とすると，$A \cap B = \{$ 犬, 猿 $\}$，$A \cup B = \{$ 犬, 猫, 猿, 狸, キジ, 人 $\}$ であるので，文章Aと文章Bの **Jaccard 係数**は

$$J(A, B) = \frac{|A \cap B|}{|A \cup B|} = \frac{2}{6} = \frac{1}{3}$$

となる．ここで，$|C|$ は集合 C の要素数を意味する．**Dice 係数**では，

$$D(A, B) = \frac{2|A \cap B|}{|A| + |B|} = \frac{2 \times 2}{4 + 4} = \frac{1}{2}$$

Simpson 係数では，

$$S(A, B) = \frac{|A \cap B|}{\min(|A|, |B|)} = \frac{2}{4} = \frac{1}{2}$$

となる．

かな漢字変換

かな漢字変換では，ひらがなである程度まとまった文章の読みをかな文字で入力し，変換キーを押すことで漢字とかなの混じった文章に変換が行える．この変換には，文節の区切りを判別して文節ごとに形態素解析を利用し

§5.4 種々のデータ解析 **203**

てひらながの文字を単語に区切り，あらかじめ用意しておいた辞書を使って単語ごとにかな文字を漢字に変換している。辞書には名詞や動詞のほか，慣用句などの複数文節にわたる用例も記録されている。前後の文節を n-gram として参照することにより，複数の単語をひとつにまとめて辞書に登録しておくことで適切な変換がなされる。

5.4.3 画像解析

画像データの処理

　1枚の画像は，縦横に規則的に配列された画素 (pixel) の集合として構成されている。画素単位で見れば画像データは2次元データであり，1つの画素はその画素の位置を表す座標 (x, y) によって特定される。各画素には一般に，「明るさ」の情報が1つまたは複数の画素値で保存されている。たとえば，色を扱わないグレースケール画像の場合には，各画素は1つの画素値で明るさを保持している。カラー画像の場合には，赤，緑，青の各色の明るさを表す (R,G,B) の3つの画素値を各画素が保持する。なお，動画像は画像を時間方向に並べたもので，画素単位で見れば3次元データである。カメラによって撮影された1枚または複数枚の画像から抽出可能な情報は多様であり，人間が視覚を通して認識できる情報はコンピュータでも数値化できる場合が多い。一方で，写真を構成する画素数は1枚で30万画素から1億画素以上のものまであり，そのまま解析するには情報量が膨大であることから，一般的なデータ処理によって情報を抽出しようとすると非効率となる場合や，目的の情報を取り出すことが難しい場合がある。このため，画像から情報を取り出す場合には，画像から解析に有効な特徴量を抽出する前処理（特徴抽出処理）が重要となる。画像から抽出された特徴量を元に機械学習やアルゴリズムによる解析を行うことで，人間の視覚機能をコンピュータに模倣させるだけでなく，人間には難しいより高度なデータ解析を実現することができる。

画像認識

　画像認識とは，人間が視覚を通して日々行っている状況認識を画像によって行うことである。たとえば，1枚の画像から以下のような情報を推測で

きる。

(A) 画像全体の，撮影場所，天候，状況，雰囲気

(B) 画像に写る個々の物体の，カテゴリ（名称），位置，方向，数

このような情報を推測する処理は，一般に画像全体または各物体の情報を何らかの方法であらかじめ学習しておくことで実現される。画像認識は，上記の (A) のようなシーン全体に関する状況を推測し記述する**シーン認識**と，(B) のような画像に写る個々の物体に関する情報を抽出する**物体認識**に分類される。

複数の物体が混在して撮影された画像に対して物体認識を行う場合には，画像上における物体領域を特定する**物体検出**と，その領域に何が撮影されているのかを特定する**画像分類**の双方が必要となる。物体検出は，画像上で各物体を囲む四角い範囲（バウンディングボックス）を検出するが，より詳細な形状が重要となる用途では，画素単位でどの物体かを判定するインスタンスセグメンテーションが用いられる。画像分類は，画像から特徴量を抽出する特徴抽出器と得られた特徴量を分類する分類器によって構成され，これらを用いてどのカテゴリの物体であるかを出力する。近年は，特徴抽出器と分類器を一体化し，大量の画像でパラメータを学習することで高精度な分類を実現する深層学習によって画像分類を行う場合が多い。画像認識においては，特定の状況に特化した画像を大量に収集して学習させることで人間を超える識別性能を発揮する場合があり，自動運転／安全運転支援や異常検知，医用画像診断などの分野にも応用されている。ただし，人間による認識と同様に誤検出や誤分類が生じるため，画像認識を使用する場合にはこれらを前提とした設計が必要となる。

§5.5　データ活用実践

ここでは教師あり学習と教師なし学習の違い，それぞれの代表的な手法，そしてそれらの活用場面について説明する。

5.5.1 教師あり学習の手法

教師あり学習とは，ある変数 y を別の変数 $x_1, \ldots, x_p$ によって予測するモデル

$$\hat{y} = f(x_1, \ldots, x_p)$$

を，得られたデータ $(y_i, x_{i1}, \ldots, x_{ip})$ $(i = 1, \ldots, n)$ に基づいて作成する手法のことである。5.1.1 項でも説明したが，教師あり学習において，予測したい変数 y を**目的変数**，**従属変数**，**応答変数**，**被説明変数**などといい，予測に用いる変数 $x_1, \ldots, x_p$ を**説明変数**，**独立変数**などという。どのようによぶかは分野によって異なる。

目的変数が数量を表す量的変数の場合の教師あり学習を**回帰**といい，たとえば単回帰分析（5.1.1 項; p.151）は，$\hat{y} = f(x) = \alpha + \beta x$ と設定した教師あり学習と解釈できる。目的変数が所属や属性を表す質的変数（カテゴリカル変数）の場合の教師あり学習は**分類**あるいは**判別**という。

回帰の代表的な手法には，回帰モデルのほか，ランダムフォレスト回帰，サポートベクター回帰（SVR），深層学習（ディープラーニング）などがある。分類の代表的な手法には，線形判別，決定木，サポートベクターマシン（SVM），深層学習などがある。

教師あり学習を行う目的は大きく分けて 2 つあり，1 つは目的変数と説明変数の間の関係を明らかにすること，もう 1 つは将来得られる説明変数 $x_1, \ldots, x_p$ によって，目的変数を予測することである。前者の場合は，得られたモデルから目的変数と説明変数の関係について解釈する必要があり，このために回帰モデルや線形判別，決定木などの解釈性の高いモデルがよく使われる。深層学習は一般に高い精度の予測が得られるが，目的変数と説明変数の関係を把握することは難しい。後者の場合はなるべく精度のよい予測モデルが得られることが望ましく，深層学習が用いられることも多い。教師あり学習を行う場合は目的を明確にしたうえで，その目的を達成しうる手法を適切に選ぶ必要がある。

一般に，教師あり学習の予測モデル $\hat{y} = f(x_1, \ldots, x_p)$ は y と $\hat{y}$ がなるべく似た値をとるように構成される。そのため，得られたデータ $(y_i, x_{i1}, \ldots, x_{ip})$ $(i = 1, \ldots, n)$ に対しては予測精度がよいが，その後に得られるデータに対

しては当てはまりが悪いということが起こりうる。このような現象のことを**過学習**（過適合，**overfitting**）という。目的変数が量的変数の場合，y_i とその予測値 $\hat{y}_i = f(x_{i1}, \ldots, x_{ip})$ $(i = 1, \ldots, n)$ に対して，**残差平方和**

$$\sum_{i=1}^{n} (y_i - \hat{y}_i)^2$$

あるいは平均平方二乗誤差（Root Mean Squared Error, RMSE）

$$\mathrm{RMSE} = \sqrt{\frac{1}{n} \sum_{i=1}^{n} (y_i - \hat{y}_i)^2}$$

が最小になるようにモデル $f(x_1, \ldots, x_p)$ が構築されることが一般的で，これは（単）回帰分析 (5.1.1 項; p.151) における最小二乗法と同様の手法である。

　この残差平方和の値はモデル $f(x_1, \ldots, x_p)$ が複雑になるほど小さくなりやすい。しかし，明らかにしたいことは手元にあるデータだけにあてはまる規則性ではなく，目的変数と説明変数の真の関係（規則性）であり，将来得られるデータに対しても y と $\hat{y}$ が近いことが好ましい。そのため，一般にモデルを構築するデータとモデルの精度のよさを測るデータは区別される。モデルを構築するデータのことを**教師データ**（**学習データ**），モデルの精度のよさを測るデータを**テストデータ**という。複雑なモデルを扱う場合は，教師データとテストデータに加えて，モデル選択に用いる**検証データ**を取り置くこともあるが，単純なモデルを扱う場合は検証データは必須ではない。

ホールドアウト法　　　　　　　　　　　　　　　　　　　コラム

　得られているデータ $(y_i, x_{i1}, \ldots, x_{ip})$ $(i = 1, \ldots, n)$ をすべて用いてモデルを構築するのではなく，モデル構築用のデータ（教師データ）$(y_i^{(a)}, x_{i1}^{(a)}, \ldots, x_{ip}^{(a)})$ $(i = 1, \ldots, n_a)$ と，得られたモデルを評価するためのデータ（テストデータ）$(y_i^{(b)}, x_{i1}^{(b)}, \ldots, x_{ip}^{(b)})$ $(i = 1, \ldots, n_b)$ に分けて，教師データでモデルを構築し，得られたモデルの精度をテストデータで評価する方法をホールドアウト法という（図 5.19）。

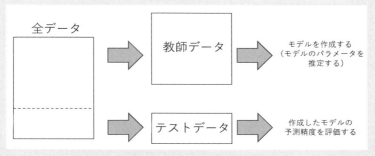

図 5.19　ホールドアウト法

　モデルの精度を評価する方法としてはクロスバリデーションやブートストラップ法とよばれる方法もあるが，ホールドアウト法が最も単純で使いやすい。ただし，サンプルサイズが小さい場合はモデルが不安定になったり，モデルの精度を正しく評価できない場合がある。

混同行列

　目的変数が質的データの場合は，目的変数の実際の値と予測結果を分割表にした混同行列によって予測の精度を確認できる（表 5.10）。

表 5.10　混同行列

		予測結果		
		1	0	計
目的変数の値	1	a	b	m
	0	c	d	n
	計	s	t	N

　この表において a や d の値が大きい方がよく，b や c の値が小さい方がよい。単純に予測が合っているかどうかに注目する場合は

$$\text{正解率 (accuracy)} : \frac{a+d}{N}$$

が指標として用いられる。また，この目的変数が 1 であるかどうかに注目す

る場合は，1 と予測したもののうち実際に 1 であった割合

$$適合率 (\text{precision}) : \frac{a}{s}$$

や，実際に 1 であったもののうち 1 であると予測した割合

$$再現率 (\text{recall}) : \frac{a}{m}$$

が指標として用いられる。また，適合率と再現率の調和平均である

$$\text{F1 値} : \frac{2 \times 適合率 \times 再現率}{適合率 + 再現率}$$

が用いられることもある。F1 値は適合率と再現率がともに大きいときに大きい値をとる。

教師あり学習の活用場面

　教師あり学習はさまざまな場面で使われる。たとえば，小売店においては天候，気温，土日祝日か否か，イベント日か否かなどのデータを説明変数とし，店舗の総売上や特定商品の売上予測が行われる。店舗の総売上が高いと予想される日は多くの客入りが予想されるので店舗人員を増やしたり，特定商品の売上が精度よく予測できるのであれば，余分な在庫を抱えずに済むようになる。病気の（簡易）検査においては，検査キット等を用いて対象者の特徴を抽出し特定の病気にかかっているかどうかを予測する。このような検査では病気にかかっている可能性のある人をできるだけ漏らさないようにするため，再現率が高くなるようなモデルが構築される。営業においては，無作為に顧客を選ぶとなかなか成約に結びつかずにコストが増大するので，顧客の情報に基づいて成約率を事前に予測し，成約率が高いと予想される顧客に限定して営業を行うことで，売上増やコスト削減につなげられる。銀行等においては顧客の離反が利益減少につながるため，顧客の情報に基づいて直近数か月で離反する確率が高い顧客を見つけ出し，その顧客が離反しないように働きかける。

　このように，多くの場面で教師あり学習は使われている。

5.5.2 教師なし学習の手法

教師なし学習は教師あり学習と並ぶ，機械学習の大分類のひとつである。教師あり学習では説明変数 $\boldsymbol{x}$ から目的変数 y を予測することを目指す。これに対して，教師なし学習では，目的変数 y は無く，データ $\boldsymbol{x}$ の何らかの特徴を抽出することを目指す。言い換えると，教師あり学習は予測の手法であり，教師なし学習は分布の特徴や構造の発見の手法である。

教師なし学習の代表的な手法には，グループ化（階層的クラスタリング・非階層的クラスタリング），主成分分析，自己組織化マップなどがある。

このうち階層的クラスタリングおよび非階層的クラスタリングについては 5.1.1 項で説明したが，距離の近いものが空間上の近く，あるいは木構造上での近くに配置されるようにする手法である。自己組織化マップも同様の手法である。

以下ではもう 1 つの代表的な手法である主成分分析の考え方を説明する。

主成分分析

データの次元 (p.146 参照) が高い場合には，データの特徴を少数の特徴量で表すことにより，データの解釈やその後の分析が容易になることが多い。式 (5.1.2)のデータ行列ではデータの次元は p である。

主成分分析では p 個の変数の一次結合でデータの特徴を表そうとする。データ行列の第 i 行を $\boldsymbol{x}_i^T = (x_{i1}, \ldots, x_{ip})$ として，一次結合を

$$z_i = a_1 x_{i1} + a_2 x_{i2} + \cdots + a_p x_{ip} = \boldsymbol{a}^T \boldsymbol{x}_i, \qquad i = 1, \ldots, n \qquad (5.5.1)$$

と表す。ただし，$\boldsymbol{a}^T = (a_1, \ldots, a_p)$ は係数ベクトルである。このとき，$z_1, \ldots, z_n$ の分散 $V[z] = V[\boldsymbol{a}^T \boldsymbol{x}]$ の大きい $\boldsymbol{a}$ が元データの特徴をよく表すと考える。ただし，$\boldsymbol{a}$ のノルム $\|\boldsymbol{a}\|$ を大きくすると $V[z]$ をいくらでも大きくできるため，$\|\boldsymbol{a}\| = 1$ という制約をおく。以上の考察のもとで次の制約つき最大化問題を考える。

$$\max_{\|\boldsymbol{a}\|=1} V[\boldsymbol{a}^T \boldsymbol{x}] \qquad (5.5.2)$$

この最大化を達する係数ベクトル $\boldsymbol{a}$ を**第 1 主成分係数ベクトル**とよび，そのような $\boldsymbol{a}$ を用いたときの $\boldsymbol{a}^T \boldsymbol{x}_i, i = 1, \ldots, n,$ を**第 1 主成分スコア**とよぶ。最大化された分散を λ_1 で表す。

第 1 主成分が以上のように求まると，次に別の係数ベクトル $\boldsymbol{b}$ を用いた一次結合

$$b_1 x_{i1} + b_2 x_{i2} + \cdots + b_p x_{ip} = \boldsymbol{b}^T \boldsymbol{x}_i, \qquad i = 1, \ldots, n$$

を考える。$\|\boldsymbol{b}\| = 1$ および係数ベクトルの直交性 $\boldsymbol{a} \cdot \boldsymbol{b} = 0$ の制約のもとで，$\boldsymbol{b}^T \boldsymbol{x}_i, i = 1, \ldots, n$ の分散 $V[\boldsymbol{b}^T \boldsymbol{x}]$ を最大化する。この最大化を達する係数ベクトル $\boldsymbol{b}$ を第 2 主成分係数ベクトルとよび，そのような $\boldsymbol{b}$ を用いたときの $\boldsymbol{b}^T \boldsymbol{x}_i, i = 1, \ldots, n,$ を第 2 主成分スコアとよぶ。最大化された分散を λ_2 で表す。

このように定義すると，第 1 主成分スコアと第 2 主成分スコアは無相関になることが示される。その意味で第 2 主成分は第 1 主成分とは別の特徴を表すものと考えられる。

同様に，係数ベクトルのノルムを 1 とし，また係数ベクトル同士の直交性を制約として分散を最大化すると，順次，第 3 主成分，$\ldots$，第 p 主成分が求められる。このとき $1 \leq i \leq p$ として

$$\frac{\lambda_i}{\lambda_1 + \cdots + \lambda_p}, \qquad \frac{\lambda_1 + \cdots + \lambda_i}{\lambda_1 + \cdots + \lambda_p}$$

をそれぞれ第 i 主成分の**寄与率**，および第 1 主成分から第 i 主成分までの**累積寄与率**とよぶ。少数の主成分によって 1 に近い累積寄与率が得られた場合には，それらの少数の主成分によって元データの特徴がとらえられたと解釈できる。このように高次元のデータを低次元のデータで近似することを**次元削減**とよぶ。

なお，以上では元データに対する主成分分析を説明したが，各変数の単位が異なり，変数ごとに分散の値が大きく異なる場合には，第 1 主成分は分散の大きい変数のみを反映するものとなる。このような問題点から，主成分分析を行う際には，通常各変数を平均 0，分散 1 に基準化してから主成分分析を行うことが多い。

主成分分析と固有値固有ベクトル　　コラム

　線形代数の観点からは，主成分分析は分散共分散行列の固有値と固有ベクトルを求めることにあたる。各変数の基準化を行った場合には，相

相関行列の固有値と固有ベクトルを求めることにあたる（p. 61 参照）。

教師なし学習の活用場面

　教師なし学習では，予測の対象となる目的変数は無いため，教師なし学習はデータの解釈やデータの扱いやすさのために用いられる。

　グルーピングは顧客を似たグループにわける顧客**セグメンテーション**や店舗のクラスタリングに用いられる。主成分分析などの次元削減の手法は，データから意味のある特徴量を取り出し，その後の分析を容易にするために用いられる。意味のある特徴量は，データの背後にある**潜在変数**とも解釈される。主成分分析においては特徴量は元データの一次結合（線形関数）であるが，深層学習においては非線形な特徴量を用いたオートエンコーダ（自己符号化器）が用いられる。

第 II 部

第 6 章　　例題と解説（1 分野単独問題）

第 7 章　　例題と解説（2 分野複合問題）

第 8 章　　模擬試験問題

第6章

例題と解説（1分野単独問題）

本章では，倫理・AI，数理，情報，統計・可視化，のそれぞれの分野の単独問題の例題を示す．各例題に関連する基礎的項目のページ番号を矢印記号（➡）で示している．

§6.1 倫理・AIの例題

6.1.1 社会におけるデータ・AI利活用の例題

問題 6.1.1 ［人間の知的活動とAIの関係（➡ p.19）］
人間の知的活動とAIの関係に関する記述として，次の①〜⑤のうちから適切でないものを一つ選べ．

① 深層学習によって画像認識が実用レベルになり，人間による目視が効率化の障害となっていたさまざまな作業へのAI活用が広まっている．
② 少子高齢化による労働力人口の急激な低下への対応の一つとして，従来は効率化が難しかった仕事へのAI技術の利活用が期待されている．
③ 長年の経験の中で培った勘と知恵に基づく専門的な判断が必要な作業はAIによる代替が難しい．
④ Society 5.0，第4次産業革命，データ駆動型社会など社会の至るところでAI・データサイエンスの利用が広まり，それらを担う人材の育成が課

§6.1 倫理・AIの例題　**215**

題となっている。

⑤ 現在ではコンピュータの方が得意とみなされる計算やパズルなども，AI研究の初期には人間以外にはできない「とても知的な作業」とみなされ中心的課題として研究された。

正解　③

解説

　③ 以外は適切な記述である。③ について，匠の技やベテランの知恵など，長年の経験の中で培った勘と知恵に基づく専門的な判断は従来，コンピュータに置き換えることができない最も人間的な作業と考えられてきた。これは従来の自動化では，処理を担うコンピュータ・プログラムを作成するために，指示を事細かに一つひとつ明示化する必要があり，直接言語化しづらい「長年の経験と勘」をコンピュータ作業に反映させることが困難だったからである。ところが，近年のAI技術の多くは機械学習に基づいており，適切に「データ」を整備することができれば，こうした言語化困難な作業の処理ができるようになっている。画像や音声の認識はその一例であり，「ある商品が写真に写っているかどうか」のような判定について，一つひとつの明確な手順に落とし込み情報処理の手順として明示化することなく，商品の有無を判定できるようになってきた。このような技術発展に伴い，たとえば，従来は「経験と勘」で運用していた製造業の工場機器の微妙な調整や，在庫商品の大規模倉庫での効率的配置・移送などにAIを活用する実用等が進みつつある。

問題 6.1.2　［社会で活用されている人の行動データとAI　（➡ p.22）］
次の文章の空欄【ア】～【ウ】に入る語句の組合せとして，下の①～⑤のうちから最も適切なものを一つ選べ。

　現代社会では，ビッグデータは必要不可欠のものになってきたと言える。たとえば，Google Maps 等の地図アプリにおいては，集められた【ア】データや地図情報をもとに最適な移動経路が計算されている。また，インターネット上では【イ】を利用したユーザ追跡

6
章

例題と解説（1分野単独問題）

は，リターゲティング広告やマーケティングなどに活用されているが，最近ではその使用に対する規制が強化されている。さらに最近では，収集された大量のテキスト・画像・動画を学習させ，指示を与えることによって新しいコンテンツを作り出すことができるChatGPT，Stable Diffusion，Sora などの高度な【ウ】が次々と生まれてきており，大きな注目を集めている。

① 【ア】GPU　【イ】Cookie　　　【ウ】汎用 AI
② 【ア】GPS　【イ】Cookie　　　【ウ】生成 AI
③ 【ア】GPS　【イ】Cookie　　　【ウ】汎用 AI
④ 【ア】GPS　【イ】MAC アドレス　【ウ】生成 AI
⑤ 【ア】GPU　【イ】MAC アドレス　【ウ】汎用 AI

正解　②

解説
　【ア】地図アプリで使用されるデータは，主に位置情報である。**GPS** (Global Positioning System) データはスマートフォン等のデバイスで取得される位置情報を指し，移動経路の計算においては適切である。GPU は一般には Graphics Processing Unit の略であり，コンピュータの画像処理に関わる部品であるため，この文脈では不適切である。

　【イ】ウェブ上でユーザーを追跡するためによく使用されるのは **Cookie** である。これにより，複数の Web サイトに跨ってユーザーの行動履歴や好みを追跡し，パーソナライズされた広告を提供できる。MAC アドレスはネットワークデバイス固有の識別子であり，主にローカルネットワーク内でのデバイス識別に使われるが，インターネット広告には適していない。

　【ウ】ChatGPT や Stable Diffusion のような技術は，生成 AI に分類される。これらは，与えられた入力（プロンプト）に基づいて新しいテキストや画像を作り出す AI である。汎用 AI は，任意のタスクをこなせるように設計された AI であり，現在の技術ではまだ実現していない。

§6.1 倫理・AI の例題　**217**

問題 6.1.3 ［データ・AI 活用領域の広がり（研究開発）（➡ p.24）］

研究開発分野におけるデータと AI が利活用されている領域は多岐にわたる。研究開発分野におけるデータと AI の利活用として，次の①〜④のうちから適切で<u>ない</u>ものを一つ選べ。

① 創薬研究において，膨大なデータベースから化合物の探索や，生成 AI モデルを用いた新規化合物の設計・検討を行う。

② 製品の性能評価において，評価データを機械学習モデルで分析し，製品の故障予測や残存耐用年数の推定を実施する。

③ 新規の店舗の出店において，商圏分析やターゲットとなる顧客層の特定に機械学習を活用し，需要予測や販売戦略を立案する。

④ 新たな素材の開発において，材料データベースからの材料探索や，機械学習による材料物性の予測モデル構築を行う。

正解　③

解説

　「新規の店舗の出店において，商圏分析やターゲットとなる顧客層の特定に機械学習を活用し，需要予測や販売戦略を立案する」は，研究開発分野ではなく，マーケティングおけるデータ・AI 活用の例である。新規事業の立ち上げ時の需要予測や販売戦略の立案は，製品開発の上流にあたる領域である。したがって③は「研究開発」の分野としては適切でない。他の選択肢は適切である。

問題 6.1.4 ［データ・AI 活用領域の広がり（物流）（➡ p.25）］

物流分野におけるデータと AI の活用に関する記述として，次の①〜④のうちから適切なものだけを<u>すべて</u>選べ。

① 物流量の予測においてさまざまな時系列分析，機械学習が用いられ日々の物流量の予測に役立てられている。

② 数理最適化の技術が，物流拠点における人員配置に役立てられている。

③ 物流業界では 2024 年にドライバーの労働時間の規制が始まり，多くの企

業が働き手のシフト最適化の技術を見直している。

④ 物流量の予測について，2020年以前は天変地異を考慮した精緻な予測が行えなかったが，2024年には天変地異も考慮したモデルによって精度の高い予測ができるようになった。

正解　①，②，③

解説

　物流業界では，過去の物流データを基にした時系列分析や機械学習モデルを活用して，将来の物流量を予測することが一般的である。これにより，在庫管理や運送ルートの最適化などに役立てられている。過去の輸送データ，経済指標データ，気象データ，イベント情報などが主な分析対象のデータで，ARIMAモデル，ニューラルネットワークを用いた各種時系列モデル，VARモデルなどさまざまなモデルを複合的に組み合わせて予測することも試みられている。物流業界では，物流の2024年問題とよばれるように，2024年にドライバーの労働時間の規制が始まりシフト最適化を見直している。したがって①，②，③はいずれも正しい。

　④については，天変地異は物流に影響を与える要因であり，この影響を完全に排除することは難しく，また天変地異そのものをモデルによって予測することは2024年時点でも困難であったため，④は不適切である。

問題 6.1.5 ［データ・AI活用領域の広がり（販売）（➡ p.26）］

販売分野におけるデータとAIの活用に関する記述として，次の①〜④のうちから適切でないものを一つ選べ。

① ダイナミックプライシングとよばれる自動価格決定の方法が特に旅行業界などで役立てられている。

② 顧客の属性データや購入実績データ，企業との接触履歴情報をもとにセールスパーソンが営業活動する際に支援するツールがある。

③ 顧客にとって理想と思う価格や商品スペックなどをアンケート調査し最適な販売価格を決定するデータ解析のアプローチがある。

④ MA（マーケティングオートメーション）ツールとよばれるマーケティン

§6.1 倫理・AI の例題　**219**

グの自動化ツールが発展し，2024年には，どの顧客にいつ何を販売する
かを決定し，販売・配送・納品までを人が一切介在せずに行うことがで
きるようになった。

正解　④

解説

　MA（マーケティングオートメーション）ツールはどの顧客にいつ何を販
売するかを決定し，自動化されたマーケティングキャンペーンを実行するた
めのツールである。対象顧客の決定，宣伝する商品の選定，メッセージの作
成やメールや DM 配信のタイミング，SNS への発信などを行うことは可能
だが，販売・配送・納品までを行うことはできない。販売・配送・納品まで
を一貫して行うシステムとしては，ERP（Enterprise Resource Planning）
などのソフトウェアがあるが，人が一切介在せずに行うことのできる仕組み
は 2024年時点では存在しなかった。したがって，④は適切でない。他の選
択肢は適切である。

問題 6.1.6　[データ・AI 活用領域の広がり（サービス）（➡ p.25）]
サービス分野，特に医療・介護におけるデータ・AI 活用の領域は顕著な広
がりを見せている。この領域におけるデータと AI の活用に関する記述とし
て，次の①〜④のうちから適切でないものを一つ選べ。

① 医療施設・介護施設において電子カルテが導入され遠隔医療の実施も行
　えるように変化している。
② 医療施設や介護施設などでは IoT 技術を用いたセンサーなどが導入され，
　患者や要介護者の転倒などを検知することに役立てられている。
③ 医療従事者・介護従事者の労働時間や従事する仕事が可視化され，効率
　的なシフトを組むための取組みがなされている。
④ 2023年までに，電子カルテや介護情報の記録は日本国内ですべての施設
　がデータ連携され，どこでも自分の治療記録や既往症に基づきサービス
　を受けることができるようなっている。

正解　④

解説

　マイナンバーカードの導入により④の状況を目指しているが，2023年末現在，まだ実現しておらず④は適切でない。電子カルテや介護情報の記録については，2024年には施設間でのデータ連携を行うためのプラットフォームは存在しておらず，どこの施設に行っても自分の治療記録や既往症に基づいたサービスを受けられるわけではない。他の選択肢は適切である。

問題 6.1.7　［グルーピング（➡ p.29）］

あるマーケティング会社が消費者の購買行動に関する大規模なデータセットを分析している。このデータセットには，消費者の年齢，性別，収入レベル，購入した商品のカテゴリー，購入頻度などの情報が含まれている。会社はこのデータを用いて，ターゲット市場を特定し，マーケティング戦略を最適化したいと考えている。データ分析チームはグルーピング技術を用いて消費者を異なるセグメントに分類し，効果的なマーケティング計画を策定することを目指している。グルーピングを行う上での説明として，次の①〜⑤のうちから最も適切なものを一つ選べ。

① 各グループ内の消費者は可能な限り同質であるべきであり，異なるグループ間では明確に区別されるべきである。

② グルーピングはランダムに行うべきであり，データの先入観を排除することが重要である。

③ グルーピングは一回限りのプロセスであり，一度分類されたら定期的な再評価は不要である。

④ グルーピングの際には，最も多くのデータを含むグループが最も有益な洞察を提供する。

⑤ グルーピングプロセスは完全に自動化されるべきであり，人間の介入はバイアスを生じさせるため避けるべきである。

§6.1 倫理・AIの例題　**221**

正解　①

解説

　正解は①である。各グループ内の消費者は可能な限り同質であり，異なるグループ間では明確に区別されるべきであることは，グルーピングを成功させる上で極めて重要である。これにより，各セグメントが独自の特性をもち，マーケティング戦略がそれぞれの顧客群に適切にカスタマイズされることを保証する。

②は誤りである。グルーピングは意図的かつ戦略的に行われるべきであり，ランダムなプロセスではない。

③も誤りである。市場や顧客の行動は時間とともに変化する可能性があるため，グルーピングは定期的に見直され，必要に応じて更新されるべきである。

④は誤解を招く可能性があり不適切である。多くのデータポイントを含むグループが必ずしも有益な洞察を提供するとは限らず，グルーピングの目的はデータの量よりも質に重点をおくべきである。

⑤は，データ分析において人間の専門知識と判断は，しばしば洞察を深め分析の質を高めるために重要であるため，不適切である。

問題 6.1.8　[地図上の可視化（➡ p.31）]

地理的データの可視化プロセスにおいて考慮すべき重要な点に関する記述として，次の①〜④のうちから最も適切なものを一つ選べ。

① 地図上の可視化では，使用する色の選択は重要ではない。なぜなら，視覚的な魅力よりもデータの正確性が重要だからである。

② 地理的データの可視化においては，データの時系列的な変化を無視してもよい。社会構造の変化はゆるやかであるため，時間的な変動は，地図上でのデータ表現において重要な要素ではない。

③ データのプライバシーは地図上の可視化において考慮すべきではない。公開されているデータを使用している場合，そのデータは既に公開されているため，プライバシーの懸念は無視してよい。

④ 地図上の可視化では，データソースの信頼性が重要である。情報源が信頼できるものであれば，そのデータを基にした可視化は，信頼性の高い

地図を提供することができる。

正解 ④

解説

　地図上の可視化においては，使用するデータの出典とその信頼性が非常に重要である。正確で信頼性の高いデータソースからの情報を使用することで，地図は現実世界を正しく反映し，利用者に有益な洞察を提供することができる。不正確または信頼性の低いデータソースを使用すると，誤解を招く地図や誤った情報を伝えるリスクが生じる。したがって，④は適切である。

　色の選択，データの時系列的な変化，データのプライバシーの問題はいずれも地図上でも重要であり，①，②，③はいずれも誤りである。

　よって，正解は④である。

問題 6.1.9　[特化型 AI と汎用 AI（➡ p.21）]

特化型 AI と汎用 AI に関する記述として，次の①〜⑤のうちから最も適切なものを一つ選べ。

① 特化型 AI は，任意のタスクを学習して適応する能力をもっているが，汎用 AI は特定のタスクに限定される。
② 汎用 AI は，特化型 AI よりも現在の技術で実現が進んでおり，多様な問題に対応することができる。
③ ChatGPT のようなモデルは汎用性を見せているが，あくまで優れた自然言語応答を示す特化型 AI である。
④ 汎用 AI は，特定の専門分野における問題解決のみに利用され，特化型 AI は一般的な知的タスクに適用される。
⑤ 特化型 AI と汎用 AI は，本質的に同じ技術であり，区別する必要はない。

正解 ③

解説

　正解は③である。その理由は，特化型 AI と汎用 AI の区別を正確に示して

§6.1 倫理・AI の例題 **223**

いるからである。特化型 AI は限定されたタスクや機能に特化しているが，ChatGPT のような進化した言語モデルは多様な対話に対応できるものの，真の汎用 AI（AGI）とは異なる。真の汎用 AI は，あらゆる知的タスクに対応可能な一般的な知能をもつが，現在の技術ではこのようなシステムは実現されていない。

①と④は特化型 AI と汎用型 AI の説明が逆である。汎用 AI はまだ現在の技術で実現が進んでいるとは言えないので②は誤りである。⑤も特化型 AI と汎用 AI の区別を無視しており，誤りである。

問題 6.1.10 ［データサイエンスのサイクル（➡ p.33）］
ある食品製造加工業の企業が，生産効率の最適化のために需要予測のプロジェクトを実施することとなった。次の A〜E は，プロジェクトにおけるステップを示す。プロジェクトの進行に際しプロジェクトのステップの実施順として，下の①〜⑤のうちから最も適切なものを一つ選べ。なお，ビジネスの課題解決の場面などで行うプロジェクトのステークホルダーの確認や組み込み後の業務設計などはプロセスに含まないものとする。

A. 時系列分析や機械学習の手法を用い，モデルのパフォーマンス評価，予測精度を検証する。

B. 需要予測に基づいた生産計画や在庫戦略を関係各所に説明する報告書としてまとめるとともに，生産計画や在庫戦略の改善を提案する。

C. 需要予測の目的を明確化し，予測精度の目標値を設定する。

D. 過去の販売実績データ，在庫レベル，市場動向，競合他社の販売情報，天候，消費者のトレンドなど必要なデータを収集する。

E. データのクリーニング・基本統計量の算出や異常値の有無の確認，可視化などを実施し季節性やトレンド，影響要因を把握したうえで特徴量の加工を実施する。

① C → D → E → A → B

② C → D → A → E → B

③ D → E → C → B → A

④ D → C → A → E → B

⑤ D → C → A → B → E

6 章

例題と解説（1分野単独問題）

正解 ①

解説

選択肢はそれぞれ，データサイエンスのサイクルの下記に該当する。

A： データ解析と推論
B： 結果の共有・伝達，課題解決に向けた提案
C： 課題抽出と定式化
D： データの取得・管理・加工
E： 探索的データ解析

データサイエンスの一般的なプロセスは，

- 課題抽出と定式化
- データの取得・管理・加工
- 探索的データ解析
- データ解析と推論
- 結果の共有・伝達，課題解決に向けた提案

という順で進む。このプロセスに当てはめると，正解は①のC→D→E→A→Bである。

問題 6.1.11 ［社会における AI（➡ p.18）］

次の文章の空欄【ア】～【ウ】に入る語句の組合せとして，下の①～④のうちから最も適切なものを一つ選べ。

> データ量の増加はインターネットの普及と【ア】の加速によって起こっています。ソーシャルメディアの利用や，IoT デバイスなどからの大量のデータがリアルタイムに取得されています。現代の計算機は，それを効率的に処理するための高い計算能力が求められますが，近年計算機の処理性能の向上が【イ】や並列処理の効率化によって実現され，計算機は大量のデータを高速で処理する能力をもつようになりました。この進歩により，データサイエンティストや AI 開発者は，以前には考えられなかった規模でデータを分析し，新しいアルゴリズムを訓練することが可能になり，AI の非連続的進

§6.1 倫理・AIの例題 **225**

化をもたらしました。大量のデータと強力な計算能力を背景に深層学習，自然言語処理，画像認識など，データサイエンス・AIの多くの分野で多くの画期的なブレイクスルーが起こっています。とくに2017年に発表された【ウ】の発展は自然言語処理の分野に革新をもたらしました。

① 【ア】デジタル技術　【イ】半導体テクノロジーの進化
　　【ウ】トランスフォーマーモデル
② 【ア】デジタル技術　【イ】トランスフォーマーモデル
　　【ウ】半導体テクノロジーの進化
③ 【ア】トランスフォーマーモデル　【イ】ニューラルネットワーク
　　【ウ】敵対的生成ネットワーク
④ 【ア】トランスフォーマーモデル　【イ】半導体テクノロジーの進化
　　【ウ】敵対的生成ネットワーク

正解　①

解説

　データ量の増加は，計算機の処理性能向上により効率的に扱われ，これがAIの非連続的進化を加速する。大量データはAIの学習を深め，高性能計算機はその処理を可能にし，結果としてAIは新たな領域での飛躍的な進歩を遂げることになる。

【ア】はデジタル技術である。インターネットの普及とデータ量の増加は，デジタル技術の進展に大きく依存している。デジタル技術の進化はデータの生成，蓄積，分析を容易にし，ソーシャルメディアやIoTデバイスからの大量データの取得を加速している。

【イ】は半導体テクノロジーの進化である。計算機の処理性能の向上は，主に半導体テクノロジーの進化によって実現されている。トランジスタの微細化と集積回路の高密度化により，計算機はより高速で効率的な処理能力をもつようになった。また，これには並列処理技術の効率化も含まれる。

【ウ】はトランスフォーマーモデルである。2017年に発表されたトランスフォーマーモデルは，自然言語処理の分野に大きな革新をもたらした。この

モデルは注意（Attention）メカニズムに基づいており，以前の手法と比べて文脈理解の精度が大幅に向上した。

問題 6.1.12 ［複数技術を組み合わせた AI サービス（➡ p.21）］

次の文章の空欄【ア】および【イ】に入る語句の組合せとして，下の①〜④のうちから最も適切なものを一つ選べ。

> テキスト，画像，音声，動画データなど複数のデータを統合して分析し活用する AI 技術がさまざまな領域で適用されはじめている。このように複数の異なるデータソースからの情報を組み合わせることで，より完全で複合的な理解を可能にし，複雑な問題解決や意思決定に寄与する AI を【ア】とよぶ。この技術の発展に大きく貢献しているのが2018 年頃に登場した大量の文書情報を学習した【イ】とよばれる言語処理の技術である。

① 【ア】マルチモーダル AI 【イ】LLM (Large Language Model)
② 【ア】マルチモーダル AI 【イ】CNN (Convolutional Neural Network)
③ 【ア】強い AI 　　　　　　【イ】GAN (Generative Adversarial Network)
④ 【ア】マルチタスク学習 AI 【イ】RNN (Recurrent Neural Network)

正解　①

解説

　テキスト，画像，音声，動画など複数の異なるデータソースを組み合わせて分析し，複合的な理解を可能にする AI 技術をマルチモーダル AI という。したがって，【ア】はマルチモーダル AI である。

　LLM は，このようなマルチモーダル AI システムにおいて，特にテキストデータの理解と生成において重要な役割を果たすもので 2018 年頃から登場してきた。たとえば音声認識技術によって抽出された音声データをテキスト形式に変換し，さらに LLM によって分析することが可能であるが，LLM がテキストの意味合い，キーワード，関連するトピックなどを抽出し，自動でレポートの生成を実行できる。画像の解析においても同様で LLM は画像か

§6.1 倫理・AI の例題 **227**

ら得られた画像内の情報をもとに，情報を解析することが可能である。したがって，【イ】は LLM である。

問題 6.1.13 ［データ・AI の利用状況（➡ p.34）］

文化活動や芸術の分野におけるデータと AI の活用に関する記述として，次の①〜④のうちから適切なものだけを<u>すべて</u>選べ。

① 過去に作曲された音楽の調性やトラックを学習した AI 作曲サービスが多数登場している。

② AI による画像解析技術は，美術館やギャラリーにおいて芸術作品の真贋判定や修復作業に活用されており，文化遺産の保護に貢献している。

③ 映画製作では，脚本の自動生成やキャラクターの動きをリアルタイムで生成する AI 技術が使われており，新しい映画製作のスタイルが登場している。

④ 芸術分野の活用においては，AI に活用する学習データおよび生成されたコンテンツの著作権について国際的な議論が巻き起こっている。

正解　①〜④はすべて正しい。

解説

AI 作曲サービス：　過去の音楽の調性やトラックを学習した AI が多数登場し，新しい楽曲を作成するサービスに活用されている。これらのサービスは，既存の楽曲の演奏データ，楽譜，MIDI ファイル，音楽ジャンル情報，リズムや調性情報，タイトルや作曲時の背景，テーマなどを幅広く学習している。これらのサービスは，音楽家・クリエイターがより創造的な楽曲制作を行う際の助けとしても活用されている。

画像解析技術：　AI による画像解析技術は，美術館やギャラリーでの芸術作品の真贋判定や修復に活用されている。高解像度の画像データ，X 線や赤外線画像，作品の歴史的情報，化学的成分分析データなどを分析することで，芸術作品の真正性を評価する。

映画製作：　AI 技術は映画製作プロセスにも応用されており，脚本の自動生

成やキャラクターの動きの生成など，新しい映画製作のスタイルを可能
にしている。これにより，効率的で創造的な表現が促進されている。脚
本・台本テキストのデータ，撮影された映像素材，音声および音響デー
タ，モーションキャプチャ技術による俳優の動きデータなど活用される
データは多岐に渡る。

著作権の議論：　AIによるコンテンツ生成では，学習データや生成されたコ
ンテンツの著作権に関する国際的な議論が活発に行われている。AIが
創り出した芸術作品や音楽に対する著作権の帰属や，AIを利用する際
の法的な枠組みは，今後の重要な議題となっている。

問題 6.1.14　［データ・AIの利活用（➡ p.34）］

消費活動におけるデータとAIの活用に関する記述として，次の①〜④のう
ちから適切なものだけをすべて選べ。

① AIとビッグデータ分析の進歩により，企業は消費者の購買履歴やオンラ
イン行動から個々の顧客の好みやニーズを理解し，パーソナライズされ
た商品の推薦や顧客に個別にプロモーションするマーケティング戦略を
展開する。

② AI・ビッグデータの急激な普及により，日本では政府による個人情報保
護の法整備が進み，AIによる消費者のプライバシー保護も行われるよう
になった。その結果，企業は個人のデータを使用せずにマーケティング
を行うことが可能になった。

③ 消費者それぞれの好みに基づき，高度にパーソナライズ・カスタマイズ
された製品デザインに取り組む企業も登場し，これにより市場での製品
の多様性が大幅に増加している。

④ 生成AIの技術は，消費者データの分析には用いられているものの，実際
の製品開発やデザインプロセスにはまだ適用されていない。

§6.1 倫理・AIの例題 **229**

正解 ①と③

解説

①と③は正しい記述である。

AIとビッグデータの普及に伴い，確かに個人情報保護に関する法整備が検討されている。しかし「企業は個人のデータをほとんど使用せずにマーケティングを行うことが可能になった」ということはなく，実際には，企業は適切な同意を得た上で，プライバシーを尊重しつつ個人データを活用している。したがって，②は誤りである。

生成AI技術は，実際には製品開発やデザインプロセスにおいても既に活用されている。生成AIは，消費者の好みや過去のデータを基に新しい製品アイデアを生成するなど，創造的なプロセスに貢献している。したがって，④の「まだ適用されていない」という表現は誤りである。

問題 6.1.15 ［レコメンデーション（➡ p.35）］

協調フィルタリングに関する記述として，次の①〜⑤のうちから適切でないものを一つ選べ。

① 購入履歴や評価が類似している顧客の情報を使って推薦を行う。
② 適用のためには顧客のデータが大量にあることが望ましい。
③ 計算量の制約のため，大規模なサイトでの実装はまれである。
④ 設計者が明示的に推薦のルールを作る必要がない。
⑤ 詳しい顧客の属性がなくても適用できる。

正解 ③

解説

協調フィルタリングは顧客と商品の組のデータを使って顧客に商品を勧める仕組みである。商品の購入履歴や評価が類似している顧客を使って顧客に商品を推薦するため①は正しい。データが多ければ多いほど的確な推薦ができるので②は正しい。データに基づく推薦を行うため，推薦のルールを作る必要がないので④は正しい。顧客の属性を使えばより正確な推薦ができる

可能性もあるが，必要というわけではないので⑤は正しい。大手オンライン
ショッピングサイトや映像・音楽配信サイトなど大規模なサイトで広く利用
されているため③は誤りである。

問題 6.1.16 ［機械学習（➡ p.20）］

AI は人間のように考え，学習し，問題を解決することを目指す技術であ
る。1980 年代には，専門家（エキスパート）の知識を知識ベースとしてコン
ピュータに組み込むことにより，特定の領域における専門家レベルの判断
を行うことを目的とするエキスパートシステムが登場したが，多様な問題に
対応するのが難しいという限界があった。AI を実現するため，人間の脳の
ニューロンのネットワークを模倣したニューラルネットワークが研究され
た。コンピュータの性能があがってくると，多層のニューラルネットワーク
を使用し，入力層と出力層の間に多くの中間層（隠れ層）をもつことで，よ
り複雑な特徴やパターンを学習する手法が活用されるようになってきた。こ
の学習を表す語として，次の①〜⑤のうちから最も適切なものを一つ選べ。

① 機械学習　　　　　② 教師あり学習　　　③ 教師なし学習
④ ディープラーニング（深層学習）　　　⑤ 強化学習

正解　④

解説

　機械学習には「教師あり学習」「教師なし学習」と「強化学習」がある。「教
師あり学習」は，入力に対する正しい出力（答え）を与えて学習させるのに
対して，「教師なし学習」は，与えられたデータから自らパターンや構造を見
つける学習方法である。「強化学習」は，報酬関数をもとに，システムが動作
する環境内で試行錯誤しながら学習する。これらは必ずしもニューラルネッ
トワークを用いるものではないため，①，②，③，⑤はいずれも誤りである。

　ディープラーニング（深層学習）は，近年発展してきた機械学習の一種で，
多層のニューラルネットワークを使用し，入力層と出力層の間に多くの中間
層（隠れ層）をもつことで，より複雑な特徴やパターンを学習する能力が得
られる。ディープラーニングは，画像認識，音声認識，自然言語処理など，

§6.1 倫理・AIの例題　**231**

多くのAIアプリケーション分野で応用されている。エキスパートシステムやニューラルネットワークから，ディープラーニングへと，AI技術は進化してきている。

よって，正解は④である。

6.1.2　データ・AI利活用における留意事項の例題

問題 6.1.17　[データ・AIを扱う上での留意事項（➡ p.37）]

EU一般データ保護規則（GDPR）について述べた文章として，次の①〜⑤のうちから最も適切なものを一つ選べ。

① GDPRは欧州連合（EU）域内に拠点を置く企業や団体に対する規則であり，EUに拠点をおかない日本企業であれば，GDPRの制約を受けることはない。

② 過去の個人についての情報を消去させ，取り扱われないようにさせる権利である「忘れられる権利」を，新たにGDPRの規定として定めるための検討が行われている。

③ EU域外への個人データのもち出しを行うためにはGDPRに基づき，十分性認定を受ける必要がある。日本はまだ，十分性認定を受けておらず，認定を受けるための検討が進められている。

④ GDPRには，データポータビリティやプロファイリングに関する権利など，新たな個人情報に関する権利・利益が掲げられている。

⑤ 日本の個人情報保護法と同様に，GDPRでもCookieやGPSの位置情報は，単独では個人情報とはみなされない。

正解　④

解説

EU一般データ保護規則（GDPR）は，日本に対しても域外適用されるため，EU向けにサービスを提供する日本企業も法的規制を受ける場合があり，①は誤りである。「忘れられる権利」については，GDPRの第17条に既に規定されており，②は誤りである。EUは，GDPR第45条に基づき，2019年

に，日本の十分性認定を行っており，③は誤りである。日本の個人情報保護
法では，単独では個人情報とみなされない Cookie や GPS による位置情報に
ついても，GDPR では個人情報とみなされ，⑤は誤りである。④は正しい。

問題 6.1.18 ［データ・AI を扱う上での留意事項（➡ p.39）］

文部科学省が定める「研究活動における不正行為への対応等に関するガイド
ライン」において定義されている研究活動における不正行為についての説明
の正誤の組合せとして，下の①〜⑤のうちから適切なものを一つ選べ。

A:「データのねつ造」とは，研究資料・機器・過程を変更する操作を行い，
　　データ，研究活動によって得られた結果等を真正でないものに加工する
　　ことである。

B:「改ざん」とは，存在しないデータ，研究結果等を作成することである。

C:「盗用」とは，他の研究者のアイデア，分析・解析方法，データ，研究結
　　果，論文または用語を，当該研究者の了解もしくは適切な表示なく流用
　　することである。

① A のみ正しい。　　② B のみ正しい。　　③ C のみ正しい。

④ A，B および C はすべて正しい。　　⑤ A，B および C はすべて誤りである。

正解　③

解説

　文部科学省が定める「研究活動における不正行為への対応等に関するガイ
ドライン」において定義されている研究活動における不正行為について問う
ている。文章 A の「データのねつ造」と，文章 B の「改ざん」の説明が，逆
になっているので，これらの選択肢は誤りである。文章 C の内容は正しい。
よって，正解は③である。

問題 6.1.19 ［人間中心の AI 社会原則（➡ p.39）］

「人間中心の AI 社会原則」について述べた次の文章の空欄【ア】および【イ】
に当てはまる用語の組合せとして，下の①〜⑤のうちから最も適切なものを
一つ選べ。

§6.1 倫理・AI の例題 **233**

内閣府は，2019 年 3 月に，産学民官により AI をよりよい形で社会実装し共有するための基本原則となる「人間中心の AI 社会原則」を公表した。「人間中心の AI 社会原則」は，社会（特に国などの立法・行政機関）が留意すべき原則をまとめたものであり，「人間の尊厳が尊重される社会」，「多様な背景を持つ人々が多様な幸せを追求できる社会」および「【ア】社会」の 3 つの価値を基本理念として尊重している。「人間中心の AI 社会原則」は，社会が AI を受け入れ適正に利用するため，社会が留意すべき以下の 7 つの基本原則を定めている。

 (1) 人間中心の原則
 (2) 教育・リテラシーの原則
 (3) プライバシー確保の原則
 (4) セキュリティ確保の原則
 (5) 公正競争確保の原則
 (6)【イ】，説明責任及び透明性の原則
 (7) イノベーションの原則

① 【ア】持続性ある 【イ】公平性
② 【ア】持続性ある 【イ】公共性
③ 【ア】公平・透明な 【イ】公平性
④ 【ア】公平・透明な 【イ】公共性
⑤ 【ア】公平・透明な 【イ】多様性

正解 ①

解説

 2019 年に決定された「人間中心の AI 社会原則」では，AI-Ready な社会において尊重すべき 3 つの基本理念と，これを実現する 7 つの基本原則により構成される。3 つの基本理念とは，「人間の尊厳が尊重される社会」，「多様な背景を持つ人々が多様な幸せを追求できる社会」および「持続性ある社会」である。7 つの基本原則とは，「人間中心の原則」，「教育・リテラシーの原則」，「プライバシー確保の原則」，「セキュリティ確保の原則」，「公正競争

確保の原則」,「公平性,説明責任及び透明性の原則」,「イノベーションの原則」である。

よって,正解は①である。

問題 6.1.20 [データを扱う上での各種のバイアス（➡ p.40）]

次の各種バイアスに関する説明A〜Cの正誤の組合せとして,下の①〜⑤のうちから最も適切なものを一つ選べ。

A: データバイアスとは,統計処理,あるいはデータサイエンス的処理を行う際に,扱うデータにそもそも偏りがあることをいう。

B: アルゴリズムバイアスとは,アルゴリズムにデータから学習させたとき,データにバイアスがあったがゆえに,学習結果のアルゴリズムにもバイアスが生じてしまうことをいう。

C: 公表バイアスとは,ポジティブな結果ほど公表されやすく,ネガティブな結果ほど公表されにくい,というバイアスのことをいう。

① Aのみ正しい。　　② Bのみ正しい。　　③ Cのみ正しい。

④ A, BおよびCはすべて正しい。　　⑤ A, BおよびCはすべて誤りである。

正解　④

解説

A, B, Cに掲げている内容は,いずれも各種のバイアスに関する正しい内容を示している。よって,正解は④である。

バイアスについてはこのほか,サンプルが母集団を代表していない場合に,その分析結果にも偏りが生ずる「標本選択バイアス（サンプルセレクションバイアス）」や,機械学習などのアルゴリズムを適用する際に暗黙的に設定されている仮定・前提（「帰納バイアス」）などがある。

問題 6.1.21 [データを扱う上での各種のバイアス（➡ p.40）]

データサイエンスは一般的に,データ取得（作成）⇒ アルゴリズム・モデルの選択 ⇒ 結果の公表（報告）の一連の流れに沿って行われる。これらのプロセスにはバイアスが含まれており,正しい結果を導く（もしくは他者の

§6.1 倫理・AI の例題 **235**

結果を適切に評価する）ためには，各プロセスで起こりうるバイアスについて理解する必要がある。以下のデータサイエンス事例を考えたとき，起こりうるバイアスの組合せとして，下の①〜⑤のうちから最も適切なものを一つ選べ。

> ゼミの研究で大学生の家賃格差について調査を行う。データに偏りが生じないよう，自大の友人のみならず他大にいる中学高校時代の友人にも依頼し，データを取得する。データ分析モデルは，無難に先輩と同じものを選択する。仮説を支持するようなよい結果が出た場合，研究成果を論文として発表する予定である。

① 標本選択バイアス，帰納バイアス
② 標本選択バイアス，公表バイアス
③ 帰納バイアス，公表バイアス
④ 標本選択バイアス，帰納バイアス，公表バイアス
⑤ この事例にはいかなるバイアスも存在しない

正解　④

解説

　偏りを無くすようなデータ取得方法を提案しているが，あくまで自身の友人であり，標本選択バイアスがある。先輩が使用していたからといって，そのモデルが今回の問題に適用できるとは限らない。モデル・アルゴリズム自身がもつ帰納バイアスを考えた上で使用すべきである。「仮説を支持するようなよい結果が出た場合」，これは肯定的な結果のみを公開することを暗に意味しているため，公表バイアスが生じる可能性が考えられる。

　よって，正解は④である。

問題 6.1.22　［情報セキュリティの3要素（➡ p.41）］

情報セキュリティの3要素として機密性・完全性・可用性が挙げられる。次の【ア】〜【オ】の事例で損なわれた要素の組合せとして，下の①〜⑤のうちから最も適切なものを一つ選べ。

236

【ア】 クレジットカード会社や銀行からのお知らせと偽称した電子メールにより不正サイトや悪意のあるサイトへ誘導され，重要な個人情報が漏洩してしまった。

【イ】 SNSのアカウントを第三者に乗っ取られてしまい，勝手に投稿行為をされてしまった。

【ウ】 火災や水害により電子データを保存していた機器が壊れてしまい，重要なデータが消失してしまった。

【エ】 ランサムウェアに感染し，ノートパソコンの中のファイルやハードディスクが暗号化され，アクセスができなくなり，身代金を要求されてしまった。

【オ】 特定の部署内のみで閲覧可となっている情報についてのファイルを，誤って部署外のメンバーも含むメールアドレスに送信してしまった。

① 【ア】機密性 【ウ】完全性
② 【イ】可用性 【エ】機密性
③ 【ウ】可用性 【エ】可用性
④ 【ア】完全性 【オ】完全性
⑤ 【イ】可用性 【オ】機密性

正解 ③

解説

【ア】 重要な個人情報が権限外の第三者へ漏洩しているため機密性が損なわれている。

【イ】 本人になりすました投稿行為によって，本人ではない発言が本人であるかのように発信されており，完全性が損なわれている。

【ウ】 電子データの消失により本来業務遂行に必要であった情報にアクセスできなくなっており，可用性が損なわれている。

【エ】 電子データは改ざんされたわけでも漏洩したわけでもないが，暗号化されたことにより，本来業務遂行に必要であった情報にアクセスできなくなっており，可用性が損なわれている。

【オ】 情報が権限外の第三者へ漏洩しているため機密性が損なわれている。

§6.1 倫理・AI の例題 **237**

したがって，最も適切な組合せは ③ である。

問題 6.1.23 ［情報漏洩等によるセキュリティ事故（➡ p.45）］
情報漏洩事故を防ぐための対策として，次の①〜⑤のうちから適切でないものを一つ選べ。

① ID・パスワードなどに加えて，携帯電話番号の認証や生体認証など，2つ以上の異なる認証方法を組み合わせる多要素認証を取り入れる。

② データや端末持ち出しのルール策定やデータアクセス権限の設定など，情報の管理体制や運用ルールを決め，組織構成員に周知徹底を行う。

③ 送信するデータにチェックサムを付加する，データを保存するハードディスクをミラーリングする，などデータの完全性や可用性を確保する。

④ セキュリティソフトを定期更新して最新に保ち，不正アクセスを検知するツールを導入するなどセキュリティツールの利用を進める。

⑤ サーバー，パソコン，外付けハードディスク，オンラインストレージなどに保存されているデータを暗号化しておく。

正解 ③

解説

① 多要素認証とは，認証の3要素である「知識情報」，「所持情報」，「生体情報」のうち，2つ以上を組み合わせる認証のことである。導入することで，不正アクセスを防止し，組織のセキュリティ体制強化を図ることが可能で情報漏洩事故の対策として適切である。

② 情報漏洩事故の原因の多くはメール誤送信や誤操作，機器の紛失や不適切な廃棄など人為的ミスである。組織における情報管理の徹底は情報漏洩事故の対策として適切である。

③ チェックサムは送信データに誤りがないか完全性を確認するために算出したデータの合計値である。ミラーリングはデータの損失に備え同じデータを2台以上のディスクに書き込みバックアップすることである。これらの方法は情報に誤りが生じたり，情報が失われたりすることがないようにするものであり，情報漏洩事故を防ぐ対策にはならない。

238

④ サイバー攻撃，不正アクセス，マルウェア感染などからデータや機密情報を守るためにはセキュリティツールの適切な導入と運用が重要である。情報漏洩事故の対策として適切である。

⑤ データ，ストレージ，通信を暗号化しておくことで，万が一機器やデータの紛失・盗難が発生した場合でも保存されている情報の漏洩を防ぐことができる。情報漏洩事故の対策として適切である。

よって，正解は③である。

問題 6.1.24　[データ・AI を扱う上での留意事項（➡ p.36）]
医療，金融などの高い信頼性が求められる多くの分野での AI 適用においては，出力される予測値の根拠や判断基準がわからないと意思決定することが難しい。たとえば，AI 医療診断で病気を判断するのに，根拠がわからない診断結果から治療方法を意思決定することはできない。膨大なデータから学習して高い精度で結果を導く AI の業務実装においては，判断プロセスをできるだけ透明化して結果に対する納得感を高めることが求められることが多い。このモデルの透明性について考慮した手法や概念として，次の①〜⑤のうちから適切でないものを一つ選べ。

① 説明可能な AI　　　　　　② ホワイトボックス型 AI
③ ブラックボックス型 AI　　④ 重回帰分析　　⑤ 決定木

正解　③

解説

　ディープラーニングなどの機械学習モデルにおいては，内部の動作メカニズムや意思決定プロセスが外部からは見えないことが多く，これを「ブラックボックス型 AI」という。したがって③は適切でない。

　これに対して内部構造を明らかにして，どのように意思決定が行われるかを理解しやすくする「ホワイトボックス型 AI」（②）であれば，出力結果に対する理解や信頼性が増す。この種のモデルでは，入力データがどのように処理され，どのような基準や規則に基づいて出力が生成されるかを明確にすることを目指す。「説明可能な AI」（①）は，機械学習モデルの意思決定プロセ

§6.1 倫理・AIの例題 **239**

スを人間が理解できる形で説明することを目指し，特定の判断を下した理由
を説明する技術や，モデルの挙動を視覚化する手法などがある。「重回帰分
析」（④）では，線形式により各説明変数の寄与が明確になる。「決定木」（⑤）
では，目的変数に影響する説明変数をツリー構造のモデルに整理して可視化
する。

　よって，正解は③である。

問題 6.1.25 ［データ・AI を扱う上での留意事項（➡ p.36）］

AI は膨大なデータを解析し，傾向を予測して解決策を提案する能力をもっ
ている。現時点での，AI の能力に関する A〜C の記述の正誤の組合せとし
て，下の①〜⑤のうちから最も適切なものを一つ選べ。

A: AI は環境，自然災害などの社会課題領域におけるデータを分析し，不
　 確実な状況下において，課題解決に向けた提案作成を支援することがで
　 きる。
B: AI は，持続可能な社会に向けて，未来に影響を及ぼす数多くの要因や，
　 複雑な要因間の関係性を分析して未来社会のシナリオを複数示すことが
　 できる。
C: 社会課題に対して AI が出す定量的かつ具体的な指針には，社会的文脈や
　 人間固有の心理や倫理観も適切に反映されている。

① A のみ正しい。　　② B のみ正しい。　　③ C のみ正しい。
④ B と C のみ正しい。　　　　⑤ A と B のみ正しい。

正解　⑤

解説

　ビッグデータや AI を活用した，証拠に基づく政策立案（**EBPM**, Evidence
Based Policy Making）が行政で重要視されている。AI を利用して，行政機
関のさまざまなデータをもとに政策提案に役立つ分析を実施することは可能
である。また，不確実な環境下における未来シナリオのシミュレーションに
AI を活用することも可能である。したがって，A と B は正しい。

240

ただし，現段階の AI は，人間の倫理観や感情に基づく判断を理解することは困難であり，社会的文脈に根差した複雑な背景を考慮することも難しい。よって AI による社会課題領域に関する政策提案は，人間の最終的な判断を支援する形で限定的に活用することが適切である。したがって，C は正しくない。

よって，正解は⑤である。

問題 6.1.26 ［AI 社会原則（➡ p.39）］

次の文章の空欄【ア】〜【ウ】に入る語句の組合せとして，下の①〜⑤のうちから適切なものを一つ選べ。

AI 技術の健全な発展と社会に与える影響を考慮した指針として AI社会原則がある。代表的な AI 社会原則には，性別，人種，年齢などに基づく偏見をもたない【ア】，どのように機能し，どのように判断するかのプロセスを理解する【イ】，システムの結果に対して責任をもつ【ウ】などがある。

① 【ア】判断性　　【イ】意思決定　　【ウ】利益管理
② 【ア】公平性　　【イ】判断性　　　【ウ】説明責任
③ 【ア】公平性　　【イ】透明性　　　【ウ】説明責任
④ 【ア】透明性　　【イ】判断性　　　【ウ】利益管理
⑤ 【ア】公平性　　【イ】透明性　　　【ウ】安全管理

正解　③

解説

公平性の原則は，AI システムがすべての人々に対して偏りなく，平等に機能することを目指している。人種，性別，年齢などに基づいて不当な差別をしないことを意味する。【ア】は公平性である。

透明性は，AI のアルゴリズム，使用されるデータ，および意思決定プロセスが理解可能であることを意味する。【イ】は透明性である。

説明責任は，AI の開発者や運用者が，システムの動作やその結果を説明

§6.1 倫理・AI の例題　**241**

する責任をもつことを意味する。誤った決定や予期せぬ結果が生じた場合の責任を明確にする必要がある。【ウ】は説明責任である。

　よって，正解は③である。

問題 6.1.27　［データの秘匿（➡ p.43）］

次のクロス集計表について，データの秘匿（数値を記号*で置き換える処理）を行ったところ，「秘匿が完全でなく，このままではすべてのセルが公開されていることと同じになる」との指摘を受けた。長方形の枠で示したセル1（行1・列3）とセル2（行2・列3）について，下の①～⑤のうちから適切なものを一つ選べ。

	列1	列2	列3	列4	計
行1	*	1	*	*	14
行2	2	*	*	1	*
行3	*	4	2	7	17
計	9	*	10	13	45

① 指摘は間違いで，データは適切に秘匿されている。

② セル1は7，セル2は1，と特定できる。

③ セル1は4，セル2は4，と特定できる。

④ セル1は5，セル2は3，と特定できる。

⑤ セル1は3，セル2は5，と特定できる。

正解　④

解説

　各行列要素を a_{ij}，各行の合計を $a_{i\cdot}$，各列の合計を $a_{\cdot j}$ と表記する。特定可能なセルを，順番に特定していけばよい。まず，$a_{31} = 4$, $a_{\cdot 2} = 13$, $a_{14} = 5$, $a_{2\cdot} = 14$ を特定できる。その次に，$a_{11} = 3$ と $a_{22} = 8$ を特定できる。したがって，$a_{13} = 5$ と $a_{23} = 3$ を特定できるので，正解は④である。

6.1.3 データ取得とオープンデータの例題

問題 6.1.28 ［オープンデータの取得（➡ p.47）］

オープンデータの取得プロセスに関する記述として，次の①〜⑤のうちから最も適切なものを一つ選べ。

① オープンデータの取得は，データの使用に際して特別な許可やライセンスが必要なプロセスであり，主に政府機関がコントロールし，限定的なユーザーのみがアクセスできる。

② オープンデータの取得は，主にデータ分析の専門家や技術者が利用するプロセスであり，一般の公衆からはその複雑さのためにあまりアクセスされない。これらのデータセットは通常，高度な分析ツールやプログラミングスキルがないと有効に利用することができない。

③ オープンデータの取得とは，データが暗号化されており，特定の暗号解読キーをもつユーザーのみがアクセスできるプロセスを指し，このプロセスは高度なセキュリティ対策が施されたデータにのみ適用される。

④ オープンデータの取得は，一般の人々がアクセスしやすいインターフェースを通じて，政府や企業が提供するデータセットにアクセスし，これらのデータを自由に利用，分析，再配布できるプロセスである。

⑤ オープンデータの取得は，主に私的なデータベースからの情報抽出を指し，このプロセスを通じて得られる情報は商業目的でのみ使用が許可されており，一般には公開されない。

正解　④

解説

　オープンデータの取得プロセスに関して最も正確に説明している選択肢は④である。この選択肢が正しい理由は，オープンデータが一般に公開され，誰もが容易にアクセスし，自由に利用，分析，再配布できる性質を反映しているからである。オープンデータは，透明性を高め，公共の利益のために利用されることを目的としており，特定の利用規約が存在する場合でも，それらは通常，データの使用を促進し，明確にするために存在する。

§6.2 数理の例題 **243**

オープンデータは，特別な許可や商業目的の利用が必要ではないため，①，⑤は誤りである。またその利用についても高度な分析ツールや暗号解読は不要なため，②，③は誤りである。

問題 6.1.29 ［統計法における調査票情報の二次的利用（➡ p.48）］
統計法に規定する調査票情報に関する説明について，次の①〜⑤のうちから適切でないものを一つ選べ。

① 調査実施者は自ら行った統計調査の調査票情報を自由に利用することができる。
② 調査実施者は自ら行った統計調査の調査票情報を一定の要件を満たした民間事業者や個人に提供することができる。
③「委託における統計の作成等」とは，調査実施者等が，一定の要件を満たした一般からの依頼に対して，統計成果物を作成・提供することをいう。
④「匿名データ」とは，一般の利用に共することを目的として調査票情報を特定の個人や法人等の識別ができないように加工したものをいう。
⑤ 委託における統計の作成等や匿名データの提供を受けるには，手数料を納付しなければならない。

正解 ①

解説

調査実施者は自ら行った統計調査の調査票情報であっても，その利用は統計の作成等を行う場合に限定されており，①は誤りである。②，③，④，⑤は，それぞれ統計法第33条，第34条，第2条第12項，第38条により，適切である。

§6.2 数理の例題

この節では，線形代数，数列および微分積分に関する例題とその解説を与える。

6.2.1 線形代数の例題

問題 6.2.1 ［逆行列（➡ p.60）］

実数 x, y を要素にもつ次の行列 $\boldsymbol{A}$ が逆行列 $\boldsymbol{A}^{-1}$ を有するための条件 (a)，および，そのときの逆行列 (b) として，下の①〜⑤のうちから適切なものを一つ選べ。

$$\boldsymbol{A} = \begin{pmatrix} 1 & x \\ y & 1 \end{pmatrix}$$

① (a) $x \neq 1, y \neq 1$　(b) $\boldsymbol{A}^{-1} = \dfrac{1}{(1-x)(1-y)} \begin{pmatrix} 1 & -x \\ -y & 1 \end{pmatrix}$

② (a) $x \neq 1, y \neq 1$　(b) $\boldsymbol{A}^{-1} = \dfrac{1}{(1-x)(1-y)} \begin{pmatrix} -1 & y \\ x & -1 \end{pmatrix}$

③ (a) $xy \neq -1$　　　(b) $\boldsymbol{A}^{-1} = \dfrac{1}{1+xy} \begin{pmatrix} 1 & -x \\ -y & 1 \end{pmatrix}$

④ (a) $xy \neq 1$　　　(b) $\boldsymbol{A}^{-1} = \dfrac{1}{1-xy} \begin{pmatrix} 1 & -x \\ -y & 1 \end{pmatrix}$

⑤ (a) $xy \neq 1$　　　(b) $\boldsymbol{A}^{-1} = \dfrac{1}{1-xy} \begin{pmatrix} -1 & y \\ x & -1 \end{pmatrix}$

正解　④

解説

　本問は，2×2 逆行列に関する問題である。公式

$$\begin{pmatrix} a_{11} & a_{12} \\ a_{21} & a_{22} \end{pmatrix}^{-1} = \frac{1}{a_{11}a_{22} - a_{12}a_{21}} \begin{pmatrix} a_{22} & -a_{12} \\ -a_{21} & a_{11} \end{pmatrix}$$

より，$a_{11}a_{22} - a_{12}a_{21} = 1 - xy \neq 0$ から，条件は $xy \neq 1$ である。また公式と要素を比較することで，正解は④である。

§6.2 数理の例題 **245**

問題 6.2.2 ［線形連立方程式（➡ p.60）］
次のような行列とベクトルの関係式がなりたつとき，下の①〜⑤のうちから
適切なもの<u>だけ</u>を<u>すべて</u>選べ。

$$\begin{pmatrix} 1 & 2 \\ a & 4 \end{pmatrix} \begin{pmatrix} x \\ y \end{pmatrix} = \begin{pmatrix} -3 \\ b \end{pmatrix}$$

① $(a, b) = (1, 3)$ のとき，方程式をみたすベクトル (x, y) は存在しない。

② $(a, b) = (2, 3)$ のとき，方程式をみたすベクトル (x, y) は一意に $(3, -1)$ と
求まる。

③ $(a, b) = (2, -6)$ のとき，方程式をみたすベクトル (x, y) は無限通り存在
し，$(3, -1)$ は一つの解である。

④ $(a, b) = (1, -6)$ のとき，方程式をみたすベクトル (x, y) は一意に $(0, -3/2)$
と求まる。

⑤ $(a, b) = (0, 0)$ のとき，方程式をみたすベクトル (x, y) は無限通り存在
する。

正解 ④のみ

解説

　本問は，連立線形方程式の解に関する問題である。まず，① $(a, b) = (1, 3)$
のとき，行列が正則であるため，(x, y) は一意に定まる。次に，② $(a, b) =$
$(2, 3)$ のとき，行列が非正則となるため，(x, y) が一意に定まることはない。
次に，③ $(a, b) = (2, -6)$ のとき，行列は非正則，かつ関係式が $x + 2y = -3$
の 1 本に集約されてしまうため，これをみたす (x, y) は無限通り存在する。
しかし，$(3, -1)$ は $x + 2y = -3$ を満たさない。次に，④ $(a, b) = (1, -6)$ な
らば行列が正則であるため，(x, y) は一意に定まり，具体的に

$$\begin{pmatrix} x \\ y \end{pmatrix} = \begin{pmatrix} 1 & 2 \\ 1 & 4 \end{pmatrix}^{-1} \begin{pmatrix} -3 \\ -6 \end{pmatrix} = \frac{1}{2} \begin{pmatrix} 4 & -2 \\ -1 & 1 \end{pmatrix} \begin{pmatrix} -3 \\ -6 \end{pmatrix}$$

を計算することで題意を得る。最後に，⑤ $(a, b) = (0, 0)$ ならば行列が正則
であるため，(x, y) は一意に定まる。したがって，正解は④のみである。

6.2.2 数列の例題

問題 6.2.3 ［等差数列と等比数列の和（→ p.62）］

次の各文章の空欄に当てはまる値を答えよ。

※値は，半角数字，整数で入力すること。

(1) 初項が 3，公差が 4，項数が 20 である等差数列の和は□である。

(2) 初項が 3，公比が 2，項数が 10 の等比数列の和は□である。

正解　(1) 820　　(2) 3069

解説

(1)　この数列は，$(a_1, a_2, a_3, \ldots) = (3, 7, 11, \ldots)$ となり，第 20 項は $a_{20} = a_1 + (20 - 1) \times 4 = 79$ である。したがって，$a_1 + a_2 + \cdots + a_{20} = (a_1 + a_{20}) \times (20/2) = 820$ となる。

(2)　公式 (3.2.2) により，$3(2^{10} - 1)/(2 - 1) = 3069$ と導出できる。

問題 6.2.4 ［級数の収束・発散（→ p.64）］

次の文章の空欄【ア】，【イ】に入る記述の組合せとして，下の①〜⑤のうちから適切なものを一つ選べ。

$$a_n = \frac{3n^3 - 5n^2 + 3}{2n^2 + 2} \text{ で定義される数列 } \{a_n\} \text{ は【ア】し，} s_n =$$

$$\sum_{k=1}^{n} \frac{1}{(2k - 1)(2k + 1)} \text{ で定義される級数 } \{s_n\} \text{ は【イ】する。}$$

① 【ア】 $\dfrac{3}{2}$ に収束　　　　【イ】 $\dfrac{1}{2}$ に収束

② 【ア】 $\dfrac{3}{2}$ に収束　　　　【イ】 正の無限大に発散

③ 【ア】 $-\dfrac{5}{2}$ に収束　　　【イ】 0 に収束

④ 【ア】 正の無限大に発散　　【イ】 0 に収束

⑤ 【ア】 正の無限大に発散　　【イ】 $\dfrac{1}{2}$ に収束

§6.2 数理の例題　**247**

正解　⑤

解説

【ア】n が大きくなるにつれて，a_n の分子と分母はそれぞれ $3n^3$ と $2n^2$ と等価となるため，分数全体としては正の無限大に発散する。

【イ】任意の n について，

$$s_n = \sum_{k=1}^{n} \frac{1}{(2k-1)(2k+1)} = \frac{1}{2} \sum_{k=1}^{n} \left(\frac{1}{2k-1} - \frac{1}{2k+1} \right)$$
$$= \frac{1}{2} \left(\frac{1}{1} - \frac{1}{2n+1} \right)$$

と書き直すことで，この級数が $1/2$ に収束することがわかる。

6.2.3　微分積分の例題

問題 6.2.5　［指数関数を含む微分（➡ p.76）］

関数 $f(x) = x^3 e^{-x}$ の $0 \leq x < \infty$ の区間での最大値と最大値を与える x の組合せとして，次の①～⑤のうちから適切なものを一つ選べ。

① 最大値 $= e^{-1}$,　　最大値を与える $x = 1$
② 最大値 $= 8e^{-2}$,　最大値を与える $x = 2$
③ 最大値 $= e^3 e^{-e}$, 最大値を与える $x = e$
④ 最大値 $= 27e^{-3}$, 最大値を与える $x = 3$
⑤ 最大値 $= \pi^3 e^{-\pi}$, 最大値を与える $x = \pi$

正解　④

解説

　関数の積の微分と $(e^{-x})' = -e^{-x}$ より，$f(x)$ の微分は

$$f'(x) = 3x^2 e^{-x} - x^3 e^{-x} = (3-x)x^2 e^{-x}$$

であるから $f'(3) = 0$ である。$x > 0$ のとき，$x^2 e^{-x} > 0$ より $f'(x)$ の符号は $3-x$ の符号と同じであり，$x = 3$ で $f(x)$ は最大値 $f(3) = 27e^{-3}$ をとる。増減表を書くと

6
章

例題と解説（1分野単独問題）

x	0	$\cdots$	3	$\cdots$
$f'(x)$	0	$+$	0	$-$
$f(x)$	0	$\nearrow$	$27e^{-3}$	$\searrow$

である。よって，正解は④である。

問題 6.2.6　[三角関数を含む微分（➡ p.78）]

関数 $f(x) = \dfrac{1}{2}x + \cos x$ の $0 \leq x \leq \dfrac{\pi}{2}$ の区間での最大値と最大値を与える x の組合せとして，次の①～⑤のうちから適切なものを一つ選べ。

① 最大値 $= 1$,　　　　　最大値を与える $x = 0$

② 最大値 $= \dfrac{\pi}{12} + \dfrac{\sqrt{3}}{2}$, 最大値を与える $x = \dfrac{\pi}{6}$

③ 最大値 $= \dfrac{\pi}{8} + \dfrac{1}{\sqrt{2}}$, 最大値を与える $x = \dfrac{\pi}{4}$

④ 最大値 $= \dfrac{\pi}{6} + \dfrac{1}{2}$,　最大値を与える $x = \dfrac{\pi}{3}$

⑤ 最大値 $= 1$,　　　　　最大値を与える $x = \dfrac{\pi}{2}$

正解　②

解説

$\cos x$ の微分は $-\sin x$ であるから，$f(x)$ の微分は

$$f'(x) = \frac{1}{2} - \sin x$$

である。$f'(x) = 0$ すなわち $\sin x = 1/2$ となるのは，$x = \pi/6$ (30 度) である。増減表を書くと

x	0	$\cdots$	$\pi/6$	$\cdots$	$\pi/2$
$f'(x)$	1/2	$+$	0	$-$	$-1/2$
$f(x)$	1	$\nearrow$	$\dfrac{\pi}{12} + \dfrac{\sqrt{3}}{2}$	$\searrow$	$\dfrac{\pi}{4}$

である。よって，正解は②である。

§6.2 数理の例題 **249**

問題 6.2.7 ［関数の積と商の微分（➡ p.66, p.68）］

関数 $f(x) = (3x+1)(2x^2+x+3)$，および $g(x) = \dfrac{3x+1}{x+1}$ の導関数 $f'(x)$ と $g'(x)$ の組合せとして，次の①〜⑤のうちから適切なものを一つ選べ。

① $f'(x) = 6x^2 + 3x + 9$, $\ g'(x) = \dfrac{2}{x+1}$

② $f'(x) = 6x^2 + 3x + 9$, $\ g'(x) = \dfrac{2}{(x+1)^2}$

③ $f'(x) = 18x^2 + 10x + 10$, $\ g'(x) = \dfrac{2}{(x+1)^2}$

④ $f'(x) = 18x^2 + 10x + 10$, $\ g'(x) = 3x$

⑤ $f'(x) = 18x^2 + 10x + 10$, $\ g'(x) = 3x + 1$

正解 ③

解説

　積の微分法に従って $f'(x)$ を計算すると，

$$
\begin{aligned}
f'(x) &= (3x+1)'(2x^2+x+3) + (3x+1)(2x^2+x+3)' \\
&= 3(2x^2+x+3) + (3x+1)(4x+1) \\
&= 6x^2 + 3x + 9 + 12x^2 + 7x + 1 = 18x^2 + 10x + 10
\end{aligned}
$$

が示される。

　また，商の微分法に従って $g'(x)$ を計算すると，

$$
\begin{aligned}
g'(x) &= \left(\frac{3x+1}{x+1}\right)' = \frac{(3x+1)'(x+1) - (3x+1)(x+1)'}{(x+1)^2} \\
&= \frac{3(x+1) - (3x+1)}{(x+1)^2} = \frac{2}{(x+1)^2}
\end{aligned}
$$

が示される。よって，正解は③である。

問題 6.2.8 ［原始関数と不定積分（➡ p.79）］

不定積分 $\displaystyle\int \dfrac{1-x}{\sqrt{x}}\,dx$ として，次の①〜⑤のうちから適切なものを一つ選べ。ただし積分定数は C とする。

① $-2x^{1/2} + \dfrac{2}{3}x^{3/2} + C$

② $\dfrac{1}{2}x^{1/2} - \dfrac{3}{2}x^{3/2} + C$

③ $2x^{1/2} + \dfrac{2}{3}x^{3/2} + C$

④ $2x^{1/2} - \dfrac{2}{3}x^{3/2} + C$

⑤ $-2x^{1/2} - \dfrac{2}{3}x^{3/2} + C$

正解　④

解説

被積分関数を
$$\frac{1-x}{\sqrt{x}} = \frac{1-x}{x^{1/2}} = x^{-1/2} - x^{1/2}$$
と分解する。$\alpha \neq 0$ としたとき，$(x^{\alpha})' = \alpha x^{\alpha-1}$ より
$$\frac{d}{dx}\left(2x^{1/2}\right) = x^{-1/2}, \quad \frac{d}{dx}\left(\frac{2}{3}x^{3/2}\right) = x^{1/2}$$
を得る。積分定数を考慮して，正解は④である。

問題 6.2.9　[積分と微分の関係（➡ p.80）]

$f(x) = 3x^2$ とする。$f(x)$ の 0 から x への定積分 $F(x) = \displaystyle\int_0^x f(t)dt$ がみたす性質として，次の①〜⑤のうちから適切なものを一つ選べ。

① $F(x) = x^4$　　　② $F'(x) = 6x$　　　③ $F(1) = 1$

④ $F'(x) = x^3$　　　⑤ $F(x) = f(x)$

正解　③

解説

$f(x) = 3x^2$ の 0 から x への定積分 $F(x)$ は
$$F(x) = \int_0^x f(t)dt = \int_0^x 3t^2 dt = \left[t^3\right]_0^x = x^3$$

§6.3 情報の例題 **251**

である。また，$F'(x) = f(x) = 3x^2$ で，$F(1) = 1^3 = 1$ である。よって，正解は③である。

問題 6.2.10 ［接平面の方程式（➡ p.84）］

曲面 $z = x^2 + y^2$ 上の点 $(1, 2, 5)$ における接平面の方程式として，次の①〜⑤のうちから適切なものを一つ選べ。

① $4x + 3y - z = 5$ ② $2x - 4y + z = -1$ ③ $2x + 4y - z = -5$

④ $2x + 4y - z = 5$ ⑤ $2x - y + z = 5$

正解 ④

解説

$f(x, y) = x^2 + y^2$ とおくと，$f_x(x, y) = 2x, f_y(x, y) = 2y$ から $f_x(1, 2) = 2, f_y(1, 2) = 4$ が得られるので，求める接平面の方程式は

$$z - 5 = 2(x - 1) + 4(y - 2)$$

となる。したがって，$2x + 4y - z = 5$ が示される。よって，正解は④である。

§6.3 情報の例題

この節では，情報分野の例題とその解説を与える。

6.3.1 デジタル情報とコンピュータの仕組みの例題

問題 6.3.1 ［2 進数と浮動小数点（➡ p.88, p.99）］

実数をコンピュータ上の有限個のビットで近似的に表現する方式として浮動小数点形式がある。8 ビットの 2 進浮動小数点表現を次のように定める。

- 符号部が0のときは正，1のときは負
- 仮数部が1以上2未満になるように正規化し小数点以下の値のみを格納する。たとえば，2進数 0.01101 は 1.101×2^{-2} に正規化し仮数部は最初の1を除いた「101」のみを保持する。
- 指数部は負値を表現するためオフセットとして7を加える。たとえば，10進数の -4 を表す場合，7を加えて10進数の3とする。
- ただし0を表すときは，符号部，指数部，仮数部ともに0とする。

このとき，次の①〜⑤のうちから最も適切なものを一つ選べ。

① 符号部が0，指数部が0111，仮数部がすべて0のとき，10進数 10^7 を表す。
② この浮動小数点表現で表すことができる最大の数は10進数 240 である。
③ 整数も浮動小数点で表現できるため，整数値も浮動小数点形式で表現しておいて問題はない。
④ 10進数 0.375 を浮動小数点表現すると指数部は2進数 0101，仮数部は2進数 100 である。
⑤ 仮数部を4ビットにし，指数部を3ビットにした方が表現できる数の総数が増える。

正解　④

解説

① 0111 は10進数7であり，指数部はオフセット7を加えた数なので，この場合 $1 \times 2^0 = 1$ を表す。したがって，適切ではない。
② この浮動小数点表現の最大の値は指数部，仮数部を共に最大の数でセットすればよい。つまり，すべてのビットに1を立てる。このとき，指数部は2進数 1111＝10進数 15 なのでオフセット7を引いて10進数8，仮数部は 111 なので，2進数で 1.111 になる。1.111 を8桁シフトすると2進数 111100000 で，10進数 480 となる。したがって，適切ではない。
③ 多くの場合，浮動小数点は float 型，整数は int 型など，異なる型が定義されている。もし整数型を浮動小数点形式で保持した場合，符号部，指数部，仮数部で表現するため表現できる整数は同じビットではかなり少

§6.3 情報の例題 **253**

なくなり，整数の表現として上位互換性はないので問題がないとは言え
ない。したがって，適切とは言えない。

④ 10進数 0.375 は，$0.375 = 0.25 + 0.125 = 2^{-2} + 2^{-3}$ なので，2進数 0.011
となる。正規化すると 2 進数 $1.1 \times$ 10 進数 2^{-2} になるので，仮数部は最初
の 1 を取って小数点以下を格納するので，100 となる。指数部はオフセッ
ト 7 を加えて 10 進数 5 なので 2 進数 0101 となる。したがって，適切で
ある。

⑤ 用いるビットは変わらないため表現できる数の総数は増えない。仮数部
を 4 ビットに増やせば精度が 1 桁改善されるが，指数部が 3 ビットで 8 通
りに減るため表現できる数の範囲が 1 桁狭くなる。したがって，適切で
はない。

よって，正解は④である。

問題 6.3.2 ［有効数字，丸め誤差（➡ p.101）］

浮動小数点形式で表現された数値の丸め誤差に関する記述として，次の①～
⑤のうちから適切で<u>ない</u>ものを一つ選べ。

① 10進数 0.1 は 2 進数では有限桁で表現できないため丸め誤差を伴う。

② 浮動小数点形式では整数は丸め誤差を伴わず正確に表現できる。

③ 2 つの値を足す際に元の数には丸め誤差がなくても演算結果には丸め誤
差が発生しうる。

④ 浮動小数点形式は表現できる最小値から最大値までの値をすべて正確に
表現できるわけではない。

⑤ 10進数表記では有限桁で表現される小数でも 2 進数表記では無限小数に
なることがある。

正解 ②

解説

② 以外は正しい記述である。②については，浮動小数点形式では有効数字
を保持する仮数部のビットが有限であるため，その桁数を超える有効数字が
求められる数は正しく表現できない。たとえば仮数部が 10 桁の場合，10 桁

の 2 進数は 10 進数では $\log_{10}(2^{10}) = 3.01\cdots$ で有効数字は 3 桁であるため，4 桁の整数 1234 は浮動小数点形式として表現できる数値範囲に入っているものの，最後の桁 (1 の位) は有効数字以下なため不正確になる (1.23×10^{-3} のように扱われる)。なお，コンピュータでは 2 進数表現を用いるため，実際の数値の丸めは 2 進数で行われることに注意が必要である。

問題 6.3.3 ［情報量の単位（➡ p.90）］

1,600 万画素の RGB カラー画像の各画素が，R（レッド）256 階調，G（グリーン）256 階調，B（ブルー）256 階調で表されるとき，この画像のデータ量として，次の①〜⑤から最も適切なものを一つ選べ。ただし，1 バイト＝8 ビットとし，JPEG などのデータ圧縮技術は適用しないものとする。

① 384M バイト　② 384G バイト　③ 12,288M バイト
④ 48M バイト　　⑤ 48G バイト

正解　④

解説

$2^8 = 256$ なので，各画素の RGB それぞれの階調は 8 ビットで表現される。さらに，1 バイト＝8 ビットなので，各画素のデータ量は RGB の 3 色分で $1 \times 3 = 3$ バイトとなる。したがって，1,600 万画素の RGB カラー画像のデータ量は $1,600 \times 10^4 \times 3 = 48 \times 10^6$ バイト，すなわち 48M バイトである。

問題 6.3.4 ［文字の表現（➡ p.102）］

コンピュータにおける文字の表現に関する記述として，次の①〜⑤のうちから適切で<u>ない</u>ものを一つ選べ。

① Unicode は，世界の主要な言語で使われている文字を共通の文字集合で表現することを目指した文字コード体系である。現在は，UTF-8，UTF-16 や UTF-32 といったさまざまな文字符号化方式の総体となっている。

② ASCII コードとは ANSI（米国標準規格協会）で定めた 16 ビットの文字

§6.3 情報の例題 **255**

コード体系である。

③ 日本語の文字を表すための代表的なダブルバイト文字コードとして，Shift_JIS や EUC-JP などがある。

④ UTF-8 とは，文字を表すのに 1〜4 バイトを用いる Unicode 用の可変長符号化方式であり，世界的に最もよく使われている。

⑤ 日本語や中国語など一部の言語では，1 バイトではすべての文字を定義することができない。

正解　②

解説

② 以外は適切な記述である。ASCII コードとは，アルファベット，数字，記号などを収録した最も基本的な文字コードである。各々の文字を 7 ビット (0〜127) で表し 128 文字が収録されている。ヨーロッパでは，これに加えて 128〜255 にアクセント記号を伴うアルファベットなど各国固有の文字を追加し 8 ビットにした拡張セットがあり，ASCII コードは実用上は 8 ビットで使われる最も代表的なシングルバイト文字である。16 ビット (2 バイト) 用いるダブルバイト文字ではないので，② の記述は不適切である。

問題 6.3.5　［デジタル化（➡ p.91）］

次の文章の空欄【ア】〜【ウ】に入る語句として，下の①〜⑤から最も適切なものを一つ選べ。

　　アナログ信号を時間軸方向に離散化することで，離散時間において連続値の振幅をとる離散時間信号を得る操作を【ア】という。連続値の振幅をとる離散時間信号の振幅を離散化することで，時間軸方向と振幅方向の両方が離散化された信号を得る操作を【イ】という。時間軸方向と振幅方向の両方が離散化された信号を，2 進数のデジタル信号に変換する操作を【ウ】という。

① 【ア】標本化　【イ】量子化　【ウ】符号化

② 【ア】標本化　【イ】符号化　【ウ】量子化

③ 【ア】量子化 【イ】標本化 【ウ】符号化
④ 【ア】量子化 【イ】符号化 【ウ】標本化
⑤ 【ア】符号化 【イ】標本化 【ウ】量子化

正解 ①

解説

　連続時間信号で振幅方向にも連続的であるものをアナログ信号という。アナログ信号から離散時刻の信号を抽出して離散時間信号を得る操作を標本化（サンプリング）という。

　一方，連続な振幅値をとる離散時間信号を振幅方向に離散化することで，時間軸方向と振幅方向の両方が離散化された信号を得る操作を量子化という。量子化された信号を量子化のレベル数に応じた桁数の2進数で表現する操作を符号化という。

　よって，正解は①である。

問題 6.3.6 ［集合（➡ p.95）］

全体集合を $U = \{1, 2, 3, 4, 5, 6, 7, 8, 9, 10\}$ とする。集合 $A = \{2, 3, 5, 6, 10\}$，集合 $B = \{4, 5, 9, 10\}$ とすると，$(A \cap B^c)^c$ で与えられる集合として，次の①〜⑤のうちから適切なものを一つ選べ。ただし，A^c は集合 A の補集合である。

① $\{1, 4, 6, 7, 8, 9, 10\}$　　　② $\{1, 4, 7, 8, 9\}$　　　③ $\{1, 4, 5, 7, 8, 9, 10\}$
④ $\{1, 2, 3, 6, 7, 8\}$　　　⑤ $\{2, 3, 6\}$

正解 ③

解説

　双対性から，$(A \cap B^c)^c = A^c \cup B$ がなりたつ。$A^c = \{1, 4, 7, 8, 9\}$ であるので，$A^c \cup B = \{1, 4, 7, 8, 9\} \cup \{4, 5, 9, 10\} = \{1, 4, 5, 7, 8, 9, 10\}$ である。

§6.3 情報の例題 **257**

問題 6.3.7 ［否定，論理和，論理積 （➡ p.97）］
A, B, C, D を任意の命題とする。このとき，論理式

$$\neg(A \wedge B \wedge C \wedge D)$$

と等価な論理式として，次の①〜⑤のうちから適切なものを一つ選べ。ただし，¬ は否定を表し，∨ と ∧ は論理和と論理積をそれぞれ表す。

① $\neg A \wedge \neg B \wedge \neg C \wedge \neg D$　② $\neg(A \vee B) \vee \neg(C \vee D)$　③ $\neg(A \vee B) \wedge \neg(C \vee D)$
④ $\neg(A \wedge B) \wedge \neg(C \wedge D)$　⑤ $\neg(A \wedge B) \vee \neg(C \wedge D)$

正解　⑤

解説
　$E = A \wedge B$, $F = C \wedge D$ とおきド・モルガンの法則 $\neg(E \wedge F) = \neg E \vee \neg F$ 利用することで，

$$\neg(A \wedge B \wedge C \wedge D) = \neg((A \wedge B) \wedge (C \wedge D)) = \neg(A \wedge B) \vee \neg(C \wedge D)$$

となり，正解が⑤であることが確認できる。

6.3.2　アルゴリズム基礎の例題

問題 6.3.8 ［2進変換 （➡ p.88）］
次の Python の関数 `mydec2bin` は正の整数 `x` を引数として `x` の2進数表現の文字列を返す関数である。空欄【ア】に入る文として，下の①〜⑤のうちから適切なものを一つ選べ。

```python
def mydec2bin(x):
    xw = x; binstr = ''
    while xw > 0:
        【ア】
        xw //= 2 # 切り捨て除算
    return binstr
```

① `binstr = xw%2 + binstr`
② `binstr = binstr + xw%2`

258

③ `binstr = str(xw%2) + binstr`

④ `binstr = binstr + str(xw%2)`

⑤ `binstr = binstr + str(xw/2)`

正解　③

解説

　自然数 x の 2 進数表示を得るには， a) x を 2 で割った余りを求める， b) x を 2 で割る（切り捨て），のステップを x が 0 となるまで繰り返せばよい。各ステップで求められた余りをそれまでに得られた文字列の先頭に加えていけば求める文字列が得られる。③は `xw%2` で余りを求め，これを文字列に変換してからそれまでの文字列の先頭に追加しているから，正しい。

①と②では，`xw%2` は数値であり，文字列との足し算はエラーとなるため，誤りである。

④では各ステップで求められた余りを文字列の後に付け加えているため，0 と 1 の並びが逆順となり，誤りである。

⑤では `xw/2` が 0 あるいは 1 とはならないため，誤りである。

　よって，正解は③である。

6.3.3　データ構造とプログラミング基礎の例題

問題 6.3.9　[インタープリタ（➡ p.119）]

インタープリタに関する記述として，次の①～⑤のうちから最も適切なものを一つ選べ。

① インタープリタはプログラミング言語で書かれたソースコードないし中間表現を逐次解釈しながら実行するプログラムである。この方法はデバッグが容易であるが，実行速度が遅くなりやすいという短所がある。

② インタープリタはソースコードの実行をサポートせず，中間コードへの翻訳のみを行う。生成された中間コードを実行するためにはハードウェアに応じた別のプログラムが必要となる。

③ インタープリタはコンパイラが生成した中間コードを機械語に変換する

§6.3 情報の例題 **259**

プログラムである。この方法はプログラムのポータビリティが高いという長所がある。

④ インタープリタはソースコードを一度にすべて機械語に変換し，その後で実行する。この方法は一度変換すると何度でも実行でき，実行速度も速いという長所がある。

⑤ インタープリタは機械語を直接実行するプログラムである。この方法はコンパイルが不要であるが，実行するハードウェアへの依存性が高いという短所がある。

正解 ①

解説

正解は①である。

インタープリタはコンパイラと異なりソースコードを実行する役割をもつため，②および③は誤りである。④はコンパイラに関する記述でありインタープリタに関する記述ではなく，誤りである。機械語はコンピュータで直接実行できる形式であり，⑤は誤りである。なお，インタープリタはソースコードを逐次実行できる形式へ変換する役割ももつ。

6.3.4 データハンドリングの例題

問題 6.3.10 ［代表的なデータ形式（➡ p.124）］

データ形式に関する記述として，次の①〜④のうちから適切でないものを一つ選べ。

① XML 形式は階層的なデータを表現できる。
② csv 形式は表を表現する形式である。
③ JSON 形式は Java のオブジェクトの表記法から発生した。
④ csv，XML，JSON のいずれもテキストデータである。

正解 ③

解説

XML 形式は複雑な階層的データを表現できるので①は正しい。csv はコンマで区切って表を表現するので②は正しい。csv，XML，JSON のいずれもテキストデータであるので④は正しい。

JSON 形式は JavaScript のオブジェクトの表記法から発生したので③は誤りである。

問題 6.3.11 ［離散グラフと隣接行列（➡ p.125）］

5 個の頂点からなるグラフ G の隣接行列 $\boldsymbol{A}(G)$ が次の式で表されるとき，G の構造に関する記述として，下の①〜⑤のうちから適切なものを一つ選べ。

$$
\boldsymbol{A}(G) = \begin{pmatrix}
0 & 1 & 0 & 0 & 1 \\
1 & 0 & 1 & 0 & 1 \\
0 & 1 & 0 & 1 & 0 \\
0 & 0 & 1 & 0 & 1 \\
1 & 1 & 0 & 1 & 0
\end{pmatrix}
$$

① G は 4 頂点からなる閉路を部分グラフとして含む。
② G は閉路を部分グラフとして含まない。
③ G は 12 本の辺を含む。
④ G は非連結なグラフである。
⑤ G は完全グラフである。

正解 ①

解説

与えられたグラフの隣接行列からグラフを描画すると G は図 6.1 のようなグラフであることがわかる。頂点 2, 3, 4, 5 は 4 頂点からなる閉路を構成しているため①が正解となる。図 6.1 より G は閉路を含み，辺は 6 本で，連結であり，完全グラフではないので，②，③，④，⑤はいずれも誤りである。

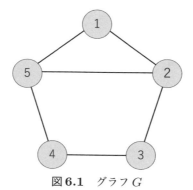

図 6.1　グラフ G

問題 6.3.12 ［データベースの特性（→ p.138）］
次の文中の空欄【ア】〜【ウ】に入る語句の組合せとして，下の①〜⑤のうちから最も適切なものを一つ選べ。

> SQL などのリレーショナルデータベースに代表される古典的なデータベースでは，トランザクションの「原子性」，「一貫性」，「隔離性」，「耐久性」を意味する【ア】特性を堅持することが求められてきた。一方，データを水平分割し，その複製を複数台のサーバに格納する共有データシステムにおいては，「整合性」，「可用性」，「分断耐性」の3つの性質のうち，高々2つしか両立できないという【イ】定理が知られている。このため，NoSQL とよばれる，ビッグデータの管理・運用を目的とした分散型のデータストアは，「基本的に可用」，「ソフト状態」，「結果整合性」を意味する【ウ】特性を満足するように設計されている。

① 【ア】ACID　【イ】BASE　【ウ】CAP
② 【ア】ACID　【イ】CAP　【ウ】BASE
③ 【ア】BASE　【イ】ACID　【ウ】CAP
④ 【ア】BASE　【イ】CAP　【ウ】ACID
⑤ 【ア】CAP　【イ】ACID　【ウ】BASE

正解 ②

解説

　ACID 特性は，「原子性（atomicity）」，「一貫性（consistency）」，「隔離性（isolation）」，「耐久性（durability）」を意味する英単語の頭文字から名付けられたトランザクションの特性で，従来の古典的なデータベースシステムではこれを堅持することが求められてきたため，【ア】は ACID である。一方，最近ではビッグデータの管理・運用を目的とした分散型のデータベースのシステムが多く開発されており，これらは NoSQL とよばれるが，このような共有データシステムにおいては，「整合性（consistency）」，「可用性（availability）」，「分断耐性（partition tolerance）」という 3 つの性質のうち，高々 2 つしか両立させることができないことが証明されており，この命題は 3 つの性質を表す英単語の頭文字をとって CAP 定理と名付けられており，【イ】は CAP である。共有データシステムでは分断耐性は必須であるため，整合性と可用性のいずれかを選択する必要があるが，いずれを選択しても ACID 特性を満足することはできない。このため，NoSQL では「基本的に可用（basically available）」，「ソフト状態（soft-state）」，「結果整合性（eventual consistency）」という 3 つの性質を満足するように設計される。この性質は BASE 特性とよばれるため【ウ】は BASE である。

　よって，正解は②である。

問題 6.3.13 ［リレーショナルデータベースの基本（➡ p.129）］

表 6.1, 6.2, 6.3 に示すリレーション「学生」，リレーション「授業」，リレーション「履修」を考える。リレーション「学生」の主キーの属性と，リレーション「履修」においてリレーション「授業」の外部キーとなる属性の組合せとして，次の①～⑤のうちから適切なものを一つ選べ。

① 主キー：「学生名」，　　　外部キー：「学生番号」

② 主キー：「学生名」，　　　外部キー：「授業名」

③ 主キー：「学生名」，　　　外部キー：「授業 ID」

④ 主キー：「学生番号」，　　外部キー：「授業名」

⑤ 主キー：「学生番号」，　　外部キー：「授業 ID」

§6.3　情報の例題　**263**

表 6.1　リレーション「学生」

学生名	学生番号	学科名
太郎	S01	情報学
花子	S02	数理科学
次郎	S03	統計学

表 6.2　リレーション「授業」

授業 ID	授業名	担当者名
C01	統計入門	基礎三郎
C02	統計入門	発展四郎
C03	データ科学	応用五郎
C04	データ分析	基礎三郎

表 6.3　リレーション「履修」

履修 ID	履修者名	学生番号	授業名	授業 ID
T01	太郎	S01	統計入門	C01
T02	太郎	S01	データ科学	C03
T03	花子	S02	統計入門	C02
T04	花子	S02	データ分析	C04
T05	次郎	S03	データ科学	C03

正解　⑤

解説

　リレーションにおいて，ある属性（一つとは限らない）の値を指定すると，リレーションのタプル（テーブルの各行）が一意に特定できるとき，その属性の集合を超キーという。一般に，超キーには冗長な属性が含まれるが，いかなる真部分集合も超キーにならないとき，その超キーは候補キーとよばれる。さらに，候補キーの一つを主キーという。

　リレーション「学生」では，「学生名」を指定するとタプルが一意に定まるような例（インスタンス）が記載されているが，一般には同名の学生が存在する可能性があり，「学生名」は主キーにはならない。一方，「学生番号」は重複しないように番号が割り当てられるため，「学生番号」を指定するとタプルを一意に特定できる。

　外部キーとは，その値が空でないときには，他のリレーションの主キーの値をとる属性のことであり，リレーション「履修」では「学生番号」（リレーション「学生」の主キー）と「授業 ID」（リレーション「授業」の主キー）が外部キーとなるが，問題文では，リレーション「授業」の外部キーとなって

264

いる属性を選択することが求められているため,「授業ID」が該当する。

　よって,正解は⑤である。

問題 6.3.14 ［SQL（➡ p.135）］

次のSQL文をデータベースソフトウエア（sqlite3）で実行したときの出力として,下の①～⑤のうちから適切なものを一つ選べ。

```
CREATE TABLE tbl (a INTEGER, b CHAR(50));
INSERT INTO tbl (a,b) VALUES (20, '数学'), (30, '英語'), (35,
'国語'), (37,'理科'), (31, '社会');
SELECT b FROM tbl WHERE a >= 32 ORDER BY a;
```

①	②	③	④	⑤
数学	社会	国語	理科	理科
英語	国語	理科	国語	国語
社会	理科			社会
国語				
理科				

正解　③

解説

　このSQL文では表6.4に示す値がCREATE文とINSERT文とで作られる。

表6.4　SQL文で作られるテーブルと値

a	b
20	'数学'
30	'英語'
35	'国語'
37	'理科'
31	'社会'

§6.3 情報の例題　**265**

SELECT 文では tbl から a の値が 32 以上のものを取り出し，a の小さい順に b を表示することを求めている。結果，a が 32 以上である国語と理科が出力される。よって，正解は③である。

問題 6.3.15　［データクレンジング（➡ p.140）］

データクレンジングに関する説明として，次の①〜⑤のうちから最も適切なものを一つ選べ。

① 名寄せを行う場合，混乱を避けるために一つだけの変数に注目して名寄せを行うことが望ましい。
② 人名に関する名寄せについて，フリガナは表記ゆれはないのでフリガナをベースに名寄せを行うとよい。
③ 数字のデータを扱う場合は半角と全角に気を付ければよい。
④ データクレンジングはデータから異常値を除外したり，表記ミスや表記ゆれを修正し名寄せを行うなど，データを整理しデータの品質を向上させる手法の総称である。
⑤ データクレンジングは人によるミスを避けるために完全に自動化を行い，人による確認は避けるべきである。

正解　④

解説

① 名寄せを行う場合，ミスを減らすためにはできるだけ多くの変数に基づいて同一データか否かを判断すべきであるので誤り。
② フリガナであっても，半角と全角の違いや苗字と名前の間のスペースの有無などの表記ゆれは起こりうる。また，フリガナだけで判断すると同姓同名が区別できなくなる場合もあるので誤り。
③ 数字のデータを扱う場合は半角と全角の違いだけでなく，算用数字と漢数字の違い，3桁区切りのカンマの有無など，さまざまな違いを考慮する必要があるので誤り。
④ データクレンジングに関する適切な説明であるので正しい。

⑤ データクレンジングにおいてデータが同一かどうかを確認するには多角的なチェックが必要であり，できる限り人の目による確認を行った方がよいので誤り。

よって，正解は④である。

問題 6.3.16 ［データ加工（➡ p.141）］

在庫管理のための約300万行ある表をPythonのライブラリであるPandasのデータフレームとして扱っている。表を項目の値で振り分けることでいくつかの小さな表に分割したい。データフレームが df に格納されており，df[df["製造年"]>=2020] は約100万行，df[df["単価"]>=10000] は約200万行あった。このとき，df[(df["単価"]<10000) & (df["製造年"]<2020)] の行数はいくらか。次の①～④のうちから最も適切なものを一つ選べ。

① 約100万行以下
② 約100万行以上，約200万行以下
③ 約200万行以上，約250万行以下
④ 約250万行以上

正解　①

解説

df[(df["単価"]<10000) & (df["製造年"]<2020)] は製造年が2020年より前でありしかも単価が1万円未満のものになる。条件より，全300万行のうち，製造年が2020年以降のものが約100万行，単価が1万円以上のものが約200万行ある。したがって，製造年が2020年より前なのは約200万行，単価が1万円未満のものは約100万行ある。両方の条件をみたすものは約100万行以下である。よって，正解は①である。

§6.4　統計・可視化の例題

本節では統計・可視化分野の例題とその解説を示す。

§6.4 統計・可視化の例題 **267**

6.4.1 データリテラシーの例題

問題 6.4.1 [データの単位の変換 (➡ p.144)]
次の文中の空欄【ア】～【ウ】に入る数値の組として，下の① ～ ⑤ のうちから最も適切なものを一つ選べ。

> シアトルの 2023 年 8 月の 31 日間における平均気温の華氏温度 (単位は °F) の日次データ (日毎のデータ) $x_1, x_2, \ldots, x_{31}$ がある。華氏温度 x の平均値は $\overline{x} = 68.78$, 中央値は $x_{(m)} = 67.2$, 分散は $s_x^2 = 33.36$ である。この気温の摂氏温度 (単位は °C) を $y_1, y_2, \ldots, y_{31}$ と表すことにする。x_i と y_i の間には
>
> $$x_i = \frac{9}{5}y_i + 32$$
>
> という関係がある。このとき，摂氏温度 y の平均値 $\overline{y}$ は 【ア】，y の中央値 $y_{(m)}$ は【イ】，y の標準偏差 s_y は【ウ】となる。

① 【ア】6.211 【イ】5.3 　【ウ】18.53
② 【ア】20.43 【イ】19.6 【ウ】3.209
③ 【ア】155.8 【イ】18.4 【ウ】18.53
④ 【ア】18.54 【イ】18.4 【ウ】10.30
⑤ 【ア】20.43 【イ】19.6 【ウ】10.30

正解　②

解説

　華氏温度 x と摂氏温度 y の関係より，x の平均値 $\overline{x}$ と y の平均値 $\overline{y}$ の間には

$$\overline{y} = \frac{5}{9}(\overline{x} - 32)$$

という関係があることから，$\overline{y} = 20.43$ である。中央値についても

$$y_{(m)} = \frac{5}{9}(x_{(m)} - 32)$$

より $y_{(m)} = 19.6$ となる。

また，華氏温度の標準偏差 s_x と摂氏温度の標準偏差 s_y の間には

$$s_y = \frac{5}{9}s_x$$

という関係があることから，$s_y = 3.209$ となる。

以上より，正解は②である。

問題 6.4.2 ［外れ値（➡ p.146）］

他のデータから極端に離れた値を意味する「外れ値」には厳密な定義はない。四分位範囲を用いた定義，平均・標準偏差を用いた定義はそれぞれ以下のとおりである。

1. 四分位範囲 (IQR: Interquartile Range) は，上側四分位点 (UR: upper quantile) と下側四分位点 (LR: lower quantile) の差 UR − LR で定義される。このとき，区間 [LR − 1.5 IQR, UR + 1.5 IQR] に含まれないデータを外れ値と定義する。
2. 標本平均，標準偏差をそれぞれ $\overline{x}, s$ とするとき，区間 $[\overline{x} - 3s, \overline{x} + 3s]$ に含まれないデータを外れ値と定義する。

いま，$\overline{x} = 50$, $s = 9.5$, LR $= 45$, UR $= 60$, 最小値 20，最大値 83 とする。最小値付近，最大値付近にあるデータ 20, 21, 22, 23, 80, 81, 82, 83 について，どちらの定義でも外れ値と判定されるデータの組として，次の①〜⑤のうちから適切なものを一つ選べ。

① 20, 82, 83　　　　② 20, 21, 83　　　　③ 20, 21, 82, 83
④ 20, 21, 22, 82, 83　　⑤ 20, 21, 81, 82, 83

正解　②

解説

IQR $= 60 - 45 = 15$ より，LR $- 1.5$ IQR $= 45 - 22.5 = 22.5$, UR $+ 1.5$ IQR $= 60 + 22.5 = 82.5$ である。よって定義 1 の区間は [22.5, 82.5] である。また，定義 2 の区間は $\overline{x} - 3s = 21.5$, $\overline{x} + 3s = 78.5$ より，[21.5, 78.5] である。どちらの区間にも含まれないデータは，20, 21, 83 である。よって，正

§6.4 統計・可視化の例題　**269**

解は②である。

問題 6.4.3 ［順位統計量とデータの並べ替え（➡ **p.144**）］
定数 x_1, x_2, x_3 はそれぞれ

$$0.1 < x_1 < 0.2, \quad 0.2 < x_2 < 0.3, \quad 0.6 < x_3 < 0.7$$

をみたすとする。このとき，x_1^2, x_2^2, x_3^2 と 0.5 を加えた 7 つの数値，すなわち $\{x_1,\ x_2,\ x_3,\ x_1^2,\ x_2^2,\ x_3^2,\ 0.5\}$ について，昇順（小 → 大）に並び替えよ。並べ替えとして，次の①～⑤のうちから適切なものを一つ選べ。

① $x_1^2, x_2^2, x_3^2, x_1, x_2, 0.5, x_3$　② $x_1^2, x_2^2, x_1, x_2, x_3^2, 0.5, x_3$
③ $x_1^2, x_1, x_2^2, x_2, 0.5, x_3^2, x_3$　④ $x_1^2, x_2^2, x_1, x_2, 0.5, x_3^2, x_3$
⑤ $x_1^2, x_2^2, x_1, x_3^2, x_2, 0.5, x_3$

正解　②

解説

　$0 < x_i < 1\ (i = 1, 2, 3)$ より $x_i^2 < x_i$ である。また $x_1^2 < x_2^2 < x_3^2$ である。さらに $0.01 < x_1^2 < 0.04, 0.04 < x_2^2 < 0.09, 0.36 < x_3^2 < 0.49$ である。数直線に各値を並べると

$$x_1^2 < x_2^2 < x_1 < x_2 < x_3^2 < 0.5 < x_3$$

がわかる。よって，正解は②である。

問題 6.4.4 ［標本抽出の方法（➡ **p.158**）］
単純無作為抽出法は，有限母集団から等確率で無作為に標本を抽出する方法であり，母集団の適切な近似という観点から基本となる抽出法である。ただし，実際の調査においては，コスト，効率性，簡便性の観点から，「系統抽出法」，「層化抽出法」，「多段抽出法」，「クラスター抽出法」が多く用いられる。これらの方法の説明として，次の①～④のうちから最も適切なものを一つ選べ。

① 系統抽出法は母集団の要素すべてに番号を付与し，第 1 番目の個体を無作為に抽出した後，番号について等間隔に標本を抽出する方法である。

② 日本の小学4年生全体を母集団とする標本調査において，都道府県から学校を抽出，その学校からクラスを抽出，そのクラスから全児童を抽出する。大幅にコストを削減できるこの調査を層化抽出法という。

③ 母集団は通常，複数のクラスターから構成されている。複数のクラスターを無作為に抽出してその構成員全員を対象として調査する方法をクラスター抽出法という。同じクラスターに属する調査対象は通常母集団のよい近似とみなせるので，単純無作為抽出法と同レベルの適切さをもつ。

④ 層化抽出法は予め母集団を属性を考慮して複数の層に分割して，各層から必要な大きさの標本を無作為に抽出する方法である。多段抽出法は層化抽出法の別名であり，本質的に違いはない。

正解　①

解説

　①は正しい記述である。②〜④は次のような理由により誤りである。②の抽出法は多段抽出法とよばれる。③で，同じクラスターに属する調査対象は似た性質をもちやすいので，標本には偏りが生じる可能性が高い。④で第1文の層化抽出法の説明は正しい。しかし，第2文の多段抽出法は層化抽出法とは別の方法である。

問題 6.4.5　[分割表と相関（→ p.157）]

S大学には，A学部とB学部の2学部がある。ある年の入学試験で，それぞれの学部の男女別の受験者数と合格者数，および大学全体の受験者数と合格者数は以下のようであった。

　これらの表から，学部ごとには男女の合格率は等しく，A学部では男女とも80%，B学部では男女とも50%となっているにもかかわらず，大学全体では男子の合格率(74%)のほうが女子の合格率(56%)より高くなっている。このような現象に関する用語として，次の①〜⑤のうちから最も適切なものを一つ選べ。

§6.4 統計・可視化の例題　**271**

A 学部

	受験者数	合格者数
男子	80	64
女子	20	16

B 学部

	受験者数	合格者数
男子	20	10
女子	80	40

大学全体

	受験者数	合格者数
男子	100	74
女子	100	56

① 合成の誤謬　　　② 標本選択バイアス　　　③ 公表バイアス
④ シンプソンのパラドクス　　⑤ モンティ・ホール問題

正解　④

解説

　分割表において，層別したときには相関がなくても（あるいは負でも），層を合併すると正の相関が現れることをシンプソンのパラドクスという。よって，正解は④である。

　他の選択肢はいずれも，問題で示された現象とは直接の関係はない。合成の誤謬①は経済学の概念であり，個々人の最適行動が必ずしも集団の最適行動にはならないことをいう。標本選択バイアス②および公表バイアス③は，それぞれデータサイエンスの分析結果を解釈するときに注意すべきバイアスであるが，分割表とは直接の関連はない。モンティ・ホール問題⑤は条件つき確率の値の誤認についての有名な問題である。

問題 6.4.6 ［A/B テストによるデータの比較（➡ p.161）］
ある旅行会社は，1 年前から利用していたウェブのバナー広告のデザインを変更したところ，バナー広告のクリック数が増加した。クリック数の増加がバナー広告のデザイン変更の効果であるかどうかの検証を行うために A/B テストを実施することにした。この A/B テストでは，ある特定のウェブサ

6
章

例題と解説（1 分野単独問題）

イトにアクセスすると，これまで使用していたバナー広告（旧広告）と，新しいバナー広告（新広告）が1/2の確率でランダムに表示されるようにして，旧広告が表示されたグループと，新広告が表示されたグループのクリック率に統計的に有意な差があるかどうかを検証する。A/Bテストによる検証に関する記述として，次の①〜⑤のうちから最も適切なものを一つ選べ。

① A/Bテストはランダム化比較試験と同じ原理なので，クリック率の差の推定精度はサンプルサイズが少ない場合でも高くなる。
② 広告デザイン以外の条件は完全に統一して実験を行わないと，クリック率の差の推定にバイアスが生じる可能性がある。
③ 調査対象のウェブサイトへのアクセス数が少ない場合は，数ヶ月から1年程度かけてでもデータ数を増やした上で効果検証をすべきである。
④ 新広告と旧広告の表示確率は，調査期間全体で1/2ずつになっていればよく，分析者の判断で時間帯によって表示確率を変動させても問題はない。
⑤ 1年前のデータを用いて推定した旧広告のクリック率と，今回のA/Bテストで得られたデータから推定した新広告のクリック率の差を用いても，同様の検証が可能である。

正解　②

解説

　A/Bテストは，ランダム化比較試験と原理は同じであるので，クリック率の差の推定にバイアスは生じないが，サンプルサイズが少ないときは推定精度は低下するため，①は誤りである。

　新広告と旧広告への割付は完全にランダムである必要があり，分析者の判断で時間帯によって表示確率が変化すると，クリック率の差の推定に選択バイアスが生じる可能性があるので好ましくないため，④は誤りである。

　調査が長期化すると，調査期間中に気候や社会情勢の変化，感染症の流行など，広告デザイン以外の条件が変動する可能性があるため，時期的な影響を受けない程度に短期間で十分なデータが得られるように実験を設計すべきであり，③は誤りである。

　異なる調査時期に行った実験のデータを用いることも，広告デザイン以外

の条件が変動する可能性が否定できないため，適切とは言えず，⑤は誤りである。

広告デザイン以外の条件を完全に統一して実験を行った結果，クリック率に統計的に有意な差が検出されたとすれば，それは広告デザインの変更の効果であると結論することができ，②は適切である。

よって，正解は②である。

問題 6.4.7　［散布図と相関（➡ p.147）］
次の5つの散布図で可視化された2次元データのうち，相関係数が最大であると考えられるものはどれか。次の①～⑤のうちから最も適切なものを一つ選べ。

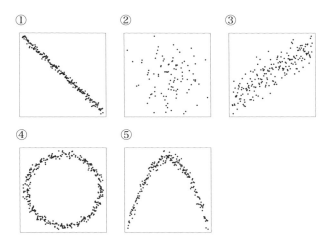

正解　③

解説

相関係数は2変数の直線的な関係の強さを表す指標で，散布図の点群が右上がりであるようなデータでは正，右下りであるようなデータでは負の値をとる。また，相関係数は曲線的な関係を特徴付けるものではない。曲線的な関係が見られたとしても，散布図の点群が右上がりか，右下りの傾向を示し

ていないと 0 に近い値をとる。散布図①〜⑤の中では，点群が右上がりなのは③だけであるので，正解は③であるとわかる。

なお，①〜⑤のデータの相関係数は，① -0.996，② -0.052，③ 0.866，④ -0.003，⑤ -0.002 である。

問題 6.4.8 ［可視化する上での工夫（➡ p.164）］

ある地方の 20 の自治体における人口とコンビニエンスストアチェーン（以下，コンビニ）A，B の店舗数のデータがある。これらの地域の人口と店舗数の関係の全体的な傾向と，コンビニごとの関係の違いを把握するために，あるソフトウェアを用いて散布図と，コンビニごとの回帰直線を描いたところ，下図が出力された。この図に加えるべき改良点として，必ずしも有効で<u>ない</u>と考えられるものを，下の①〜⑤のうちから一つ選べ。

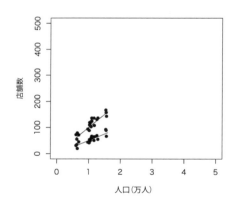

① コンビニ A，B でプロットのパターンの色を変える。
② コンビニ A，B で線種か線の色を変える。
③ 座標軸の範囲をデータの範囲に近づける。
④ プロットに自治体名などの文字列を用いる。
⑤ 凡例を追加する。

正解 ④

解説

　ここでの可視化の目的は，コンビニ店舗数の人口に対する変動の傾向と，コンビニごとの関係の違いの把握であった。そこで，コンビニA，Bの区別が明確になるように，問題文中の図に対して，コンビニごとにプロットのパターンの変更，コンビニごとに線種の変更，座標軸の範囲の変更，凡例の追加を行ったのが図 6.2 である。問題文中の図に比べると，コンビニA，Bの区別は明確になっており，座標軸の範囲を狭めたことで，変動の傾向もより捉えやすくなっている。

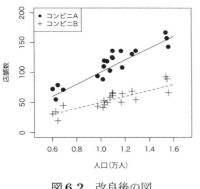 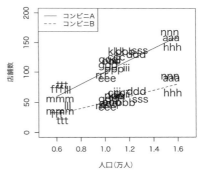

　　図 6.2　改良後の図　　　　図 6.3　プロットを文字列にした場合

　図 6.3 は，図 6.2 のプロットを文字列に変更したものである。文字列にすると，データの頻度の多いところでは重なりが目立ち，情報過多な上に，各データの正確な座標も捉えにくい。可視化の目的が外れ値の検出のような場合には，この手法は有効と考えられるが，今回のように，全体の傾向と，コンビニごとの傾向の違いの把握が目的である場合は，プロットを文字列にすることは必ずしも有効ではない。

　よって，正解は④である。

問題 6.4.9 [不適切なグラフ表現（➡ p.162）]

グラフ表現に関する説明として，次の①〜⑤のうちから適切でないものを一つ選べ。

① 折れ線グラフでは，縦軸の目盛をゼロから始めなくてもよい。
② 棒グラフは比例尺度や間隔尺度の量を表すためのグラフである。
③ 3次元円グラフを多用すべきではない。
④ 影や本質的でないグラデーションなどの過度な視覚的要素はできる限り加えない。
⑤ 異なる単位をもつデータに対しては，第2軸を活用することも一案である。

正解 ②

解説

　棒グラフは，棒の「長さ」で量を示すものであるため，比例尺度を表すためのグラフである。したがって，棒グラフで間隔尺度の量を表すのは適切ではない。よって，②は適切でない。

　他の選択肢はいずれも適切である。

6.4.2　確率と確率分布の例題

問題 6.4.10 [離散一様分布と連続一様分布（➡ p.181, p.182）]

X を 0 から $n-1$ までの n 個の整数を一様にとる確率変数とする。また Y を X とは独立に 0 と 1 の間の連続一様分布に従う確率変数とする。このとき，$Z = X + Y$ は 0 と n の間の連続一様分布に従う確率変数となる。このことから，X の分散として，次の①〜⑤のうちから適切なものを一つ選べ。なお a と b の間の連続一様分布の分散が $(b-a)^2/12$ であることを用いてよい。

① $\dfrac{n^2}{2}$　② $\dfrac{n^2}{6}$　③ $\dfrac{n^2-1}{12}$　④ $\dfrac{n^2}{12}$　⑤ $\dfrac{n^2+1}{2}$

§6.4 統計・可視化の例題　**277**

正解　③

解説

　問題文にあるように Z の分散は $n^2/12$ である。また Y の分散は $1/12$ である。X と Y は独立であるから，分散について $V[Z] = V[X] + V[Y]$ である。これより

$$V[X] = V[Z] - V[Y] = \frac{n^2}{12} - \frac{1}{12} = \frac{n^2 - 1}{12}$$

である。よって，正解は③である。

問題 6.4.11　[指数分布（➡ p.183）]

ある日 A さんは宅配業者から，荷物を午前 9 時以降に届けるが何時になるかわからないとの連絡を受けた。これまでの経験で，午前 9 時から荷物の届くまでの時間 X は期待値 2 時間の指数分布に従うことが多く，ここでもそれを仮定する。A さんは午前 11 時まで待ったが荷物は届かなかった。A さんは午後 1 時に出かける用事があるので，それまでに荷物が届いてほしい。

　A さんの家に午後 1 時までに荷物が届く確率として，下の①〜⑤のうちから適切なものを一つ選べ。なお，パラメータ λ の指数分布に従う確率変数 X の確率密度関数は

$$f(x) = \begin{cases} \lambda e^{-\lambda x} & (x \geq 0) \\ 0 & (x < 0) \end{cases}$$

である。

① e^{-4}　　　　② e^{-2}　　　　③ $1 - e^{-4}$　　　④ $1 - e^{-2}$　　　⑤ $1 - e^{-1}$

正解　⑤

解説

　X を期待値 2 の指数分布に従う確率変数とすると，$P(X \leq x) = 1 - e^{-x/2}$ である。そして，指数分布の無記憶性により

$$P(X \leq 4 | X > 2) = P(X \leq 2) = 1 - e^{-2/2} = 1 - e^{-1} \approx 0.632$$

となる。よって，正解は⑤である。

6.4.3 統計的推測の例題

問題 6.4.12 ［台風上陸数のポアソン分布による分析（→ p.179）］
図 6.4 は 1951 年から 2022 年の 72 年間の各年に日本に上陸した台風の個数の分布を表している。たとえば，上陸数 0 の年が 5 回あり，上陸数 1 の年が 7 回あった，などである。このデータから求めた各年の上陸数の平均は 2.96，標準偏差は 1.70 である。

このデータに何らかの確率分布を当てはめるとき，次の (a)〜(c) の記述の正誤の組合せとして，下の①〜⑤のうちから最も適切なものを一つ選べ。

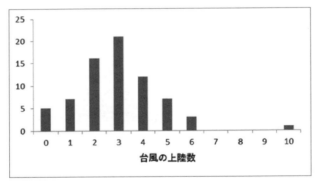

図 6.4　日本に上陸した台風の個数（72 年間）出典：気象庁

(a) 試行回数 $n = 72$，確率 p の二項分布 $B(72, p)$ を当てはめるのがよく，その場合の p の推定値は $2.96/72 \approx 0.04$ となる。

(b) 平均と標準偏差の組合せから見てもポアソン分布の当てはめが妥当であり，ポアソン分布のパラメータ（期待値）の最尤推定値は 2.96 である。

(c) 上陸数の 10 は明らかな外れ値であるので，このデータを削除して平均と標準偏差を求め直してから当てはめを考えるべきである。

① (a), (b), (c) はすべて正しくない。　② (a) のみが正しい。
③ (b) のみが正しい。　④ (c) のみが正しい。　⑤ (b) と (c) のみが正しい。

§6.4 統計・可視化の例題 **279**

正解 ③

解説

　台風の上陸数は稀な事象であることから，稀な事象に対して当てはめる分布としての第1の選択はポアソン分布である。ポアソン分布は，平均と分散が同じという性質を有している（平均と標準偏差が同じではない。平均と標準偏差が同じ分布としては指数分布がある）。データから求めた分散は $(1.70)^2 = 2.89$ であり，平均 2.96 とほぼ同じであることからもポアソン分布の当てはめが正当化される。よって，(b) は正しい。

　このデータは，ベルヌーイ試行を $n = 72$ 回繰り返して「成功数」を数えたデータとは言えないため，二項分布の当てはめは正当化されない。よって，(a) は誤りである。また，確かに 10 は外れているように見えるが，気象データは実際に大きくふれることもあり，削除する理由はない。よって，(c) も誤りである。ちなみに，$\lambda = 2.96$ のポアソン分布を当てはめた場合に上陸数が 10 以上となる確率はおおよそ 0.001 であり，これは 1000 年に 1 度の事象となる。災害は忘れたころにやってくる。

　よって，正解は③である。

問題 6.4.13　[標本不偏分散（➡ p.190)]

5 個の観測値 $x_1, \ldots, x_5$ の標本平均は $\overline{x} = 7$ で，標本不偏分散は $\hat{\sigma}^2 = 11.5$ であった。6 番目の観測値 $x_6 = 10$ が得られたとき，それを加えた 6 個の観測値から求めた標本不偏分散はいくらか。次の①〜⑤のうちから最も適切なものを一つ選べ。

① 9.7　　　　② 10.7　　　　③ 11.7　　　　④ 12.7
⑤ 5 個の観測値の個々の値がわからないので計算できない。

正解 ②

解説

　5 個の観測値の標本平均は 7 であるので，それらの和は $7 \times 5 = 35$ である。よって，$x_6 = 10$ を加えた 6 個の平均は $(35 + 10)/6 = 7.5$ となる。

5 個の観測値の標本不偏分散は 11.5 であるので，平均からの偏差平方和は $A = 11.5 \times (5 - 1) = 46$ である。偏差平方和は

$$A = \sum_{i=1}^{5} x_i^2 - 5(\overline{x})^2 = \sum_{i=1}^{5} x_i^2 - 5 \times 7^2 = \sum_{i=1}^{5} x_i^2 - 245 = 46$$

となるので，5 個の観測値の平方和は $46 + 245 = 291$ であることがわかる。よって 6 個の観測値の平方和は $291 + 100 = 391$ と求められ，6 個の観測値の標本不偏分散は

$$\hat{\sigma}^2 = \frac{1}{5} \left(\sum_{i=1}^{6} x_i^2 - 6(\overline{x})^2 \right) = \frac{1}{5}(391 - 6 \times 7.5^2) = \frac{1}{5} \times 53.5 = 10.7$$

となる。よって，正解は②である。

問題 6.4.14 ［モーメント法（➡ p.192）］

正の値を取る確率変数 X に対し，その自然対数 $Y = \log X$ の従う分布が正規分布 $N(\mu, \sigma^2)$ であるとき，X はパラメータ μ, σ^2 の対数正規分布に従うという。このとき，X の期待値は $E[X] = \exp\left(\mu + \frac{\sigma^2}{2}\right)$ であることが示される。$X_1, \ldots, X_n$ を互いに独立にそれぞれパラメータ μ, σ^2 の対数正規分布に従う確率変数とし，μ は未知であるが σ^2 は既知 ($\sigma^2 = 2$) としたとき，パラメータ μ のモーメント法による推定量 $\tilde{\mu}$ ならびにその性質の説明として，次の①〜⑤のうちから適切なものを一つ選べ。なお，$\overline{X} = \frac{1}{n}\sum_{i=1}^{n} X_i$，$\overline{Y} = \frac{1}{n}\sum_{i=1}^{n} Y_i = \frac{1}{n}\sum_{i=1}^{n} \log X_i$ とする。

① $\tilde{\mu} = \log(\overline{X})$ であり，$\tilde{\mu}$ は μ の不偏推定量である。

② $\tilde{\mu} = \log(\overline{X})$ であり，$\tilde{\mu}$ は μ の不偏推定量ではない。

③ $\tilde{\mu} = \log(\overline{X}) - 1$ であり，$\tilde{\mu}$ は μ の不偏推定量である。

④ $\tilde{\mu} = \log(\overline{X}) - 1$ であり，$\tilde{\mu}$ は μ の不偏推定量ではない。

⑤ $\tilde{\mu} = \overline{Y}$ であり，$\tilde{\mu}$ は μ の不偏推定量である。

§6.4 統計・可視化の例題 **281**

正解 ④

解説

$\sigma^2 = 2$ とした場合の X の期待値は $E[X] = \exp(\mu + 1)$ である。モーメント法では，期待値の推定量は標本平均であるので，$E[X]$ を標本平均 $\overline{X}$ で置き換えて式変形すると

$$\overline{X} = \exp(\mu + 1) \;\Rightarrow\; \log(\overline{X}) = \mu + 1 \;\Rightarrow\; \mu = \log(\overline{X}) - 1$$

となるので，μ のモーメント法による推定量は $\tilde{\mu} = \log(\overline{X}) - 1$ となり，①，②，⑤は誤りである。推定量の不偏性は n によらない性質であるので，最も簡単に $n = 1$ とすると，$E[\log(X)] = E[Y] = \mu$ となるので，$\tilde{\mu}$ は μ の不偏推定量ではなく③は誤りである。④は適切であり，正解は④である。

問題 6.4.15 ［平均二乗誤差（➡ p.191）］

互いに独立に正規分布 $N(\mu, \sigma^2)$ に従う n 個の確率変数 $X_1, \ldots, X_n$ に対し，それらの標本平均を $\overline{X} = (X_1 + \cdots + X_n)/n$ とする。除数を n とした標本分散を $S^2 = (1/n)\sum_{i=1}^{n}(X_i - \overline{X})^2$ としたとき，その平均二乗誤差 (MSE) は

$$\mathrm{MSE}[S^2] = V[S^2] + (E[S^2] - \sigma^2)^2$$

と，S^2 の分散とバイアス $E[S^2] - \sigma^2$ の 2 乗の和で表される。このとき，バイアスの 2 乗 $(E[S^2] - \sigma^2)^2$ はどうなるか。次の①～⑤のうちから適切なものを一つ選べ。

① $\left(\dfrac{\sigma^2}{n}\right)^2$　② $\left(\dfrac{\sigma}{n}\right)^2$　③ $\dfrac{\sigma^2}{n}$　④ $\left(\dfrac{\sigma}{n-1}\right)^2$　⑤ $\dfrac{\sigma^2}{n-1}$

正解 ①

解説

除数を n とした標本分散の期待値は $E[S^2] = \dfrac{(n-1)\sigma^2}{n}$ である（除数を $n-1$ とすると不偏となることを思い出そう）。したがって，バイアスの 2 乗は

$$\left(\frac{(n-1)\sigma^2}{n} - \sigma^2\right)^2 = \left(\frac{(n-1)\sigma^2 - n\sigma^2}{n}\right)^2 = \left(\frac{\sigma^2}{n}\right)^2$$

となる。よって，正解は①である。

問題 6.4.16 ［バイアス，分散，平均二乗誤差の関係（→ p.191）］

$X_1, \ldots, X_n$ を単一の一次元パラメータ θ によって特徴づけられる確率分布からのランダムサンプルとする。パラメータ θ の推定量 $\hat{\theta} = \hat{\theta}(X_1, \ldots, X_n)$ の性能に関係する概念として，バイアス，分散，平均二乗誤差がある。これらの定義や関係性の説明として，次の①〜⑥のうちから適切なものを一つ選べ。

① 推定量の分散は $E[(\hat{\theta} - \theta)^2]$ である。
② 推定量の平均二乗誤差は $E[(\hat{\theta} - E[\hat{\theta}])^2]$ である。
③ バイアスをもつ推定量において，平均二乗誤差と分散は一致する。
④ 推定量の平均二乗誤差とバイアスの二乗を足すと分散に一致する。
⑤ 推定量の分散とバイアスの二乗を足すと平均二乗誤差に一致する。
⑥ 推定量の分散とバイアスの絶対値を足すと平均二乗誤差に一致する。

正解　⑤

解説

　平均二乗誤差は $\mathrm{MSE}[\hat{\theta}] = E[(\hat{\theta} - \theta)^2]$ と定義され，分散は $V[\hat{\theta}] = E[(\hat{\theta} - E[\hat{\theta}])^2]$ と定義される。したがって，①と②は誤りである。$\hat{\theta}$ のバイアスは $E[\hat{\theta}] - \theta$ と定義される。バイアス分散分解は

$$\mathrm{MSE}[\hat{\theta}] = V[\hat{\theta}] + (E[\hat{\theta}] - \theta)^2 \tag{6.4.1}$$

である。これより④と⑥は誤りであり，⑤は正しい。式 (6.4.1) より，推定量がゼロでないバイアスをもてば，平均二乗誤差と分散は一致しないことがわかる。したがって，③は誤りである。

　よって，正解は⑤である。

6.4.4 種々のデータ解析の例題

問題 6.4.17 ［形態素解析と共起行列（➡ p.198）］

テキスト（文章）を形態素解析により単語に分解し，前から順番に名詞だけを取り出す。この取り出した名詞の前後に1単語分連続する名詞の出現回数を数え，単語の出現順に行列要素として割付け，これを行列として並べたものをここでは共起行列とよぶ。次の Python コードにより形態素解析関数 MeCab を使って名詞を取り出したときに求められる下の共起行列内の x_1〜x_5 の値の組合せとして，下の①〜⑤のうちから適切なものを一つ選べ。

```python
import MeCab
import re
t = MeCab.Tagger()
text = 'そいつのうわさは，もう，東京中にひろがっていましたけれど，ふしぎ
    にも，そいつの正体を見きわめた人は，だれもありませんでした。'
tokens=t.parse(text)
texts=[re.split('[\t|,]',x) for x in tokens.split('\n')]
target_texts=[t[0] for t in texts[:-2] if (t[1]=='名詞')]
id_to_word={}
word_to_id={}
for word in target_texts:
    if word not in word_to_id:
        new_id=len(word_to_id)
        word_to_id[word]=new_id
        id_to_word[new_id] = word
print(id_to_word)
```

形態素解析の結果

```
{0: 'そいつ', 1: 'うわさ', 2: '東京', 3: '正体', 4: '人', 5: 'だれ'}
```

$$\begin{pmatrix} 0 & x_1 & x_3 & 1 & 0 & 0 \\ x_1 & 0 & x_2 & 0 & 0 & 0 \\ x_3 & x_2 & 0 & 0 & 0 & 0 \\ 1 & 0 & 0 & 0 & 1 & x_4 \\ 0 & 0 & 0 & 1 & 0 & x_5 \\ 0 & 0 & 0 & x_4 & x_5 & 0 \end{pmatrix}$$

① $x_1 = 1, x_2 = 1, x_3 = 1, x_4 = 0, x_5 = 1$

② $x_1 = 1, x_2 = 1, x_3 = 0, x_4 = 0, x_5 = 1$

③ $x_1 = 0, x_2 = 2, x_3 = 0, x_4 = 0, x_5 = 1$

④ $x_1 = 0, x_2 = 1, x_3 = 0, x_4 = 1, x_5 = 1$

⑤ $x_1 = 1, x_2 = 1, x_3 = 0, x_4 = 0, x_5 = 0$

正解 ①

解説

与えられた文章「そいつのうわさは，もう，東京中にひろがっていました
けれど，ふしぎにも，そいつの正体を見きわめた人は，だれもありませんで
した。」から名詞を順番に取り出すと

$$\{\,そいつ, うわさ, 東京, そいつ, 正体, 人, だれ\,\}$$

となる。今名詞の番号はそいつ (0)，うわさ (1)，東京 (2)，そいつ (0)，正体
(3)，人 (4)，だれ (5) であるので，名詞を符号化すると $[0, 1, 2, 0, 3, 4, 5]$ であ
ることがわかる。

　この符号番号を行列とする 6×6 行列を考え，ある名詞を表す数字の前後
に出現した番号の出現回数を数えてみる。これは次のように構成される。0
の左右に 1，2，3 があるので，1 行 2 列，1 行 3 列，1 行 4 列に 1 がくる。同様
に 1 の左右に 0 と 2 が出現するので，2 行 1 列と 2 行 3 列に 1 がある。次に，
2 の左右には 1 と 0 があるので，3 行 1 列と 3 行 2 列に 1 がある。3 の左右に
は 0 と 4 があるので，4 行 1 列と 4 行 5 列が 1 になる。4 の左右には 3 と 5 が
あるので，5 行 4 列と 5 行 6 列が 1 となる。5 の左側には 4 があるので 6 行 5
列が 1 となる。この条件を満足する行列は

$$\begin{pmatrix} 0 & 1 & 1 & 1 & 0 & 0 \\ 1 & 0 & 1 & 0 & 0 & 0 \\ 1 & 1 & 0 & 0 & 0 & 0 \\ 1 & 0 & 0 & 0 & 1 & 0 \\ 0 & 0 & 0 & 1 & 0 & 1 \\ 0 & 0 & 0 & 0 & 1 & 0 \end{pmatrix} \tag{6.4.2}$$

であり，正解は①である。

問題 6.4.18 ［文章間類似度の計量（➡ p.202）］

Python のコードにより，2 つの文章 A と文章 B について MeCab により形態素解析を行ったところ，次の結果を得た。

```
import MeCab
t = MeCab.Tagger()
textA = '昔々あるところにおじいさんとおばあさんがいました' # 文章A
textB = '昔々あるところに小さな男の子がいました' # 文章B
print(t.parse(textA))
print(t.parse(textB))
```

昔 名詞, 時相名詞,*,*, 昔, むかし, 代表表記: 昔/むかし 漢字読み: 訓 カテゴリ: 時間
々 特殊, 記号,*,*, 々, 々,*
ある 連体詞,*,*,*, ある, ある, 代表表記: 或る/ある
ところ 名詞, 副詞的名詞,*,*, ところ, ところ, 代表表記: ところ/ところ
に 助詞, 格助詞,*,*, に, に,*
お 接頭辞, 名詞接頭辞,*,*, お, お, 代表表記: 御/お
じいさん 名詞, 普通名詞,*,*, じいさん, じいさん, 代表表記: 爺さん/じいさん カテゴリ: 人 ドメイン: 家庭・暮らし
と 助詞, 格助詞,*,*, と, と,*
おばあ 名詞, 普通名詞,*,*, おばあ, おばあ, 代表表記: 御祖母/おばあ カテゴリ: 人 ドメイン: 家庭・暮らし
さん 接尾辞, 名詞性名詞接尾辞,*,*, さん, さん, 代表表記: さん/さん
が 助詞, 格助詞,*,*, が, が,*
い 動詞,*, 母音動詞, 基本連用形, いる, い, 代表表記: 射る/いる
ました 接尾辞, 動詞性接尾辞, 動詞性接尾辞ます型, タ形, ます, ました, 代表表記: ます/ます
EOS

昔 名詞, 時相名詞,*,*, 昔, むかし, 代表表記: 昔/むかし 漢字読み: 訓 カテゴリ: 時間
々 特殊, 記号,*,*, 々, 々,*
ある 連体詞,*,*,*, ある, ある, 代表表記: 或る/ある
ところ 名詞, 副詞的名詞,*,*, ところ, ところ, 代表表記: ところ/ところ
に 助詞, 格助詞,*,*, に, に,*
小さな 連体詞,*,*,*, 小さな, ちいさな, 代表表記: 小さな/ちいさな 反義: 連体詞: 大きな/おおきな 形容詞派生: 小さい/ちいさい
男の子 名詞, 普通名詞,*,*, 男の子, おとこのこ, 代表表記: 男の子/おとこのこ カテゴリ: 人 ドメイン: 家庭・暮らし
が 助詞, 格助詞,*,*, が, が,*
い 動詞,*, 母音動詞, 基本連用形, いる, い, 代表表記: 射る/いる

ました 接尾辞, 動詞性接尾辞, 動詞性接尾辞ます型, タ形, ます, ました, 代表表記: ます/ます

EOS

　このとき，文章Aと文章Bの文章間類似度を，形態素解析により得られた単語集合 A と B との間の Jaccard 係数

$$J(A, B) = \frac{|A \cap B|}{|A \cup B|}$$

により求めることにする。ここで，$|C|$ は集合 C の要素数を意味する。$J(A, B)$ の値として，次の①〜⑤のうちから最も適切なものを一つ選べ。

① 0.3333　　② 0.4333　　③ 0.5333　　④ 0.6333　　⑤ 0.7333

正解　③

解説

　形態素解析の出力結果から，文章Aの単語集合は

$A = \{$ 昔, 々, ある, ところ, に, お, じいさん, と, おばあ, さん, が, い, ました $\}$

であり，また，文章Bの単語集合は

$B = \{$ 昔, 々, ある, ところ, に, 小さな, 男の子, が, い, ました $\}$

であることがわかる。

$$A \cap B = \{ \text{昔, 々, ある, ところ, に, が, い, ました} \},$$
$$A \cup B = \{ \text{昔, 々, ある, ところ, に, お, じいさん, と,}$$
$$\text{おばあ, さん, が, い, ました, 小さな, 男の子} \}$$

となるので，$|A \cap B| = 8$，$|A \cup B| = 15$ である。よって，Jaccard 係数は

$$J(A, B) = \frac{|A \cap B|}{|A \cup B|} = \frac{8}{15} = 0.5333$$

と求まる。よって，正解は③である。

第7章

例題と解説（2分野複合問題）

　第1章でも述べたように，データサイエンスの実践においては，複数の分野の知識を総合する能力が求められる。DS発展では，このような観点から2分野複合問題を出題している。本章では2分野複合の例題を示す。

§7.1　数理 × 情報

　本節では，数理と情報の2分野複合問題の例題を与える。

問題 7.1.1　[上三角・下三角行列の格納（➡ p.57, p.118）]

$N \times N$ の下三角行列 L と上三角行列 U の $M = N(N+1)/2$ 個の 0 でない成分を，L については $a_1, a_2, \ldots, a_M$ とし，U については $b_1, b_2, \ldots, b_M$ として，それぞれ次の①〜④の L および U に示された順序でサイズ M の配列に格納する。①〜④では $N = 4$ の場合を表示している。行列積 LU を高速に計算するために各成分を格納する順番として，次の①〜④のうちから最も適切なものを一つ選べ。

①

$$
L = \begin{pmatrix} a_1 & & & \\ a_2 & a_3 & & \\ a_4 & a_5 & a_6 & \\ a_7 & a_8 & a_9 & a_{10} \end{pmatrix}, \qquad
U = \begin{pmatrix} b_1 & b_2 & b_3 & b_4 \\ & b_5 & b_6 & b_7 \\ & & b_8 & b_9 \\ & & & b_{10} \end{pmatrix}
$$

②

$$
L = \begin{pmatrix} a_1 & & & \\ a_2 & a_5 & & \\ a_3 & a_6 & a_8 & \\ a_4 & a_7 & a_9 & a_{10} \end{pmatrix}, \qquad
U = \begin{pmatrix} b_1 & b_2 & b_3 & b_4 \\ & b_5 & b_6 & b_7 \\ & & b_8 & b_9 \\ & & & b_{10} \end{pmatrix}
$$

③

$$
L = \begin{pmatrix} a_1 & & & \\ a_2 & a_3 & & \\ a_4 & a_5 & a_6 & \\ a_7 & a_8 & a_9 & a_{10} \end{pmatrix}, \qquad
U = \begin{pmatrix} b_1 & b_2 & b_4 & b_7 \\ & b_3 & b_5 & b_8 \\ & & b_6 & b_9 \\ & & & b_{10} \end{pmatrix}
$$

④

$$
L = \begin{pmatrix} a_1 & & & \\ a_2 & a_5 & & \\ a_3 & a_6 & a_8 & \\ a_4 & a_7 & a_9 & a_{10} \end{pmatrix}, \qquad
U = \begin{pmatrix} b_1 & b_2 & b_4 & b_7 \\ & b_3 & b_5 & b_8 \\ & & b_6 & b_9 \\ & & & b_{10} \end{pmatrix}
$$

正解 ③

解説

　配列はメモリの連続した領域にデータが割り当てられる。配列の前後の要素はメモリ上の連続したアドレスに配置され，アドレスの順に従って読み書きすると高速である。行列積 AB の (i, j) 成分は，A の第 i 行ベクトルと B の第 j 列ベクトルの内積である。A の行ベクトルにアクセスしやすい格納方法になっており，B の列ベクトルにアクセスしやすい格納方法になっていると計算が高速になる。③がそのような格納順になっているため，正解は③である。

§7.1 数理 × 情報 **289**

問題 7.1.2 ［ソートアルゴリズム（➡ p.110, p.116）］

k を正の整数とし，$n = 2^k$ とおく。異なる n 個の数値 $x_1, \ldots, x_n$ からなる集合 S について，要素を昇順にソートする問題を考える。2 つの数値の大小を比較していれ替える作業に対して，1 単位時間（定数時間）かかると仮定する。この問題を次のアルゴリズム $M(S)$ を適用して解く場合に関する記述として，下の①〜⑤のうちから適切なものを一つ選べ。

アルゴリズム $M(S)$

Step 1: $|S| = 2$ ならば（S の小さい値，S の大きい値）を出力する。そうでなければ Step 2 へ進む。

Step 2: S を大きさの等しい 2 つの集合 S_1, S_2 に分割する。$M(S_1)$ により出力されたデータ列 $(y_1, \ldots, y_m)$ と $M(S_2)$ により出力されたデータ列 $(z_1, \ldots, z_m)$ の，すべてのデータを小さい順に並べたデータ列 $(s_1, \ldots, s_{2m})$ を出力する。

---

① $M(S)$ は，もとの問題を n に比例する回数よび出す構造で，2^n に比例する計算時間でデータを並べ替えられる。

② $M(S)$ は，もとの問題を一定の比で小さくした小問題を再帰的によび出す構造で，$n \log n$ に比例する計算時間でデータを並べ替えられる。

③ $M(S)$ は，もとの問題を一定の差で小さくした小問題を再帰的によび出す構造で，$n \log n$ に比例する計算時間でデータを並べ替えられる。

④ $M(S)$ は，もとの問題を一定の比で小さくした小問題を再帰的によび出す構造で，n に比例する計算時間でデータを並べ替えられる。

⑤ $M(S)$ は，もとの問題を一定の差で小さくした小問題を再帰的によび出す構造で，n に比例する計算時間でデータを並べ替えられる。

正解 ②

解説

本問は，マージソートとよばれるソートアルゴリズムに関する問題であり，4.2.2 項のオーダーの記法を用いれば，選択肢①の計算時間は $O(2^n)$ で

あることを主張しており，同様に，②，③の計算時間は $O(n \log n)$，④，⑤の計算時間は $O(n)$ であることを主張している。このアルゴリズムの手続きは次のとおりである。

$|S| = 2$ のとき，要素は直接並べ替え（ソート）して結果を出力する。そうでなければ，S を半分に分割して，それぞれをこのアルゴリズムで再帰的にソートする。より具体的には，初めに S を半分に分割した集合 S_1 と S_2 のそれぞれに対してアルゴリズム $M(S)$ を $S := S_1, S := S_2$ として適用する。$M(S_1)$ によって S_1 をソートする際に，$|S_1| = 2$ であれば，S_1 のなかの要素を直接ソートして $M(S_1)$ の結果として出力する。そうでなければ，S_1 をさらに半分に分割して，$\cdots$，というプロセスを再帰的に繰り返すことで分割された集合の要素数がちょうど 2 となって，直接ソートできるようになるまで集合の分割を繰り返す。

以上の手続きから，このアルゴリズムはもとの問題の大きさの 1/2 という一定の比で小さくした小問題を再帰的によび出す構造のアルゴリズムとなっている。ソートが済んだ 2 つの数列をマージして新しいソート列を作る手続きについては n に比例した計算時間がかかり，集合の分割を繰り返して 2 つの要素からなる集合を得るまでには k 回の分割を繰り返すことになるが，k は $\log n$ に比例した値であるため，全体の計算時間は $n \log n$ に比例する計算時間となる。よって，正解は②である。

（補足）

マージソートのアルゴリズムをより詳しく説明する。$k = 1$ のときは 2 個のデータをそのまま昇順にソートする。$k = 2$ のときには，元の 4 個のデータの集合 $\{x_1, x_2, y_1, y_2\}$ を半分に分けて別々にソートすると，昇順の 2 つのデータの組 (x_1, x_2)（ここで $x_1 < x_2$）と (y_1, y_2)（ここで $y_1 < y_2$）が得られるから，これらをそれぞれ先頭から比較して小さい方を取り出して並べれば昇順の数列 (z_1, z_2, z_3, z_4) が得られる。

このようなプロセスを再帰的に繰り返して，S のソートが完了する一つ前のステップでは，昇順に並べられた数列 $(x_1, \ldots, x_{n/2})$, $(y_1, \ldots, y_{n/2})$ が得られているので，両方の先頭から互いを比較し，小さい方を取り出して並べることを繰り返すことで S のすべての要素を昇順にソートした列 $(z_1, \ldots, z_n)$ が最終的に出力される。

§7.1 数理 × 情報 **291**

なお，問題では n を2のべきとしているが，2のべきでなくても集合を半分に分ける際に，2つの部分集合のサイズが高々1異なるように分ければよい。

問題 7.1.3 ［ニュートン法による方程式の数値解法（➡ p.75, p.120）］

方程式 $f(x) = 0$ を数値的に解く方法として，ニュートン法がよく知られている。ニュートン法は2点 x_{n+1}, x_n が十分近いときになりたつ

$$f(x_{n+1}) \approx f(x_n) + f'(x_n)(x_{n+1} - x_n)$$

という近似と，その収束先が0に近づくという $f(x_{n+1}) \approx 0$ から得られる漸化式に基づいて，方程式 $f(x) = 0$ の解を数値的に得る方法である。

次のプログラムはニュートン法により $x^2 - 4 = 0$ の解の1つを求めるプログラムである。【ア】および【イ】に当てはまる組合せとして，下の①〜⑤のうちから最も適切なものを一つ選べ。

```python
def f(x):
    return x**2-4

def f2(x):
    return 【ア】

N=10
x=5
d=10**(-6)

for i in range(N):
    if 【イ】 :
        print("x=",x)
        break
    if i==N-1 or f2(x)==0:
        print("did not converge")
    x=x-f(x)/f2(x)
```

① 【ア】 -2*x 　　【イ】 abs(f(x))>d

② 【ア】 -2*x 　　【イ】 f(x)<d

③ 【ア】 x**2 　　【イ】 abs(f(x))<d

④ 【ア】 2*x 　　【イ】 abs(f(x))<d

⑤ 【ア】 f(x) 　　【イ】 f(x)<d

正解 ④

解説

ニュートン法の漸化式は

$$x_{n+1} = x_n - \frac{f(x_n)}{f'(x_n)}$$

であり，この漸化式は一定の条件のもとで方程式 $f(x) = 0$ の解に収束することが知られている。つまり，$|f(x_{n+1})|$ の値が十分小さくなるまで，漸化式の値を繰り返し計算すれば，方程式 $f(x) = 0$ の数値解が得られる。

問題のプログラムでは，【ア】には $f(x) = x^2 - 4$ の微分である $2x$，【イ】には収束条件である $|f(x)| < d$ が入ればよい。

よって，正解は④である。

問題 7.1.4　[重積分の数値解法（➡ p.85, p.120）]

次のプログラムは，2 変量正規分布の同時密度関数

$$f(x,y) = \frac{1}{12\pi\sqrt{1-0.6^2}} \exp\left(-\frac{1}{72(1-0.6^2)}\{9(x-10)^2\right.$$
$$\left. - 7.2(x-10)(y-20) + 4(y-20)^2\}\right)$$

について，確率

$$P(8 \le X \le 12, 15 \le Y \le 25) = \iint_{[8,12]\times[15,25]} f(x,y)dxdy$$

を求めるプログラムである。【ア】にあてはまるものとして，下の①〜⑤のうちから最も適切なものを一つ選べ。ただし，次のプログラムで math.pi は円周率，math.sqrt 関数は平方根，math.exp 関数は指数関数 $\exp(x) = e^x$ を表すものとする。

```
import math

a=8; b=12; c=15; d=25
n=1000

def fxy(x,y):
```

§7.1 数理 × 情報 **293**

```python
    return 1/(12*math.pi*math.sqrt(1-0.6**2))*\
        math.exp(-1/(72*(1-0.6**2)))*\
            (9*(x-10)**2-7.2*(x-10)*(y-20)+\
            4*(y-20)**2))

def fx(x,c,d):
    z=0
    for i in range(n):
        z += 【ア】
    return z

ans=0
for i in range(n):
    ans += (b-a)/n*fx(a+(b-a)/n*i, c, d)

print(ans)
```

① `(d-c)/n*fxy(x, c+(d-c)/n*i)`

② `(b-a)/n*fxy(a+(b-a)/n*i, y)`

③ `(b-a)*(d-c)/n**2*fxy(a+(b-a)/n*i, c+(d-c)/n*i)`

④ `1/math.sqrt(2*math.pi*4)*math.exp(-(x-10)**2/(2*4))`

⑤ `1/(12*math.pi*math.sqrt(1-0.6**2))*math.exp(-1/46.08*(9*`
`(x-10)**2))`

正解 ①

解説

2 変数関数 $f(x, y)$ の領域 $D = \{(x, y)|8 \leq x \leq 12, 15 \leq y \leq 25\}$ 上での重積分は

$$\iint_D (x, y)dxdy = \int_8^{12}\left(\int_{15}^{25}f(x, y)dy\right)dx = \int_{15}^{25}\left(\int_8^{12}f(x, y)dx\right)dy$$

として計算できる。ここでは，$f(x, y)$ をまず x の関数 $f_x(x, c, d)$ に変換し，その後，$f_x(x, c, d)$ を区間 $[a, b]$ 上で積分している。つまり，$f_x(x, c, d)$ は $f(x, y)$ を y に関して区間 $[c, d]$ 上で積分したものとなるので，

$$f_x(x, c, d) = \sum_{i=0}^{n-1} \frac{d-c}{n} f\left(x, c + \frac{d-c}{n}i\right)$$

である。

よって，正解は①である。

（補足）

プログラムでは，積分を数値的に計算するため，**区分求積法**

$$\int_a^b f(x)dx = \lim_{n \to \infty} \sum_{i=0}^{n-1} \frac{b-a}{n} f\left(a + \frac{b-a}{n}i\right)$$

に基づく近似を用いている。

問題 7.1.5 ［ハッシュ表の検索（➡ p.62, p.115）］

ハッシュ表は，効率的な連想配列を実現するためのデータ構造の1つである。文字列などの n 個のキー $S = \{x_1, \ldots, x_n\}$ をハッシュ関数 $h(x)$ によって0から $p-1$ までの整数値に対応づける。x から $h(x)$ への対応はなるべく不規則なものが望ましく，以下では $h(x_i)$ の値は各 i について独立で，0から $p-1$ を一様な確率 $1/p$ でとるものと仮定する。

このとき，成功する探索でチェックする要素数の期待値は，$\sum_{i=1}^{n} \frac{1}{n}\left(1 + \frac{n-i}{p}\right)$ であることが知られている。この期待値は単一の式ではどのように表されるか。次の①〜⑤のうちから適切なものを一つ選べ。

① $1 + \dfrac{n}{2p}$ 　　　② $1 + \dfrac{n}{2p} + \dfrac{1}{p}$ 　　　③ $1 + \dfrac{n}{2p} - \dfrac{1}{p}$

④ $1 + \dfrac{n}{2p} + \dfrac{1}{2p}$ 　　　⑤ $1 + \dfrac{n}{2p} - \dfrac{1}{2p}$

正解　⑤

解説

この問題で求めているものは，さまざまなハッシュの衝突処理のうちチェイン法の期待値である。求める期待値は以下のように計算できる。

$$\sum_{i=1}^{n} \frac{1}{n}\left(1 + \frac{n-i}{p}\right) = \frac{1}{n}\sum_{i=1}^{n}\left(1 + \frac{n-i}{p}\right) = \frac{1}{n}\left(\sum_{i=1}^{n} 1 + \sum_{i=1}^{n}\frac{n-i}{p}\right)$$

$$= 1 + \frac{1}{np}\sum_{i=1}^{n}(n-i) = 1 + \frac{1}{np}\sum_{i=1}^{n-1} i$$

$$= 1 + \frac{1}{np}\cdot\frac{n(n-1)}{2} = 1 + \frac{n}{2p} - \frac{1}{2p}$$

§7.2 数理 × 統計・可視化

本節では，数理と統計・可視化の 2 分野複合問題の例題を与える。

問題 7.2.1 ［データ間の相関関係（➡ p.176, p.177, p.53）］

確率変数 X_1, X_2, X_3 がそれぞれ独立に正規分布 $N(\mu, \sigma^2)$ に従うものとする。このとき，それらの平均を $\overline{X}$ とすると，$\overline{X}$ からの残差 $X_1 - \overline{X}, X_2 - \overline{X}, X_3 - \overline{X}$ はそれぞれ $\overline{X}$ と独立となる。ここで，$Y = aX_1 + bX_2 + X_3$ とするとき，Y が $X_1 - \overline{X}, \overline{X}$ のいずれとも独立となる a, b の値として，次の①〜⑤のうちから適切なものを一つ選べ。

① $a = 0,\ b = -1$　　　　② $a = \dfrac{1}{2},\ b = 0$　　　　③ $a = -1,\ b = 2$

④ $X_1 - \overline{X}, \overline{X}$ のいずれとも独立となる a, b は存在しない。

⑤ $X_1 - \overline{X}, \overline{X}$ のいずれとも独立となる a, b は一意に定まらない。

正解　①

解説

X_1, X_2, X_3 は正規分布に従うので，Y が $X_1 - \overline{X}, \overline{X}$ のいずれとも無相関となることを示せば独立であることがわかる。

一般に，$c_1 X_1 + c_2 X_2 + c_3 X_3$ と $d_1 X_1 + d_2 X_2 + d_3 X_3$ の共分散は

$$\mathrm{Cov}\left(\sum_{i=1}^{3} c_i X_i, \sum_{j=1}^{3} d_j X_j\right) = \sum_{i=1}^{3}\sum_{j=1}^{3} c_i d_j \mathrm{Cov}(X_i, X_j) = \sum_{i=1}^{3} c_i d_i \sigma^2$$

となり，係数ベクトル (c_1, c_2, c_3) と (d_1, d_2, d_3) の内積と σ^2 の積となる。こ
こで，$X_1 - \overline{X}$ と $\overline{X}$ は

$$X_1 - \overline{X} = \frac{2}{3}X_1 - \frac{1}{3}X_2 - \frac{1}{3}X_3, \quad \overline{X} = \frac{1}{3}X_1 + \frac{1}{3}X_2 + \frac{1}{3}X_3$$

と表せるので，

$$\mathrm{Cov}(Y, X_1 - \overline{X}) = \frac{2a - b - 1}{3}\sigma^2, \quad \mathrm{Cov}(Y, \overline{X}) = \frac{a + b + 1}{3}\sigma^2$$

となる。これらがともに 0 となればよいので，連立方程式 $2a - b - 1 = 0, a + b + 1 = 0$ を解くことで $a = 0, b = -1$ が得られる。

　よって，正解は①である。

問題 7.2.2 ［不偏分散のベクトルによる表現（➡ p.190, p.50)］
次の文章の空欄【あ】〜【う】に入る数値を求めよ。

　5 名の学生の TOEIC の Reading および Listening の点数を成分
　とする横ベクトルをそれぞれ $\boldsymbol{x}^T = (200, 250, 270, 300, 350)$ およ
　び $\boldsymbol{y}^T = (200, 360, 240, 320, 380)$ とする。この 5 名の TOEIC の
　Reading の点数と Listening の点数の和の不偏分散は 15530 であり，
　$\boldsymbol{x}^T\boldsymbol{x} = 387900$ および $\boldsymbol{y}^T\boldsymbol{y} = 474000$ である。
　このとき，Reading の点数の標本平均は【あ】，Listening の点数の
　不偏分散は【い】，Reading の点数と Listening の点数の相関係数は
　【う】である。

※【あ】，【い】では，値は四捨五入して，半角，整数値で入力すること。
※【う】では，値は四捨五入して，小数第 2 位までを半角数字で入力すること。

正解　【あ】274　【い】6000　【う】0.74

解説

【あ】　Reading の点数 $\boldsymbol{x}^T = (x_1, x_2, \ldots, x_5)$ の標本平均は，

$$\overline{x} = \frac{x_1 + x_2 + \cdots + x_5}{5} = 274$$

§7.2 数理 × 統計・可視化 **297**

である。

【い】 Listening の不偏分散 s_y^2 は,

$$s_y^2 = \frac{1}{n-1}\sum_{i=1}^{n}(y_i - \overline{y})^2 = \frac{1}{n-1}\left(\sum_{i=1}^{n}y_i^2 - n\overline{y}^2\right) = \frac{1}{n-1}(\boldsymbol{y}^T\boldsymbol{y} - n\overline{y}^2)$$
$$= \frac{1}{4}(474000 - 5\times 300^2) = 6000$$

である。

【う】 Reading の不偏分散は $s_x^2 = (387900 - 5\times 274^2)/4 = 3130$ と計算できる。Reading と Listening の不偏共分散を s_{xy} とおくと,和の不偏分散 15530 は $s_x^2 + s_y^2 + 2s_{xy}$ と表される。これより s_{xy} は

$$s_{xy} = \frac{1}{2}(15530 - 3130 - 6000) = 3200$$

と求まり,相関係数 r_{xy} は

$$\frac{s_{xy}}{s_x s_y} = \frac{3200}{\sqrt{3130}\times\sqrt{6000}} \approx 0.74$$

と求まる。なお,r_{xy} は母相関係数の不偏推定量ではない。

問題 7.2.3 [相関関係のベクトルによる表現（➡ p.149, p.50）]

2変数のデータ $(x_1, y_1), (x_2, y_2), \ldots, (x_n, y_n)$ が与えられているとき,n 次元ベクトル $\boldsymbol{x}, \boldsymbol{y}$ を

$$\boldsymbol{x} = \begin{pmatrix} x_1 - \overline{x} \\ x_2 - \overline{x} \\ \vdots \\ x_n - \overline{x} \end{pmatrix}, \quad \boldsymbol{y} = \begin{pmatrix} y_1 - \overline{y} \\ y_2 - \overline{y} \\ \vdots \\ y_n - \overline{y} \end{pmatrix}$$

と定義する。ここで,$\overline{x}, \overline{y}$ はそれぞれの平均,すなわち,$\overline{x} = (\sum_{i=1}^{n}x_i)/n$, $\overline{y} = (\sum_{i=1}^{n}y_i)/n$ である。変数 x と y の相関係数はベクトル $\boldsymbol{x}, \boldsymbol{y}$ を使って,どのように表せるか。次の①〜⑤のうちから適切なものを一つ選べ。ただし,$\boldsymbol{x}\cdot\boldsymbol{y}$ はベクトル $\boldsymbol{x}$ と $\boldsymbol{y}$ の内積を表し,$\|\boldsymbol{x}\| = \sqrt{\boldsymbol{x}\cdot\boldsymbol{x}}$ とする。

① $\dfrac{\boldsymbol{x}\cdot\boldsymbol{y}}{\|\boldsymbol{x}\|\|\boldsymbol{y}\|}$ ② $\dfrac{\frac{1}{n}\boldsymbol{x}\cdot\boldsymbol{y}}{\frac{1}{n}\|\boldsymbol{x}\|\frac{1}{n}\|\boldsymbol{y}\|}$ ③ $\dfrac{\frac{1}{n-1}\boldsymbol{x}\cdot\boldsymbol{y}}{\frac{1}{n-1}\|\boldsymbol{x}\|\frac{1}{n-1}\|\boldsymbol{y}\|}$

④ $\dfrac{1}{n}\boldsymbol{x}\cdot\boldsymbol{y}$ ⑤ $\dfrac{\|\boldsymbol{x}\|\|\boldsymbol{y}\|}{\boldsymbol{x}\cdot\boldsymbol{y}}$

正解　①

解説

相関係数は

$$\frac{\sum_{i=1}^{n}(x_i-\overline{x})(y_i-\overline{y})}{\sqrt{\sum_{i=1}^{n}(x_i-\overline{x})^2}\sqrt{\sum_{i=1}^{n}(y_i-\overline{y})^2}} \tag{7.2.1}$$

である。一方，ベクトルの内積を使えば，

$$\boldsymbol{x}\cdot\boldsymbol{y}=\sum_{i=1}^{n}(x_i-\overline{x})(y_i-\overline{y}),\quad \boldsymbol{x}\cdot\boldsymbol{x}=\sum_{i=1}^{n}(x_i-\overline{x})^2,\quad \boldsymbol{y}\cdot\boldsymbol{y}=\sum_{i=1}^{n}(y_i-\overline{y})^2$$

を得る。これらを式 (7.2.1) に代入することで相関係数をベクトルで表記した式が得られる。よって，正解は①である。

問題 7.2.4 ［単回帰と最小二乗法（➡ p.69, p.73, p.187）］

変数 X と Y の関係を，無作為標本 $(X_1,Y_1),\ldots,(X_n,Y_n)$ を用いて切片のない単回帰モデル

$$Y_i = \beta X_i + u_i,\quad i=1,\ldots,n$$

によって調べる。u_i は誤差項である。β は

$$\mathrm{RSS}(\beta)=\sum_{i=1}^{n}(Y_i-\beta X_i)^2$$

を最小にする $\hat{\beta}$ によって推定する。このような推定法を最小二乗法，$\hat{\beta}$ を β の最小二乗推定量という。最小二乗推定量 $\hat{\beta}$ として，次の①～⑤のうちから適切なものを一つ選べ。

§7.2 数理 × 統計・可視化 **299**

① $\dfrac{\sum_{i=1}^{n} Y_i}{\sum_{i=1}^{n} X_i}$ 　　② $\displaystyle\sum_{i=1}^{n} \dfrac{Y_i}{X_i}$ 　　③ $\dfrac{\sum_{i=1}^{n} X_i Y_i}{\sum_{i=1}^{n} X_i^2}$

④ $\displaystyle\sum_{i=1}^{n} \dfrac{X_i Y_i}{X_i^2}$ 　　⑤ $\dfrac{\sum_{i=1}^{n} (X_i - \overline{X})(Y_i - \overline{Y})}{\sum_{i=1}^{n} (X_i - \overline{X})^2}$

正解　③

解説

　この問題では β はスカラーであり，RSS(β) の和を展開すると

$$\mathrm{RSS}(\beta) = (\sum_{i=1}^{n} X_i)\beta^2 - 2(\sum_{i=1}^{n} X_i Y_i)\beta + \sum_{i=1}^{n} Y_i^2$$

は β の（下に凸の）2 次関数となる。最小値は平方完成，あるいは β で微分して 0 とおくことにより得られ，最小値を与える $\hat{\beta}$ は

$$\hat{\beta} = \frac{\sum_{i=1}^{n} X_i Y_i}{\sum_{i=1}^{n} X_i^2}$$

である。よって，正解は③である。

問題 7.2.5　[ポアソン分布の尤度方程式と最尤推定量（➡ p.193, p.82）]
強度 λ のポアソン分布の確率関数は，

$$P(X = k) = \frac{\lambda^k e^{-\lambda}}{k!}$$

である。この分布に独立に従う N 個のデータ $(X_1, X_2, \ldots, X_N)$ から，最尤推定法によって λ を推定したい。対数尤度関数 $\ell(\lambda)$ と尤度方程式から求められる強度パラメータ λ の最尤推定量 $\hat{\lambda}$ の組合せとして，次の①〜⑤のうちから適切なものを一つ選べ。ただし，以下で $\overline{X} = (1/N)\sum_{j=1}^{N} X_j$ である。

① $l(\lambda) = \displaystyle\sum_{j=1}^{N} (X_j \log \lambda - \lambda - \log X_j!), \qquad \hat{\lambda} = \overline{X}$

② $l(\lambda) = \displaystyle\sum_{j=1}^{N} (X_j \log \lambda - \log \lambda - X_j!), \qquad \hat{\lambda} = \overline{X}$

③ $l(\lambda) = \displaystyle\sum_{j=1}^{N} (X_j \log \lambda - \lambda - \log X_j!), \qquad \hat{\lambda} = \overline{X} + 1$

④ $l(\lambda) = \sum_{j=1}^{N}(X_j \log \lambda - \lambda - \log X_j!), \qquad \hat{\lambda} = \dfrac{1}{N-1}\sum_{j=1}^{N} X_j$

⑤ $l(\lambda) = \sum_{j=1}^{N}(\lambda \log X_j - \lambda - \log X_j!), \qquad \hat{\lambda} = \dfrac{1}{N-1}\sum_{j=1}^{N} X_j$

正解　①

解説

対数尤度関数の定義より,

$$l(\lambda) = \sum_{j=1}^{N} \log \frac{\lambda^{X_j} e^{-\lambda}}{X_j!} = \sum_{j=1}^{N}(X_j \log \lambda - \lambda - \log X_j!)$$

であり，尤度方程式は

$$\frac{\partial l}{\partial \lambda} = \sum_{j=1}^{N}\left(\frac{X_j}{\lambda} - 1\right) = 0$$

となる。これを λ に対して解くことにより,強度パラメータ λ の最尤推定量は

$$\hat{\lambda} = \frac{1}{N}\sum_{j=1}^{N} X_j = \overline{X}$$

となる。この点で対数尤度関数が最大値をとることは,$\ell''(\lambda) = -\sum_{j=1}^{N} X_j/\lambda^2$ < 0 よりわかる。

よって，正解は①である。

§7.3　情報 × 統計・可視化

本節では，情報と統計・可視化2分野の複合問題の例題を与える。

問題 7.3.1 [階層的クラスタリングと非階層的クラスタリング（➡ p.154)]
$\{3, 12, 6, 2, 8\}$ という5つの数値について，2つの数値の距離を差の絶対値で

§7.3 情報 × 統計・可視化 **301**

定義し，3つのグループにクラスタリングすることを考える。階層的に最短距離法，すなわちグループ間の距離は要素間の距離の最小値とする方法，でクラスタリングした場合，【ア】どのようにグルーピングされ，【イ】隣接するクラスター間の距離はどのようになるか。また，代表的な非階層的クラスタリングである K-means 法で中心の初期値を $\{3, 12, 6\}$ として 3 つのクラスターに分けたとき，【ウ】グルーピングは階層的クラスタリングと異なるか。

【ア】～【ウ】の組合せとして，次の①～⑤のうちから適切なものを一つ選べ。

① 【ア】$\{\{2\}, \{3, 6\}, \{8, 12\}\}$，【イ】$\{1, 2\}$，【ウ】階層的クラスタリングと異なる

② 【ア】$\{\{2\}, \{3, 6, 8\}, \{12\}\}$，【イ】$\{1, 6\}$，【ウ】階層的クラスタリングと同じ

③ 【ア】$\{\{2\}, \{3, 6, 8\}, \{12\}\}$，【イ】$\{1, 4\}$，【ウ】階層的クラスタリングと異なる

④ 【ア】$\{\{2, 3\}, \{6, 8\}, \{12\}\}$，【イ】$\{3, 4\}$，【ウ】階層的クラスタリングと同じ

⑤ 【ア】$\{\{2, 3\}, \{6, 8\}, \{12\}\}$，【イ】$\{6, 6\}$，【ウ】階層的クラスタリングと異なる

正解 ④

解説

階層的に最短距離法でクラスタリングする場合，まず，1番距離が近い組合せがグルーピングされる。ここでは，クラスター1は$\{3, 2\}$が該当し，クラスター内の距離は1である。次に距離が近い組合せであるクラスター2は$\{6, 8\}$であり，クラスター内の距離は2である。クラスター1からの距離は$3(= 6 - 3)$である。残った$\{12\}$は単独のクラスターで，クラスター2との距離は$4(= 12 - 8)$である。ここでの階層的クラスタリングは以下のようにまとめられる。

1. $\{3\}$と$\{2\}$のクラスタ（距離1）をまとめる
2. $\{6\}$と$\{8\}$のクラスタ（距離2）をまとめる

3. $\{3, 2\}$と$\{6, 8\}$のクラスタ（距離3）をまとめる

4. $\{3, 2, 6, 8\}$と$\{12\}$のクラスタ（距離4）をまとめる

これより3つのグループにクラスタリングしたときのグループは$\{\{2,3\}, \{6,8\}, \{12\}\}$であり，これらの間の距離は$\{3,4\}$である。

　また，非階層的クラスタリングの1つであるK-means法で3つのクラスターに分ける場合，中心の初期値を$\{3, 12, 6\}$とすれば最初から$\{\{2,3\}, \{6,8\}, \{12\}\}$が得られるから，階層的クラスタリングと同じ結果となる。Pythonで次のように実装すると

```
from sklearn.cluster import KMeans
import numpy as np
centroids = np.array([[3], [12], [6]])
model = KMeans(n_clusters=3,init=centroids)
Y = [[3], [12], [6], [2], [8]]
model.fit(Y)
print("G␣=", model.labels_)
```

出力は

```
G = [0 1 2 0 2]
```

となり，階層的クラスタリングと同じクラスターになっていることがわかる。

　よって，正解は④である。

問題 7.3.2 ［制約条件のある連続最適化の問題 （➡ p.74, p.76）］

50円のみかんをx個と100円のりんごy個を1000円の予算で購入することを考える。購入による効用は，購入個数に応じて$U(x,y) = \ln x + \ln y$で与えられるとする（$\ln$は自然対数である）。予算制約の下で効用を最大化するようにみかんとりんごを購入したい。それぞれ何個ずつ買えばよいか。次の①〜⑤のうちから適切なものを一つ選べ。

① $x = 20,\ y = 0$　　　② $x = 14,\ y = 3$　　　③ $x = 10,\ y = 5$

④ $x = 4,\ y = 8$　　　　⑤ $x = 0,\ y = 10$

§7.3 情報 × 統計・可視化 **303**

正解 ③

解説

　効用関数 $U(x, y)$ は，みかんとりんごの個数 x と y の増加関数になっているので，予算はできるだけ使った方が効用が高くなることがわかる。したがって，みかんを x 個購入するとき，残りの予算 $(1000 - 50x)$ 円の全額をりんご購入に充てたい。その場合，購入可能なりんごの個数は（さしあたっては整数かどうか不問にして）$y = (1000 - 50x)/100$ である。これを用いて，効用関数は

$$U(x) = \ln x + \ln\left(\frac{1000 - 50x}{100}\right) = \ln x + \ln\left(10 - \frac{1}{2}x\right) \qquad (7.3.1)$$

と変数 x だけで書き直すことができる。ここで，$U(x)$ を x で微分すると，

$$U'(x) = \frac{dU(x)}{dx} = \frac{1}{x} - \frac{1}{20 - x} \qquad (7.3.2)$$

となる。ここで，x の可能な範囲は $0 \leq x \leq 20$ であるので，この範囲で増減表を書くと以下のようになる。

x	0		10		20
$U'(x)$		$+$	0	$-$	
$U(x)$	$-\infty$	↗	$\ln 50$	↘	$-\infty$

したがって，効用が最大になるのは，③ の $x = 10$ 個，$y = 5$ 個となる。

問題 7.3.3［標本分散の計算のフローチャートによる表示（➡ **p.105, p.145**）］
データ $(x_1, x_2, \ldots, x_{100})$ から標本分散 s^2 を計算し，その値を出力する基本的なアルゴリズムをフローチャートで描いた（図 7.1）。次のフローチャートの空欄【ア】，【イ】，【ウ】に記入する表記の組合せとして，下の①〜⑤のうちから最も適切なものを一つ選べ。

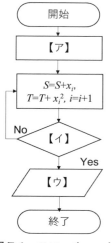

図 7.1 フローチャート

① 【ア】 $S=1, T=1, i=0$ 【イ】 $i>100$ 【ウ】 $T-S^2$ を出力
② 【ア】 $S=0, T=0, i=1$ 【イ】 $i<100$ 【ウ】 $T/i+(S/i)^2$ を出力
③ 【ア】 $S=0, T=0, i=1$ 【イ】 $i>100$ 【ウ】 $T/i-(S/i)^2$ を出力
④ 【ア】 $S=1, i=0$ 　　　 【イ】 $i<100$ 【ウ】 $T/(i-1)+(S/(i-1))^2$ を出力
⑤ 【ア】 $S=0, T=0, i=1$ 【イ】 $i>100$ 【ウ】 $T/(i-1)-(S/(i-1))^2$ を出力

正解　⑤

解説

　【ア】において，S と T はそれぞれ総和と二乗の総和を表すので，$S=0$, $T=0$ と初期化されている必要がある．また，x_i の添え字 i は 1 から始まるため，$i=1$ と初期化されるべきである．よって，$S=0, T=0, i=1$ が適切である．【イ】は条件分岐であり，データ数まで加算が終わったことの確認をしているので，$i>100$ が適切である．【ウ】について，i は終了時点で 101

§7.3 情報 × 統計・可視化 **305**

となるので，1つ少ない数で総和を割り算することで標本平均と二乗の標本平均を計算することができる。ところで，分散は $s^2 = (\sum_{i=1}^{n} x_i^2)/n - \overline{x}^2$ の関係式があるので，この関係式を用いて標本分散は $T/(i-1) - (S/(i-1))^2$ と算出できる。よって，正解は⑤である。

問題 7.3.4 [Python コードによる確率分布の判断（➡ p.120, p.172, p.178）]
以下のプログラムで，変数 p には 0 以上 1 以下の実数が代入され，変数 S には正の整数が代入されているとする。rand01(p) は確率 p で 1，確率 1−p で 0 が得られる疑似乱数関数である。S が無限大になる極限で histogram と pmass が一致するようにしたい。関数 f の定義として，下の①〜④のうちから適切なものを一つ選べ。

```
N = 10
histogram = [0]*(N+1)
for i in range(S):
    k = 0
    for j in range(N):
        k += rand01(p)
    histogram[k] += 1/S

pmass = [0]*(N+1)
for i in range(N+1):
    pmass[i] = p**i*(1-p)**(N-i)*f(N)/(f(i)*f(N-i))
```

①

```
def f(n):
    return n*f(n-1) if n>=1 else 0
```

②

```
def f(n):
    return n*f(n+1) if n>=1 else 0
```

③

```
def f(n):
    return n*f(n-1) if n>=1 else 1
```

④

```
def f(n):
    return n*f(n+1) if n>=1 else 1
```

正解 ③

解説

kに確率pで1，確率1 − pで0が出る乱数をN個足し合わせたものになっている。これは二項分布 $B(N, p)$ に従うため，その確率質量関数は

$$P(X = k) = p^k (1 - p)^{N-k} \frac{N!}{k!(N - k)!}$$

である。これを pmass に関する部分のコードと見比べると，関数 f は階乗関数でなければならないことがわかる。階乗の定義は

$$n! = f(n) = \begin{cases} 1 & (n = 0) \\ nf(n - 1) & (n \geq 1) \end{cases}$$

なので，正解は③である。

問題 7.3.5 ［時系列データにおける季節性の考慮（➡ p.197）］

表 7.2 は，2023 年 9 月 8 日に内閣府から公表された四半期別 GDP の 2023 年 4–6 月期・2 次速報の統計表一覧から実質原系列と実質季節調整系列の国内総生産（支出側）について 2021 年 1–3 月期からのデータの一部である。単位は 2015 暦年連鎖価格で 10 億円であり，実質季節調整系列については年率で表示されている。GDP の傾向を表す 2023 年 4–6 月期の前期比，前年同期比の組合せとして，次の①～⑤のうちから最も適切なものを一つ選べ。ただし，各比率は，% 表示で小数点以下第 2 位を四捨五入して求めるものとする。

① 前期比 −2.5%，前年同期比 1.6%
② 前期比 −2.5%，前年同期比 1.7%
③ 前期比　1.2%，前年同期比 1.6%
④ 前期比　1.2%，前年同期比 1.7%
⑤ 前期比　1.2%，前年同期比 1.4%

§7.3 情報 × 統計・可視化 **307**

表7.2 四半期別GDP（2023年4–6月期・2次速報）

		GDP(実質, 原系列)	GDP(実質, 季節調整, 年率)
2021/	1–3.	136,093.00	538,443.60
	4–6.	131,871.90	541,351.60
	7–9.	133,399.40	539,281.00
	10–12.	139,530.00	545,242.30
2022/	1–3.	136,952.60	542,115.30
	4–6.	134,097.30	549,118.50
	7–9.	135,392.20	547,483.00
	10–12.	140,113.60	547,760.50
2023/	1–3.	139,628.90	552,142.00
	4–6.	136,178.50	558,603.40

正解 ③

解説

　実質GDPのデータは，季節変動が大きいため，時系列データの把握には季節調整を行う必要がある．内閣府では表7.2のように原系列に加え，季節調整系列も公表しているため，前期比を求める際には「GDP(実質, 季節調整, 年率)」の項目を利用することになる．ここで，

$$558,603.40/552,142.00 - 1 \simeq 1.170\%$$

となるから，前期比の正解は1.2%である．原系列の前期比をとると -2.5% となるが，原系列の前期比ではGDPの減少傾向を示しているのか，単なる季節変動の傾向を示しているのか判断できないので要注意である．一方，前年同期比については，原系列をもとに計算すれば季節変動を除去できるが，季節調整済み系列の前年同期比を用いると二重に調整されるため不適切である．前年同期比は

$$136,178.50/134,097.30 - 1 \simeq 1.552\%$$

で求められるから，前年同期比の正解は1.6%である．

　よって，正解は③である．

308

問題 7.3.6 ［教師あり学習（➡ p.205）］

次の文章はある店舗における1日の売上金額を教師あり学習により予測する方法について述べたものである。

　　1日あたりの売上金額の予測を行うため，過去3年間の1日あたりの売上金額，何月か，各日の天候，気温，土日祝日か否か，イベント日か否かの情報を【ア】構造化データとしてまとめた。次に，3年分の【イ】データをランダムに7対3に分け，7割を教師データ，3割をテストデータとした。その後，教師データを用いて1日あたりの売上金額をその他のデータから予測する【ウ】決定木による分類モデルを導出した。その回帰モデルの予測精度を調べるため，【エ】テストデータを用いて平均絶対誤差を求めたところ，よい予測精度であることが確認できたので，この予測結果を参考に【オ】日々の在庫量や従業員数を決めることとした。

【ア】～【オ】の下線部のうち適切でないものはどれか。次の①～⑤のうちから一つ選べ。

　① 【ア】　　　② 【イ】　　　③ 【ウ】　　　④ 【エ】　　　⑤ 【オ】

正解　③

解説

　【ア】量的データや質的データをデータ分析を行いやすいように構造化データ（表形式）としてまとめることは適切なので正しい。【イ】作成したモデルの評価を行うためにデータを教師データとテストデータに分けるホールドアウト法を使用することは適切であり正しい（ただし，時系列構造を考慮する場合はデータの分け方に注意しなければならない）。【ウ】量的データを予測する場合は分類ではなく回帰を使うべきであるので誤り。【エ】テストデータに基づいて推定精度を評価することは適切である。また，平均絶対誤差は量的データの精度を測る指標として適切なので正しい。【オ】予測モデルの活用方法はさまざま考えられるが，在庫管理や人的配置はその活用の一例であり正しい。

§7.3 情報 × 統計・可視化 **309**

よって，正解は③である。

問題 7.3.7 ［教師なし学習手法の選択（➡ p.209）］

あるコンサルティング会社がスーパーマーケットチェーンから業務改善の依頼を受けた。担当者がヒアリングを行ったところ，以下のような要望が出た。このうち，K-means 法を適用するものとして，次の①〜⑤のうちから最も適切なものを一つ選べ。

① 顧客アンケートの自由回答欄でどんな不満が多いかを知りたい。
② 廃棄が多く発生している商品を特定して在庫を最適化したい。
③ アプリでさまざまなクーポンを発行して顧客の反応がよいものを見つけたい。
④ 曜日・気温・降水量をもとに来店客数を予測したい。
⑤ 顧客を類別してそれぞれのアプローチ方法を考えたい。

正解 ⑤

解説

　K-means 法は非階層的クラスタリングの代表的な手法である。

　①の顧客アンケートの自由回答欄を分析するためには，形態素解析を行い，共起分析や感情分析などのテキストマイニング手法を使う必要がある。クラスタリングを使うこともできなくはないが，最優先の手法ではない。

　②の廃棄が多く発生している商品を特定して在庫を最適化するためには，在庫管理データベースなどを使用し，需要予測を行う必要がある。廃棄の数を確認するためにはクラスタリングを使う必要はない。

　③の複数種類のクーポンを発行して反応のよいものを選ぶためには，AB テストなどが使える。クラスタリングの必要はない。

　④の曜日・気温・降水量をもとに来店客数を予測するのは教師あり学習の手法が使える。教師なし学習であるクラスタリングとは無関係である。

　⑤の顧客を類別するためには，年齢・性別・購入商品の種類・金額・来店回数・来店時間などでクラスタリングを行うのが適切である。

　よって，正解は⑤である。

7
章

例題と解説（2分野複合問題）

第8章
模擬試験問題

　本章では，DS 発展の実際の出題形式にそって 28 題の問題とその解説を示す。28 題のうち最初の 10 題は倫理・AI 分野の単一分野問題である。その後，1 分野単独問題として，数理単独問題，情報単独問題，統計・可視化単独問題がそれぞれ 3 題である。最後に 2 分野複合問題として，数理×情報，数理×統計・可視化，情報×統計・可視化がそれぞれ 3 題である。

　問題の形式は多くが単一選択問題である。数値記入式の問題例は**問題 9**と**問題 17** である。多肢選択問題の例は**問題 27** である。また**問題 15** のように単一選択の組合せの問題も出題される。

問題 1

　次の文章の空欄【ア】および【イ】に入る語句として，下の①〜⑤のうちから最も適切なものを一つ選べ。

　　社会ではさまざまな場面でデータが取得され，リアルタイムに処理されて役立てられているが，システムや AI が活用できるデータは，爆発的に増えている。その背景として，通信機能を搭載したモノからデータを取得する【ア】技術の革新や，日本では 2020 年 4 月に開始された超高速・多数同時接続・超低遅延を実現できるとされるサービス【イ】の開始などが挙げられる。

① 【ア】インターネット　【イ】3G

② 【ア】IoT 　　　　　　【イ】4G

③ 【ア】IoT 　　　　　　【イ】5G

④ 【ア】ICT 　　　　　　【イ】インターネット

⑤ 【ア】ICT 　　　　　　【イ】5G

問題 2

アメリカの信用機会均等法（equal credit opportunity act）において，与信審査にて用いることが禁止されていない個人情報として，次の①〜⑤のうちから最も適切なものを一つ選べ。

① 国籍　　　② 人種　　　③ 性別　　　④ 前年度年収　　　⑤ 居住地域

問題 3

データの公開にあたって，個人情報の秘匿の観点から注意すべき統計量として，次の①〜⑤のうちから最も適切なものを一つ選べ。

① 総和　　　② 平均　　　③ 最大値　　　④ 標準偏差　　　⑤ 四分位範囲

問題 4

次の文章の空欄【ア】〜【ウ】に入る語句として，下の①〜⑤のうちから最も適切なものを一つ選べ。

データサイエンスの一般的な課題解決プロセスとして，PPDAC サイクルがある。この【ア】，計画（Plan），【イ】，分析（Analysis），結論（Conclusion）のサイクルを反復的に回して継続的に改善することが重要である。【ア】フェーズでは，解決すべき具体的な課題を特定する。課題は明確かつ具体的でなければならず，適切な課題抽出は成功への鍵となる。この段階では，関連する背景情報の収集や，関係者からのフィードバックの取得も行う。また，必要な情報を収集する【イ】フェーズでは，収集するデータの質に注意を払い，【ウ】によって分析目的に沿ったデータの品質を確保することが重要である。

① 【ア】問題 (Problem) 【イ】データ (Data) 　　　【ウ】データベース
② 【ア】工程 (Process) 【イ】開発 (Development) 【ウ】データ前処理
③ 【ア】工程 (Process) 【イ】導入 (Deployment) 【ウ】データ構造
④ 【ア】問題 (Problem) 【イ】開発 (Development) 【ウ】データベース
⑤ 【ア】問題 (Problem) 【イ】データ (Data) 　　　【ウ】データ前処理

問題5

　問題解決に資するためのデータサイエンティストの能力として，次の①～⑤のうちから必須ではないものを一つ選べ。

① 社会課題，企業の課題を把握して洗い出し，優先度をつけて取り組むべき課題を選定できる。
② 生成 AI を使用して，プログラミングコードを作成することができる。
③ いろいろな分析手法（統計学，機械学習）を試すことにより，課題解決への創意工夫ができる。
④ 課題に即したデータを理解して収集し，データの加工などのデータ前処理を地道に行うことができる。
⑤ データ分析結果をわかりやすく説明し，結果を業務に適用する道筋を示すことができる。

問題6

　個人情報保護に関する次の A～C の説明の正誤の組合せとして，下の①～⑤のうちから最も適切なものを一つ選べ。

A: ヨーロッパ連合（EU）の GDPR（General Data Protection Regulation）は，EU 企業に対してデータの収集，処理，保存に関する義務を課すもので，日本企業には関係しない。
B: オプトアウトは，個人が特定のデータ処理やマーケティングコミュニケーションから自分自身を除外する選択をすることである。
C: インフォームドコンセントは，個人が自分の個人情報の使用に関して十分な情報をもっていて，その使用に同意することである。

① Aのみ正しい。　　　② Bのみ正しい。　　　③ Cのみ正しい。
④ BとCのみ正しい。　　⑤ AとCのみ正しい。

問題 7

　情報システムには，機密性，完全性，可用性という3つの要素があり，これら3つのバランスをうまくとることにより，情報資産を保護した信頼性の高い情報システムを構築，運用することができる。このうち，完全性を実現するための方法として，次の①〜⑤のうちから最も適切なものを一つ選べ。

① 冗長システム　　② データバックアップ　　③ アクセス制御リスト
④ 暗号化　　　　　⑤ ハッシュ関数

問題 8

　ChatGPT に代表される生成 AI の使い方として，次の①〜⑤のうちから適切でないものを一つ選べ。

① 「箇条書きで3つ書いて」「ステップ形式で記述して」など，具体的な指示を与える。
② 情報の流出を避けるため，閉域接続かつ API 経由で生成 AI サービスを利用する。
③ 「なぜそうなるか」「さらにいい方法を教えて」など，結果を深く理解できるような指示を与える。
④ 営業情報，健康情報などに関する助言を求めて，具体的な情報を入れて指示を与える。
⑤ 可能な限り，学習したデータセットを調査し，生成された結果に含まれている内容を確認する。

問題 9

　次の表は，各レコード（行）が個人に関するデータからなるデータベースである。どのレコードも他の少なくとも $(k-1)$ 個のレコードと一致するとき，データベースは k-匿名性をもつという。この表では，たとえば3行目のレコードは（年齢，性別，居住地）の組合せが他と異なるため，このデータ

ベースは2-匿名性をもたない。

年齢	性別	居住地
24	男性	東京
24	男性	東京
28	男性	東京
15	男性	大阪
17	男性	大阪
14	男性	大阪
23	女性	東京
26	女性	東京
28	女性	東京
18	女性	東京
15	女性	東京
12	女性	東京

そこで，個人情報の保護の観点から，年齢を10歳刻みに粗くして，0〜9歳，10〜19歳，20〜29歳，・・・のように10歳刻みの年齢階級に変換したデータベースを考える。たとえば1行目のレコードは

（24歳，男性，東京）　→　（20歳台，男性，東京）

と変換される。変換されたデータベースのk-匿名性，および変換されたデータベースにおいて年齢の階級値（15歳および25歳とする）から計算した平均年齢に関して，次の文章の空欄【ア】，【イ】に適切な数値を記入せよ。
※数値は四捨五入して，半角，整数値で記入すること。

　　変換されたデータベースがk-匿名性をもつkの最大値は【ア】である。また平均年齢は【イ】歳である。

問題10

　　国勢調査は日本に住んでいるすべての人と世帯を対象とする国の最も重要な統計調査であり，基本単位区とよばれる地域の集計も行われている。日本

の人口は国勢調査に基づいて確定される。

　基本単位区は全国で J 箇所あるとし，基本単位区ごとに集計された 5 歳年齢階級別人口について数式を用いて表す。年齢階級として $K = 21$ 個の階級（5 歳未満，5 歳以上〜10 歳未満，10 歳以上〜15 歳未満, $\ldots$, 100 歳以上）を考え，j 番目の基本単位区 $(j = 1, \ldots, J)$ の k 番目 $(k = 1, \ldots, K)$ の年齢階級の人口を (j, k) 成分とする行列 $\boldsymbol{A} = (A_{jk})$ を考える。日本の k 番目の年齢階級別総人口 S_k と，1 基本単位区あたりの人口 M を表す式の組合せとして，次の①〜⑤のうちから最も適切なものを一つ選べ。

① $S_k = \displaystyle\sum_{j=1}^{K} A_{kj}, \quad M = \dfrac{1}{J}\sum_{k=1}^{J}\sum_{j=1}^{K} A_{kj}$

② $S_k = \displaystyle\sum_{j=1}^{J} A_{jk}, \quad M = \dfrac{1}{KJ}\sum_{k=1}^{K}\sum_{j=1}^{J} A_{jk}$

③ $S_k = \displaystyle\sum_{j=1}^{J} A_{jk}, \quad M = \dfrac{1}{J}\sum_{j=1}^{J}\sum_{k=1}^{K} A_{jk}$

④ $S_k = \displaystyle\sum_{j=1}^{K} A_{kj}, \quad M = \dfrac{1}{K}\sum_{k=1}^{J}\sum_{j=1}^{K} A_{kj}$

⑤ $S_k = \displaystyle\sum_{j=1}^{J} A_{jk}, \quad M = \dfrac{1}{K}\sum_{k=1}^{K}\sum_{j=1}^{J} A_{jk}$

問題 11

　次の 2 × 2 の行列

$$\boldsymbol{A} = \begin{pmatrix} 1 & 1 \\ 1 & x \end{pmatrix}$$

が $\boldsymbol{A}^{-1} = (1/2)\boldsymbol{A}$ をみたすための x の値として，次の①〜⑤のうちから適切なものを一つ選べ。

　① -1 　　② $-1/2$ 　　③ 0 　　④ $1/2$ 　　⑤ 1

問題 12

　x, y を実数とする。$f(x, y) = 2x^2 + y^2 + 2xy + 2x + 1$ を最小にする (x, y)

の値として，次の①〜⑤のうちから適切なものを一つ選べ。

① $(-1, -1)$　　② $(-1, 1)$　　③ $(0, 1)$　　④ $(1, -1)$　　⑤ $(1, 1)$

問題 13

数列 $\{a_n\}$ が漸化式

$$a_{n+1} = 0.25a_n + 1.5$$

をみたすとする。このとき，数列 $\{a_n\}$ の収束に関して，次の①〜⑤のうちから適切なものを一つ選べ。

① 収束しない。　　② 0 に収束する。　　③ 1 に収束する。

④ 2 に収束する。　　⑤ 3 に収束する。

問題 14

次の 2 進数の数を 10 進数で表すと何になるか。下の①〜⑤のうちから適切なものを一つ選べ。

1100101

① 89　　② 99　　③ 100　　④ 101　　⑤ 105

問題 15

下の Python プログラムとその説明文について，説明文中の空欄【1】，【2】に入る文言の組合せとして，下の①〜④のうちから最も適切なものを一つ選べ。また，プログラム中の【3】と【4】を入る語句の組合せとして，下の⑤と⑥のうちから最も適切なものを一つ選べ。

以下は基礎的な認証システムのデモプログラムの一部である。事前に password_table という連想配列に，各ユーザのパスワードのハッシュ値を安全なハッシュ関数 HASH() を用いて求めたものが，ユーザ名をキーとして記録されているとする。このプログラムは，入力されたパスワードから HASH() で求めたハッシュ値が，password_table に記録されているユーザのものと一致する場合には「認証成功」，そうでない場合には「認証失敗」と表示する。この

ようにパスワードそのものではなくハッシュ値を記録しておくことで,【1】という効果が期待できる。また,その効果をより高めるために,【2】手法が広く用いられている。

```
# password_table は，HASH()関数でハッシュ化したパスワードが
# ユーザ名をキーとして記録されている
user_name = input("ユーザ名を入力して下さい>")
password = input("パスワードを入力して下さい>")
if password_table[user_name] == HASH(password):
    print("認証 【3】 ")
else:
    print("認証 【4】 ")
```

① 【1】万が一，password_table の内容とパスワードのリストが流出しても，攻撃者はどのパスワードがどのユーザのものかを特定できず，ユーザ名とパスワードの組合せを復元できない

　　【2】ハッシュ値を求める際にソルトとよばれるランダムなデータを加える

② 【1】万が一，password_table の内容が流出しても，攻撃者はハッシュ値から各ユーザのパスワードを復元できない

　　【2】ハッシュ値を求める際にソルトとよばれるランダムなデータを加える

③ 【1】password_table から，各ユーザのパスワードを高速に見つけ出す

　　【2】インメモリデータベースとよばれる password_table をメモリに読み込んでおく

④ 【1】password_table から，各ユーザのパスワードを高速に見つけ出す

　　【2】ハッシュテーブルとよばれるデータの検索を効率的に行う

⑤ 【3】失敗　【4】成功

⑥ 【3】成功　【4】失敗

問題 16

次のような欠測値が含まれる,カンマ区切りの科目別の得点表(scores.txt)を Python のライブラリである pandas を用いて，データフレームに読み込

んだとする。

[得点表]
```
name, school, mathematics, english, history
Alice, A,, 80, 70
Bob, B, 75, 95, 60
Charlie, A, 70, 80,
David, B, 65,,
Ellen, B, 60,, 50
Fred, A,,, 65
```

[コード]
```
import pandas as pd
df = pd.read_csv('scores.txt')
print(df.isnull().sum())
```

ここで isnull() は欠測値を判定するメソッドである。コードからの出力の一部は

```
mathematics 2
english 3
```

となった。history に対応する出力として，次の①〜⑤のうちから適切なものを一つ選べ。

① 1　　② 2　　③ 3　　④ 4　　⑤ 5

問題 17

確率変数 X と Y の和を $W = X + Y$ とする。X の分散が 9，X と Y の相関係数が 0.5，W の分散が 19 であるとき，次の各文章の空欄に当てはまる値を答えよ。

※値は，半角数字，整数で入力すること。

(1) Y の分散は ☐ である。

(2) X と Y の共分散は ☐ である。

問題 18

表（おもて）の出る確率 p が未知であるコインを n 回投げて p を推定する。表の出た回数を表す確率変数を X とし，p の推定量を $\hat{p} = X/n$ としたとき，$\hat{p}$ の標準偏差を任意の p において 0.05 以下にするためには，コイン投げの回数 n を最低限いくつに設定しておけばよいか。次の①〜⑤のうちから適切なものを一つ選べ。

① 25 回　　② 50 回　　③ 100 回　　④ 125 回　　⑤ 150 回

問題 19

ある疾患に対して，ある特定の検査の感度と特異度は共に 0.99 であるとする。ただし，感度は疾患に罹患している集団において検査が陽性となる確率であり，特異度は疾患に罹患していない集団において検査が陰性となる確率である。この疾患の有病率が 0.0001 である集団に対してこの検査を実施するとき，検査が陽性になる確率として，次の①〜⑤のうちから最も適切なものを一つ選べ。

① 0.001　　② 0.01　　③ 0.03　　④ 0.05　　⑤ 0.07

問題 20

次の Python プログラムは，ある方程式 $f(x) = 0$ の解を 2 分法により求めている。2 分法とは図にあるように，はさみうちの考え方によって，解を含む区間の長さを順次半分にしていく方法である。このプログラムから出力される方程式の解と，その値を求めるためにプログラム上で設定すべき a と b の値【ア】，【イ】の組合せとして，下の①〜⑤のうちから最も適切なものを一つ選べ。

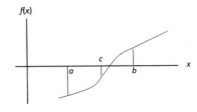

```
import math
epsilon = 1e-25
def f(x):
    return(math.log(x/2.0-1.0)/math.log(0.25)-0.5)
a = 【ア】
b = 【イ】
while (a - b) * (a - b) > epsilon:
    c = (a + b) * 0.5
if f(c)==0:
    break;
if f(a)*f(c) > 0.0:
    a = c
else:
    b = c
print('{:.1f}'.format(c))
```

① 解：1.5 【ア】0.0　　【イ】3.0
② 解：3.0 【ア】2.5　　【イ】10.0
③ 解：3.0 【ア】−3.5 【イ】3.5
④ 解：1.5 【ア】−1.5 【イ】1.5
⑤ 解：3.0 【ア】4.0　　【イ】10.0

問題 21

　個人情報を含むデータの処理や提供を行う際に，特定の個人の情報の秘匿性を確保するためにデータを加工・処理することを，「匿名化」という。匿名化にはさまざまな方法があるが，加工対象となるデータに含まれる個人に関する変数の値を異なるレコード間で入れ替える匿名化の方法を，データ交換（スワッピング）という。表の各レコード（行）は，個人に関するデータの一部の変数を抽出したものである。このデータに対してデータ交換により，特定の2名のレコードにおける年収の値を入れ替える措置を行うこととする。

住所	年収（万円）
東京都	500
大阪府	400
大阪府	550
東京都	400
東京都	700
大阪府	500
大阪府	800
大阪府	600

入れ替えを行うレコードの組合せは，全部で【ア】通りある。この
とき，同じ年収の値をもつレコードがあることから，実際には元の
データと異なるデータになる組合せを求める場合には，さらに【イ】。

このとき，上の文章の空欄【ア】および【イ】に当てはまる数および語
句の組合せとして，次の①〜⑤のうちから適切なものを一つ選べ。ただし，
$\binom{m}{n}$ は m 個の要素から n 個の要素を選ぶ場合の組合せの数を表す。

① 【ア】 8^2　　【イ】 2を引く必要がある

② 【ア】 $\binom{8}{2}$　　【イ】 2で割る必要がある

③ 【ア】 8^2　　【イ】 2で割る必要がある

④ 【ア】 8!2!　　【イ】 2を引く必要がある

⑤ 【ア】 $\binom{8}{2}$　　【イ】 2を引く必要がある

問題 22

情報セキュリティにおいて，パスワードの適切な設定と管理は極めて重
要である。いま，英字（小文字のみ）および数字の計36種類で10桁のパス
ワードを作成する場合，全部で何通りのパスワードが作成可能か。次の①〜
⑤のうちから最も適切なものを一つ選べ。ただし，常用対数 $\log_{10}$ の近似値
として $\log_{10} 2 = 0.301$，$\log_{10} 3 = 0.477$ を用いてよい。

① 2×10^{14}　　② 4×10^{14}　　③ 2×10^{15}　　④ 4×10^{15}　　⑤ 2×10^{16}

問題 23

次の文章の空欄【ア】，【イ】に入る式および語句の組合せとして，下の①
〜⑥のうちから最も適切なものを一つ選べ。

所与の実数値のデータ $x_1, \ldots, x_n$ に対して，各 x_i からの差の二乗和 $V = \sum_{i=1}^{n} (x_i - c)^2$ を最小にする c を求める。V を c で微分すると【ア】であり，これを 0 とおくことにより V を最小にする c は $x_1, \ldots, x_n$ の【イ】であることがわかる。

① 【ア】$\sum_{i=1}^{n} x_i$ 　　　　【イ】中央値
② 【ア】$\sum_{i=1}^{n} x_i$ 　　　　【イ】平均値
③ 【ア】$-2\sum_{i=1}^{n} (x_i - c)$ 　【イ】中央値
④ 【ア】$-2\sum_{i=1}^{n} (x_i - c)$ 　【イ】平均値
⑤ 【ア】$\sum_{i=1}^{n} (x_i - c)$ 　　【イ】中央値
⑥ 【ア】$-\sum_{i=1}^{n} (x_i - c)$ 　【イ】平均値

問題 24

連続型確率変数 Y の確率密度関数 $g(y)$ が次式で与えられるとする。

$$g(y) = \begin{cases} cy^2(2 - y), & (0 < y < 2) \\ 0, & (その他). \end{cases}$$

定数 c の値として，次の①〜⑤のうちから適切なものを一つ選べ。

① $4/5$ 　② $5/4$ 　③ $1/4$ 　④ $4/3$ 　⑤ $3/4$

問題 25

9 名の学生の国語と数学の試験の点数データをそれぞれ $\mathbf{x} = (68, 85, \ldots, 83)^T$ および $\mathbf{y} = (60, 73, \ldots, 62)^T$ と 2 つのベクトルで表す。上付きの T はベクトルの転置を意味する。そして，各ベクトルの成分から試験の平均値（国語：78 点，数学：64 点）を引いた偏差ベクトルを，$\mathbf{x}^* = (-10, 7, \ldots, 5)^T$ および $\mathbf{y}^* = (-4, 9, \ldots, -2)^T$ とする。このとき，$\mathbf{x}^*$ および $\mathbf{y}^*$ の長さ（ノルム）はそれぞれ 27.46 および 47.41 であり，$\mathbf{x}^*$ と $\mathbf{y}^*$ の内積は 276 であった。国語と数学の試験の点数の相関係数として，次の①〜⑤のうちから最も適切

なものを一つ選べ．

① 0.2   ② 0.3   ③ 0.4   ④ 0.5   ⑤ 0.6

問題 26

データ $(x_1, x_2, \ldots, x_{50})$ から標本平均を計算し，その値を出力する基本的なアルゴリズムをフローチャートで描いた．次のフローチャートの空欄【ア】,【イ】,【ウ】に記入するものの組合せとして，下の①〜⑤のうちから最も適切なものを一つ選べ．

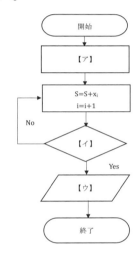

① 【ア】$S=1,\ i=0$ 【イ】$i>50$ 【ウ】i を出力
② 【ア】$S=0,\ i=1$ 【イ】$i<50$ 【ウ】S を出力
③ 【ア】$S=0,\ i=1$ 【イ】$i>50$ 【ウ】S/i を出力
④ 【ア】$S=1,\ i=0$ 【イ】$i<50$ 【ウ】$S/(i-1)$ を出力
⑤ 【ア】$S=0,\ i=1$ 【イ】$i>50$ 【ウ】$S/(i-1)$ を出力

問題 27

データに含まれる外れ値の一つの定義として，第1四分位数，あるいは第3四分位数から四分位範囲の 1.5 倍より離れている観測値を外れ値とするものがある．以下はこの定義に基づき外れ値を出力する Python コードである．

```
import numpy as np
x = [44,52,42,76,53,42,55,57,56,47,67,54,44,28,61,50,50,59,58,56]
q1, q3 = np.percentile(x, [25, 75])
iqr = q3 - q1 # 四分位範囲
print(q1,q3,iqr*1.5)
lb = q1 - iqr * 1.5 # 下限
ub = q3 + iqr * 1.5 # 上限
for num in x:
    if (num > ub or num < lb):
        print(num)
```

コード中の print(q1,q3,iqr*1.5) の出力は 46.25 57.25 16.5 であった。
コード中の x に含まれる次の①〜④の観測値のうち外れ値として出力される
ものだけをすべて選べ。

① 28　　② 42　　③ 67　　④ 76

問題 28

次の Python プログラムを実行したときに出力される値の近似値として，下
の①〜⑤のうちから最も適切なものを一つ選べ。ただし，np.random.uniform
は 0 と 1 の間の一様乱数を発生させる関数である。

```
import numpy as np
Nrepl = 10000
p1 = 0.3; p2 = 0.4
sum = 0.0
for num in range(Nrepl):
    u = np.random.uniform()
    if u < p1:
        x = 0
    elif u < p1 + p2:
        x = 1
    else:
        x = 2
    sum += x
print(sum/Nrepl)
```

① 0.5　　② 0.6　　③ 1.0　　④ 1.2　　⑤ 1.5

325

模擬試験問題解答・解説（問題1〜28）

問題1

正解　③

解説　（➡ p.16）

　IoT（Internet of Things の略）は，モノに通信機能を搭載し，データ取得をリアルタイムに行う技術であり，【ア】に入る語句として最も適切である。超高速・多数同時接続・超低遅延を実現する5Gは，2020年4月に日本でサービスが開始されており，【イ】に入る語句として最も適切である。よって，正解は③である。

問題2

正解　④

解説　（➡ p.37）

　AIの開発にあたっては，利用できるビッグデータのうち，利用目的とは関係しない差別につながるデータを利用してはならない。アメリカの信用機会均等法では，人種，性別，居住地域，国籍などを与信審査に用いることは禁止されている。年収は禁止されていない。したがって，正解は④の前年度年収である。

　日本では，アメリカの信用機会均等法に相当する法律は現時点（2024年）で存在していないので，「性別」などをモデルに組み込んでも，法律上は「特に問題はない」と考えられる。ただし，国籍，人種，性別，居住地域は本人の信用力とは関係しないものであり，差別につながる可能もあるため利用すべきでないと考えておくのが妥当である。一方で，住宅ローンの申込み時には前年度の源泉徴収票の提出などが求められることが多いのは，アメリカと同様である。

問題3

正解　③

解説 （➡ p.37）

　個々のデータがそのまま反映される③最大値には，秘匿の観点では特に注意する必要がある。たとえば，体重のデータにおいて，対象者に一人だけ体格のいい人がいることがわかっていた場合，最大値はその人のデータと推察される。

　一方，①総和，②平均，④標準偏差 および ⑤四分位範囲は個々のデータから和や並べ替えなどの操作を経て計算される量であるため，それらの統計量から個々のデータを求めることは一般に困難である。ただし，計算に用いるデータ数が少ない場合には注意が必要である。

問題 4

正解　⑤

解説 （➡ p.33）

　データサイエンスの課題解決フレームワークとして，問題（Problem），計画（Plan），データ (Data)，分析（Analysis），結論（Conclusion）というPPDAC サイクルが使われる。問題（Problem）のフェーズでは，解決すべき具体的な問題を特定する。計画（Plan）フェーズでは，必要なデータの種類や，収集方法，分析方法を計画する。データを収集するデータ（Data）フェーズでは，データの前処理によって分析目的に沿ったデータ品質の確保を行う。分析（Analysis）段階では，統計的手法，機械学習などの手法を使って，データから有益な洞察を抽出する。最後の結論（Conclusion）段階では，分析結果を基に問題の解決策を提案する。したがって，【ア】に入る語句は「問題（Problem）」で，【イ】に入る語句は「データ（Data）」である。データフェーズではデータの前処理が重要であり【ウ】に入る語句は「データ前処理」である。よって，正解は⑤である。

　なお，このPPDAC サイクルは反復的なプロセスで，継続的な改善が大切である。

問題 5

正解　②

解説 （➡ p.33）

　データサイエンティストには，データ分析力，データエンジニアリング力，ビジネス力が求められる。データ分析力は，情報処理，機械学習，統計学などの知識を使ってモデルを構築し，データを分析する能力であり，③の能力は必要である。データエンジニアリング力は，データを収集して加工処理し，コンピュータシステムに実装する能力であり，④の能力は必要である。ビジネス力は，課題の抽出や，分析結果の説明，業務への実装において重要な能力であり，世の中でデータサイエンティストとして認められるために必要なスキルであり，①と⑤の能力は必要である。

　プログラミングコードを作成するために生成 AI を使うことも可能であるが，データサイエンティストとして必須のスキルではない。それよりは，プログラムの動作の意味や背景を理解できていることのほうが重要である。よって，正解は②である。

問題 6

正解　④

解説 （➡ p.37）

　日本の個人情報保護法に対応するものとして，EU の GDPR がある。GDPR は，EU 内の個人のデータを処理するすべての組織に適用され，日本企業でも EU 内の個人データを扱うケースは対象となるため，A は誤りである。一方 B と C は正しい。オプトアウトは，個人が特定のデータ処理から自分自身を除外する選択をすることで，たとえば，メーリングリストから自分の名前を削除することで配信を止めることが相当する。インフォームドコンセントは，医療分野や研究分野でも重要な概念で，たとえば，自分の個人情報の使用に関して理解して同意することが相当する。よって，正解は④である。

問題 7

正解　⑤

解説 （➡ p.41）

　機密性においては，機密情報がアクセスを許可された利用者のみに限定されることを保証する。たとえば，不正アクセスから情報を保護するために，④暗号化や③アクセス制御リストを利用して，情報が漏洩したり，不正にアクセスされたりすることを防ぐ。

　完全性は，データが，不正な変更から保護され，正確で信頼できる状態で保持されていることを保証する。たとえば，デジタル署名や⑤ハッシュ関数は，データが不正に改ざんされていないかを確認するために使われる。

　可用性は，許可された利用者が必要なときに情報にアクセスできることを保証する。たとえば，①冗長システムや②データバックアップは可用性を高めるために用いられる手段である。

　よって，正解は⑤である。

問題8

正解　④

解説 （➡ p.18）

　生成AIの中でも，大規模言語モデルにより高度な意味理解と会話が可能となったChatGPTの利用が世の中で急速に進んでいる。ChatGPTを使った文章の要約・校正，ブレインストーミング，論点洗い出し，コード生成，スピーチ原稿作成など，多くの領域で活用が始まっている。非常に強力な技術であるが，その使い方には留意点がある。回答が正しいとは限らず，ハルシネーション（幻覚）が出力される可能性がある。著作権や肖像権を侵害するリスクもあり，生成された結果に含める内容を確認する必要がある。学習に入力した機密情報が漏洩するリスクもあるため，営業情報や健康情報など機密性の高い情報は慎重に取り扱う必要があり，④は適切ではない。

　生成AIを使う際は，機密情報が漏洩するリスク，著作権や肖像権を侵害するリスク，ハルシネーションなどに留意し，プロンプトエンジニアリングとよばれる効果的な作業指示を与え，適用可能な業務に活用して業務変革に役立たせていくことが望ましい。これらのことより，①，②，③，⑤は適切である。

329

問題 9

正解　【ア】3　【イ】20

解説　（➡ p.37）

【ア】性別と居住地の組合せのそれぞれで，10歳刻みの年齢が同一階級となり，変換されたデータベースは3-匿名性をもつ。【イ】各レコードの年齢を階級値（15歳および25歳）で置き換えた平均値は $(15 \times 6 + 25 \times 6) \div 12 = 20$ より，20歳である。

問題 10

正解　③

解説　（➡ p.48）

日本の年齢階級別総人口 S_k は J 個存在する基本単位区について合計するため，$S_k = \sum_{j=1}^{J} A_{jk}$ となる。基本単位区平均人口は基本単位区ごとの人口の合計 $\sum_{k=1}^{K} A_{jk}$ から算出される1基本単位区あたりの人口である。これは，日本の総人口 $\sum_{j=1}^{J}\sum_{k=1}^{K} A_{jk}$ を基本単位区数 J で割ったものだから，$M = \frac{1}{J}\sum_{j=1}^{J}\sum_{k=1}^{K} A_{jk}$ となる。よって，正解は③である。

問題 11

正解　①

解説　（➡ p.60）

$A^{-1} = (1/2)A$ の両辺に $2A$ をかけると，$2I = A^2$ となればよい。ただし，I は 2×2 の単位行列である。$2I = A^2$ を書き下すと，

$$\begin{pmatrix} 2 & 0 \\ 0 & 2 \end{pmatrix} = \begin{pmatrix} 1 & 1 \\ 1 & x \end{pmatrix}\begin{pmatrix} 1 & 1 \\ 1 & x \end{pmatrix} = \begin{pmatrix} 2 & 1+x \\ 1+x & 1+x^2 \end{pmatrix}$$

となり，これをみたす x は -1 である。よって，正解は①である。

問題 12

正解　②

330

解説 （→ p.82）

$f(x, y)$ はたとえば次のように変形できる。

$$f(x, y) = (x + y)^2 + (x + 1)^2$$

これより $x + y = 0$, $x + 1 = 0$ のとき f は最小値をとる。最小値を与える (x, y) は $(-1, 1)$ である。すなわち，正解は②である。

$f(x, y)$ の各変数の偏微分を 0 とおいて解くこともできる。

$$\frac{\partial}{\partial x} f(x, y) = 4x + 2y + 2 = 0,$$
$$\frac{\partial}{\partial y} f(x, y) = 2y + 2x = 0,$$

となり，第 2 式より $x + y = 0$, すなわち $y = -x$ を得る。これを第 1 式に代入すれば $2x + 2 = 0$ となり $x = -1$ である。この議論の場合は最小値であることを確認しなければならないが，$f(x, y)$ の偏微分が 0 となる点が一意に定まり，また $|x|$ あるいは $|y|$ が無限大に発散するときに $f(x, y)$ も無限大に発散することから，最小値となることが確認される。

問題 13

正解　④

解説 （→ p.61）

漸化式の a_{n+1} と a_n を定数 α に置き換えると $\alpha = 0.25\alpha + 1.5$, すなわち $\alpha = 2$ となり，仮に数列 $\{a_n\}$ が収束するのであれば，この定数 2 に収束することがわかる。次に，α を 2 に置き換えた式 $2 = 0.25 \times 2 + 1.5$ を与えられた漸化式から減算すると，$a_{n+1} - 2 = 0.25(a_n - 2)$ となり，数列 $\{a_n - 2\}$ は 1 ステップ毎に 0.25 の割合で 0 に収束する。よって，正解は④である。

問題 14

正解　④

解説 （→ p.88）

$2^0 = 1$ であることに注意して，

$$1 \times 2^6 + 1 \times 2^5 + 0 \times 2^4 + 0 \times 2^3 + 1 \times 2^2 + 0 \times 2^1 + 1 \times 2^0 = 64 + 32 + 0 + 0 + 4 + 0 + 1 = 101,$$

と求めることができる。よって，正解は④である。

問題 15

正解　②と⑥

解説（➡ p.42）

①は，どのパスワードがどのユーザのものであるかの組合せは `password_table` の内容とハッシュ関数から簡単に復元できるため【1】が不適。③，④は，ここでのハッシュ関数の利用は高速化には寄与しないため【1】が不適。②の【1】は正しく，またランダムなデータを加えることは安全性を高めるため【2】も正しい。よって，①〜④では，正解は②である。

また，プログラム中で入力されたパスワードが正しい場合に表示されるべきメッセージが「成功」であるため，⑤と⑥では，正解は⑥である。

問題 16

正解　②

解説（➡ p.339）

sum() によって欠測値の数を数えることができる。mathematics のスコアのない者が2名，english のスコアのない者が3名であり，それらが出力となっている。history が欠測しているのは2名である。よって，正解は②である。

問題 17

正解　(1) 4　　(2) 3

解説　（➡ p.176）

確率変数 X と Y の間の相関係数 $\mathrm{Corr}(X, Y)$ を用いて，和 $X + Y$ の分散は

$$19 = \mathrm{Var}(W) = \mathrm{Var}(X + Y)$$

$$= \text{Var}(X) + 2\text{Corr}(X, Y)\sqrt{\text{Var}(X)\text{Var}(Y)} + \text{Var}(Y)$$
$$= 9 + 2 \times 0.5 \times 3\sqrt{\text{Var}(Y)} + \text{Var}(Y)$$

と分解表記できる。これより

$$10 = 3\sqrt{\text{Var}(Y)} + \text{Var}(Y)$$

となり $z = \sqrt{\text{Var(Y)}}$ とおくと $z^2 + 3z - 10 = 0$。この 2 次方程式の解は $z = 2, -5$ であり，z は正であるから $z = 2$ が解となる。これより Y の分散は 4 である。X と Y の共分散は $\text{Corr}(X, Y)\sqrt{\text{Var}(X)\text{Var}(Y)} = 0.5 \times 3 \times 2 = 3$ である。

問題 18

正解 ③

解説 （➡ p.178）

確率変数 X はパラメータ (n, p) をもつ二項分布に従うので，その分散は $\text{Var}(X) = np(1 - p)$ であり，題意の推定量 $\widehat{p}$ の標準偏差は $\sqrt{\text{Var}(\widehat{p})} = \sqrt{\text{Var}(X/n)} = \sqrt{p(1 - p)/n}$ である。これが，任意の p において 0.05 以下であるということは，

$$\max_{p \in (0,1)} \sqrt{\frac{p(1 - p)}{n}} \leq 0.05$$

をみたす最低限の n を求めればよい。左辺が $p = 1/2$ のときに最大値をとることを考慮すると，$n \geq 1/(4 \times 0.05^2)$，すなわちコイン投げの回数 n を最低限 100 と設定すればよい。よって，正解は③である。

問題 19

正解 ②

解説 （➡ p.170）

検査結果が陽性および陰性であるという事象をそれぞれ $T = 1$ および $T = 0$ とし，この疾患に罹患しているおよび罹患していないという事象をそ

れぞれ $D=1$ および $D=0$ とすると，感度は $P(T=1|D=1)=0.99$，特異度は $P(T=0|D=0)=0.99$ と表すことができる。この検査の被験者が陽性である確率は，

$$P(T=1) = P(\{T=1\} \cap \{D=1\}) + P(\{T=1\} \cap \{D=0\})$$
$$= P(T=1|D=1)P(D=1) + P(T=1|D=0)P(D=0)$$
$$= \frac{99}{100} \times \frac{1}{10000} + \frac{1}{100} \times \frac{9999}{10000} = \frac{99+9999}{1000000} = 0.010098$$

と求まる。よって，正解は②である。

問題 20

正解　②

解説　（➡ p.74, p.122）

数理と情報の複合問題である。関数 $f(x)$ で定義された関数が 0 となるような方程式を解く Python のプログラムとなっている。関数 $f(x)$ の返り値が

```
math.log(x/2.0-1.0)/math.log(0.25) -  0.5
```

であるので，ネイピア数 e を底とする対数（自然対数）を含む方程式 $\log_e(x/2-1)/\log_e(1/4)=0.5$ の解を 2 分法で求めるプログラムとなっている。対数の中は常に非負である必要があるので，$x/2-1>0$ から $x>2$ の範囲で解を求めなければならない。$\log_e(m)/\log_e(n)=\log_n(m)$ の関係を使うと $\log_{1/4}(x/2-1)=(1/2)\log_{1/4}(1/4)$ なので，

$$\log_{1/4}\left(\frac{x}{2}-1\right) = \log_{1/4}\left(\frac{1}{4}\right)^{1/2}$$

より $x/2-1=1/2$ となり，$x=3$ を得る。これは，選択肢の中で②，③，⑤のいずれかである。さらに，このプログラムが探索するべき値の範囲は $x>2$ でなければならないので，③は誤りであるとわかる。また，2 分法の探索区間 $[a,b]$ は，$f(a)$ と $f(b)$ が異符号をもつように決めるのが一般的であるが，⑤では $f(4.0)$ も $f(10.0)$ も負の値をとるため不適切である。

よって，正解は②である。

334

問題 21

正解　⑤

解説 （➜ p.44, p.63, p.141）

　数理と情報の複合問題である。2つのレコードのデータ交換を行う場合の組合せの総数について問うもの。【ア】については，レコードの総数は8であり，そこから交換する2つのレコードを選ぶ組合せの数であることから，$\binom{8}{2}$ となる。また，【イ】については，1番目と6番目のレコードの年収はどちらも500万，2番目と4番目のレコードの年収はどちらも400万と，それぞれ同じ値であることから，これらを入れ替えても，元のデータと同じ内容のデータになる。よって，これら2つの組合せを除いたものが，データ交換により，元のデータと異なるデータになる組合せであり，【ア】で求めた数から2を引くことで求められる。よって，正解は⑤である。

問題 22

正解　④

解説（➜ p.76, p.90）

　数理と情報の複合問題である。各桁において36種類の文字が使えるため，正確には全部で

$$36^{10} = 3,656,158,440,062,976$$

通りであるが，この数の大きさを対数で見積もることができる。まず，$\log_{10} 36 = 2(\log_{10} 2 + \log_{10} 3)$，そして両辺を10倍することで，$\log_{10} 36^{10} = 15.56$ を得る。よって，$36^{10} = 10^{15.56} = 10^{0.56} \times 10^{15}$ となる。さらに，$\log_{10} 3 < 0.56 < 2\log_{10} 2$ より，$3 < 10^{0.56} < 4$ を得る。したがって，④ 4×10^{15} が最も近い。

問題 23

正解　④

335

解説 （➡ p.74, p.144）

数理と統計・可視化の複合問題である。V を c で微分すると，合成関数の微分により $-2\sum_{i=1}^{n}(x_i - c)$ となる。これを 0 とおいて c を求めると $c = \dfrac{1}{n}\sum_{i=1}^{n}x_i$ となり平均値が得られる。よって，正解は④である。

問題 24

正解　⑤

解説 （➡ p.79, p.172）

数理と統計・可視化の複合問題である。確率密度関数の曲線下の面積は 1 であるので $1 = \displaystyle\int_{0}^{2} g(y)dy = (4/3)c$, すなわち $c = 3/4$ である。よって，正解は⑤である。

問題 25

正解　①

解説 （➡ p.53, p.148）

数理と統計・可視化の複合問題である。国語と数学の試験の点数の偏差ベクトル $\mathbf{x}^*$ および $\mathbf{y}^*$ の長さは，

$$\|\mathbf{x}^*\| = \sqrt{(x_1 - \overline{x})^2 + \cdots + (x_9 - \overline{x})^2} = 27.46,$$
$$\|\mathbf{y}^*\| = \sqrt{(y_1 - \overline{y})^2 + \cdots + (y_9 - \overline{y})^2} = 47.41,$$

であり，$\mathbf{x}^*$ と $\mathbf{y}^*$ の内積は

$$\mathbf{x}^* \cdot \mathbf{y}^* = (x_1 - \overline{x})(y_1 - \overline{y}) + \cdots + (x_9 - \overline{x})(y_9 - \overline{y}) = 276,$$

である。したがって，国語と数学の試験の点数の相関係数は

$$\frac{\mathbf{x}^* \cdot \mathbf{y}^*}{\|\mathbf{x}^*\|\|\mathbf{y}^*\|} = \frac{276}{27.46 \times 47.41} = 0.2120,$$

となる。よって，正解は①である。

336

問題 26

正解　⑤

解説　(➡ p.105, p.144)

　情報と統計・可視化の複合問題である。x_1 から x_{50} までを加算し，その和を用いて標本平均を出力するプログラムでは，i をカウンターとして1から50まで変化させながら x_i を S へ加算することを繰り返して和を計算する。最後に $i = 51$ になっていることに注意し，$i - 1$ で割り算した値を出力する。最初に，【ア】で変数を初期化するので $S = 0$，$i = 1$ である。また【イ】において，$i > 50$ が成立するかどうかを判断する必要がある。さらに【ウ】では $i = 51$ になっていることから，標本平均 $S/(i - 1)$ を出力する。よって，正解は⑤である。

問題 27

正解　①と④

解説　(➡ p.122, p.146)

　情報と統計・可視化の複合問題である。与えられた条件より下限を計算すると $46.25 - 16.5 = 29.75$ でこれより小さい観測値は 28 のみ，また上限を計算すると $57.25 + 16.5 = 73.75$ でこれより大きい観測値は 76 のみである。

問題 28

正解　③

解説　(➡ p.109, p.173)

　情報と統計・可視化の複合問題である。u は 0 と 1 の間の一様乱数で，$u < 0.3$ のとき $x = 0$ であるから $P(x = 0) = 0.3$ である。同様に $P(x = 1) = 0.4$，$P(x = 2) = 0.3$ である。プログラムの出力は $x_1, x_2, \ldots$ の標本平均にあたるので，大数の法則により x の期待値 $E[x] = 0 \times 0.3 + 1 \times 0.4 + 2 \times 0.3 = 1.0$ の近似値となる。よって，正解は③である。

A. 付録

ここでは，DS 発展でよく用いられる Python のライブラリに関する事項，および試験会場で配布される統計数値表を示す。

§A.1 Python のライブラリ

Python については多くの参考書が出版されているが，ここではデータサイエンスで多用されるライブラリについて説明する。

A.1.1 Math

Python の math ライブラリは，数学的な関数や定数を提供する標準ライブラリの一部である。このライブラリを使用することで，平方根や対数，三角関数などの基本的な数学的演算を簡単に行える。また，より高度な計算に必要な定数 π や e なども提供されている。明示的な注記のない限り，戻り値は全て浮動小数点数となる。複素数には対応していない。

いくつかのよく使われる定数や関数をあげる。

- math.pi, math.e: 円周率 $\pi = 3.1415...$ と 自然対数の底 $e = 2.7182...$
- math.sqrt(x): x の平方根を返す。
- math.exp(x): 自然対数の底 e の x 乗を返す。

- math.pow(x, y): x の y 乗を返す。ただし，演算子**や Python 標準の組み込み関数 pow も同じ機能をもち，そちらは整数演算にも対応している。math.pow は実数の浮動小数点演算のみをサポートする。
- math.log($x[$, base$]$): 底が base の x の対数を返す。base が指定されない場合，自然対数（底は e）が使用される。
- math.sin(x), math.cos(x), math.tan(x): 角度 x（ラジアン単位）の正弦，余弦，正接を返す。
- math.ceil(x), math.floor(x): x 以上で最小の整数，または x 以下で最大の整数を返す。

大抵の初等的な関数は用意されている。ライブラリ内の関数は，2024 年 3 月現在，`https://docs.python.org/ja/3/library/math.html` から調べることができる。

math を使って，円の面積と sin(60°) を算出するサンプルコードを次に示す。

```python
import math
# 円の面積を計算する
radius = 5
area = math.pi * math.pow(radius, 2)
print(area)
# 角度をラジアンに変換して三角関数を使用する
degree = 60
radian = math.radians(degree)
sin_value = math.sin(radian)
print(sin_value)
```

A.1.2 NumPy

NumPy は，Python で数値計算を効率的に行うために設計されたライブラリである。このライブラリは，特に大規模な数値配列や行列の計算に対して強力な機能を提供し，数値計算，データ分析，機械学習など，幅広い分野で使用される。NumPy 配列は，Python の組み込みリストよりも遙かに大きなデータセットを扱うことができ，高速な演算とメモリ効率のよさが特徴である。

§A.1 Python のライブラリ　　**339**

NumPy の核となる機能の一つは，大規模な多次元配列と行列演算のサポートである。線形代数演算，フーリエ変換，乱数生成など，数値計算に必要な多くの関数が用意されている。たとえば，以下の Python コードは NumPy を使用して2つの2×2行列の行列積を計算するコードを示す：

```
import numpy as np
# 行列の定義
A = np.array([[1, 2], [3, 4]])
B = np.array([[5, 6], [7, 8]])
# 行列積
C = np.dot(A, B)
```

このコードは，np.array を使って2つの2×2行列 A と B を定義し，np.dot 関数でそれらの行列積を計算している。このように NumPy を使うことで，行列の乗算といった複雑な数値計算を簡単かつ高速に行うことが可能となる。

NumPy で擬似乱数を発生させることもできる。`random.uniform` 関数は一様乱数を，`random.normal` 関数は正規乱数を発生する。

しかし，NumPy には制限もある。たとえば，配列のサイズは固定されており，一度作成されると変更できない。要素を追加または削除する場合，新しい配列を作成する必要があり，大きな配列に対してはこのプロセスがメモリ消費量を増大させる可能性がある。また，NumPy 配列は単一のデータ型の要素しか格納できないため，異なるデータ型をもつ要素を格納する場合には制約がある。

総じて，NumPy はその高速な配列操作と数値計算機能により，多くの科学技術計算タスクにおいて強力なツールである。しかし，その使用にあたっては配列のサイズ不変性や単一データ型の制約など，いくつかの限界も認識しておく必要がある。

Numpy で使える関数については，https://numpy.org/ja/ から調べることができる。

A.1.3　Pandas

Pandas は，Python でデータ分析を行うための強力なライブラリであり，異なるデータ型が混在する複雑なデータセットも効率的に扱うことができ

る。このライブラリは，特に表形式のデータに対して，データクレンジング，加工，分析などの幅広い操作を提供する。Pandas の中心的なデータ構造にはデーフレーム (DataFrame) があり，これは異なるデータ型の列をもつことができる2次元ラベル付きデータ構造である。

　データフレームは，数値，文字列，日付，カテゴリカルデータなど，さまざまな型のデータを1つの表で扱うことができる。これにより，実際のデータ分析の現場でよく遭遇する，異なる型のデータが混在する複雑なデータセットを効果的に処理することが可能となる。さらに，Pandas は欠測値の扱い，データの結合と再形成，集約とグルーピングの操作，時系列データの特殊な処理など，データ分析に必要な多様な機能を備えている。データフレームの作成については 4.4.6 項で説明したので，ここでは省略する。

　Pandas では欠測値を取り扱う関数として，次の is.null 関数と dropna 関数とがある。

data.isnull(): すべての値を確認し，欠測値の有無により，真偽値を返す。

data.isnull().any(): 欠測値が1つでもある列を取得

data.isnull().any(axis = 1): 欠測値が1つでもある行を取得

data.dropna(how='any'): 欠測値が1つでも含まれる行を削除

data.dropna(how='all'): すべての値が欠測値である行を削除

data.dropna(how='all', axis=1): すべての値が欠測値である列を削除

　Pandas には制限もある。大規模なデータセットを扱う場合，メモリ使用量が大きくなる可能性があり，特に大きなデータフレームの操作ではパフォーマンスの問題が生じることがある。また，Pandas の関数を使用する際には，処理の内部的な動作を理解しておくことが重要であり，適切な方法で使用しないと，意図しない結果やパフォーマンスの低下を招くことがある。

　総じて，Pandas はその柔軟性と強力なデータ処理機能により，多くのデータ分析プロジェクトにおいて不可欠なツールである。異なるデータ型が混在するデータセットの操作や，複雑なデータ処理タスクを簡単かつ効率的に実行できるが，その使用にあたってはデータのサイズや処理の複雑さに応じた

§A.1 Python のライブラリ　**341**

注意が必要であり，NumPy など他のライブラリと適切に組み合わせて使いたい。

　Pandas で利用可能な関数については，`https://pandas.pydata.org/` から調べることができる。

A.1.4　Scikit-learn

　scikit-learn は，Python で機械学習を行うための人気のあるオープンソースライブラリである。分類，回帰，クラスタリング，次元削減など，幅広い機械学習アルゴリズムをサポートしている。また，データの前処理，モデルの評価，ハイパーパラメータのチューニングなどのためのツールも提供している。主な機能には以下のようなものがある。

- 教師あり学習: 重回帰分析，リッジ回帰，ラッソ回帰，確率的勾配降下法，ロジスティック回帰，k 近傍法，サポートベクターマシン，決定木，ランダムフォレスト，ナイーブベイズ，勾配ブースティングなど。
- 教師なし学習: 主成分分析，t-SNE，K-means，階層的クラスタリング，DBSCAN，スペクトラルクラスタリングなど。
- モデル選択と評価: 交差検証，グリッドサーチ，各種性能指標（精度，再現率，F1 スコアなど）。

科学技術分野でよく使用される機械学習アルゴリズムはほぼ網羅されている。アルゴリズムは，`https://scikit-learn.org/stable/` から調べることができる。

　scikit-learn を使ったランダムフォレストによるデータ分類とその正確性の評価を行うサンプルコードを次に示す。

```
from sklearn.datasets import load_iris
from sklearn.model_selection import train_test_split
from sklearn.ensemble import RandomForestClassifier
from sklearn.metrics import accuracy_score
# アイリスデータセットをロード
iris = load_iris()
X = iris.data
y = iris.target
# 訓練セットとテストセットに分割
```

```
X_train, X_test, y_train, y_test = \
    train_test_split(X, y, test_size=0.2)
# ランダムフォレストモデルを訓練
clf = RandomForestClassifier(n_estimators=100)
clf.fit(X_train, y_train)
# テストデータで予測し，精度を評価
y_pred = clf.predict(X_test)
print("Accuracy:", accuracy_score(y_test, y_pred))
```

§A.2 統計数値表

付表1. 標準正規分布の上側確率

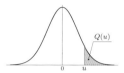

u	.00	.01	.02	.03	.04	.05	.06	.07	.08	.09
0.0	0.5000	0.4960	0.4920	0.4880	0.4840	0.4801	0.4761	0.4721	0.4681	0.4641
0.1	0.4602	0.4562	0.4522	0.4483	0.4443	0.4404	0.4364	0.4325	0.4286	0.4247
0.2	0.4207	0.4168	0.4129	0.4090	0.4052	0.4013	0.3974	0.3936	0.3897	0.3859
0.3	0.3821	0.3783	0.3745	0.3707	0.3669	0.3632	0.3594	0.3557	0.3520	0.3483
0.4	0.3446	0.3409	0.3372	0.3336	0.3300	0.3264	0.3228	0.3192	0.3156	0.3121
0.5	0.3085	0.3050	0.3015	0.2981	0.2946	0.2912	0.2877	0.2843	0.2810	0.2776
0.6	0.2743	0.2709	0.2676	0.2643	0.2611	0.2578	0.2546	0.2514	0.2483	0.2451
0.7	0.2420	0.2389	0.2358	0.2327	0.2296	0.2266	0.2236	0.2206	0.2177	0.2148
0.8	0.2119	0.2090	0.2061	0.2033	0.2005	0.1977	0.1949	0.1922	0.1894	0.1867
0.9	0.1841	0.1814	0.1788	0.1762	0.1736	0.1711	0.1685	0.1660	0.1635	0.1611
1.0	0.1587	0.1562	0.1539	0.1515	0.1492	0.1469	0.1446	0.1423	0.1401	0.1379
1.1	0.1357	0.1335	0.1314	0.1292	0.1271	0.1251	0.1230	0.1210	0.1190	0.1170
1.2	0.1151	0.1131	0.1112	0.1093	0.1075	0.1056	0.1038	0.1020	0.1003	0.0985
1.3	0.0968	0.0951	0.0934	0.0918	0.0901	0.0885	0.0869	0.0853	0.0838	0.0823
1.4	0.0808	0.0793	0.0778	0.0764	0.0749	0.0735	0.0721	0.0708	0.0694	0.0681
1.5	0.0668	0.0655	0.0643	0.0630	0.0618	0.0606	0.0594	0.0582	0.0571	0.0559
1.6	0.0548	0.0537	0.0526	0.0516	0.0505	0.0495	0.0485	0.0475	0.0465	0.0455
1.7	0.0446	0.0436	0.0427	0.0418	0.0409	0.0401	0.0392	0.0384	0.0375	0.0367
1.8	0.0359	0.0351	0.0344	0.0336	0.0329	0.0322	0.0314	0.0307	0.0301	0.0294
1.9	0.0287	0.0281	0.0274	0.0268	0.0262	0.0256	0.0250	0.0244	0.0239	0.0233
2.0	0.0228	0.0222	0.0217	0.0212	0.0207	0.0202	0.0197	0.0192	0.0188	0.0183
2.1	0.0179	0.0174	0.0170	0.0166	0.0162	0.0158	0.0154	0.0150	0.0146	0.0143
2.2	0.0139	0.0136	0.0132	0.0129	0.0125	0.0122	0.0119	0.0116	0.0113	0.0110
2.3	0.0107	0.0104	0.0102	0.0099	0.0096	0.0094	0.0091	0.0089	0.0087	0.0084
2.4	0.0082	0.0080	0.0078	0.0075	0.0073	0.0071	0.0069	0.0068	0.0066	0.0064
2.5	0.0062	0.0060	0.0059	0.0057	0.0055	0.0054	0.0052	0.0051	0.0049	0.0048
2.6	0.0047	0.0045	0.0044	0.0043	0.0041	0.0040	0.0039	0.0038	0.0037	0.0036
2.7	0.0035	0.0034	0.0033	0.0032	0.0031	0.0030	0.0029	0.0028	0.0027	0.0026
2.8	0.0026	0.0025	0.0024	0.0023	0.0023	0.0022	0.0021	0.0021	0.0020	0.0019
2.9	0.0019	0.0018	0.0018	0.0017	0.0016	0.0016	0.0015	0.0015	0.0014	0.0014
3.0	0.0013	0.0013	0.0013	0.0012	0.0012	0.0011	0.0011	0.0011	0.0010	0.0010
3.1	0.0010	0.0009	0.0009	0.0009	0.0008	0.0008	0.0008	0.0008	0.0007	0.0007
3.2	0.0007	0.0007	0.0006	0.0006	0.0006	0.0006	0.0006	0.0005	0.0005	0.0005
3.3	0.0005	0.0005	0.0005	0.0004	0.0004	0.0004	0.0004	0.0004	0.0004	0.0003
3.4	0.0003	0.0003	0.0003	0.0003	0.0003	0.0003	0.0003	0.0003	0.0003	0.0002
3.5	0.0002	0.0002	0.0002	0.0002	0.0002	0.0002	0.0002	0.0002	0.0002	0.0002
3.6	0.0002	0.0002	0.0001	0.0001	0.0001	0.0001	0.0001	0.0001	0.0001	0.0001
3.7	0.0001	0.0001	0.0001	0.0001	0.0001	0.0001	0.0001	0.0001	0.0001	0.0001
3.8	0.0001	0.0001	0.0001	0.0001	0.0001	0.0001	0.0001	0.0001	0.0001	0.0001
3.9	0.0000	0.0000	0.0000	0.0000	0.0000	0.0000	0.0000	0.0000	0.0000	0.0000

$u = 0.00 \sim 3.99$ に対する，正規分布の上側確率 $Q(u)$ を与える。例：$u = 1.96$ に対しては，左の見出し 1.9 と上の見出し .06 との交差点で，$Q(u) = .0250$ と読む。表にない u に対しては適宜補間すること。

付表 2. t 分布のパーセント点

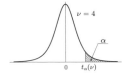

ν	0.10	0.05	0.025	0.01	0.005
1	3.078	6.314	12.706	31.821	63.656
2	1.886	2.920	4.303	6.965	9.925
3	1.638	2.353	3.182	4.541	5.841
4	1.533	2.132	2.776	3.747	4.604
5	1.476	2.015	2.571	3.365	4.032
6	1.440	1.943	2.447	3.143	3.707
7	1.415	1.895	2.365	2.998	3.499
8	1.397	1.860	2.306	2.896	3.355
9	1.383	1.833	2.262	2.821	3.250
10	1.372	1.812	2.228	2.764	3.169
11	1.363	1.796	2.201	2.718	3.106
12	1.356	1.782	2.179	2.681	3.055
13	1.350	1.771	2.160	2.650	3.012
14	1.345	1.761	2.145	2.624	2.977
15	1.341	1.753	2.131	2.602	2.947
16	1.337	1.746	2.120	2.583	2.921
17	1.333	1.740	2.110	2.567	2.898
18	1.330	1.734	2.101	2.552	2.878
19	1.328	1.729	2.093	2.539	2.861
20	1.325	1.725	2.086	2.528	2.845
21	1.323	1.721	2.080	2.518	2.831
22	1.321	1.717	2.074	2.508	2.819
23	1.319	1.714	2.069	2.500	2.807
24	1.318	1.711	2.064	2.492	2.797
25	1.316	1.708	2.060	2.485	2.787
26	1.315	1.706	2.056	2.479	2.779
27	1.314	1.703	2.052	2.473	2.771
28	1.313	1.701	2.048	2.467	2.763
29	1.311	1.699	2.045	2.462	2.756
30	1.310	1.697	2.042	2.457	2.750
40	1.303	1.684	2.021	2.423	2.704
60	1.296	1.671	2.000	2.390	2.660
120	1.289	1.658	1.980	2.358	2.617
240	1.285	1.651	1.970	2.342	2.596
∞	1.282	1.645	1.960	2.326	2.576

自由度 ν の t 分布の上側確率 α に対する t の値を $t_\alpha(\nu)$ で表す。
例:自由度 $\nu = 20$ の上側 5% 点 ($\alpha = 0.05$) は,$t_{0.05}(20) = 1.725$ である。
表にない自由度に対しては適宜補間すること。

付表3. カイ二乗分布のパーセント点

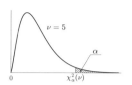

ν	0.99	0.975	0.95	0.90	0.10	0.05	0.025	0.01
1	0.00	0.00	0.00	0.02	2.71	3.84	5.02	6.63
2	0.02	0.05	0.10	0.21	4.61	5.99	7.38	9.21
3	0.11	0.22	0.35	0.58	6.25	7.81	9.35	11.34
4	0.30	0.48	0.71	1.06	7.78	9.49	11.14	13.28
5	0.55	0.83	1.15	1.61	9.24	11.07	12.83	15.09
6	0.87	1.24	1.64	2.20	10.64	12.59	14.45	16.81
7	1.24	1.69	2.17	2.83	12.02	14.07	16.01	18.48
8	1.65	2.18	2.73	3.49	13.36	15.51	17.53	20.09
9	2.09	2.70	3.33	4.17	14.68	16.92	19.02	21.67
10	2.56	3.25	3.94	4.87	15.99	18.31	20.48	23.21
11	3.05	3.82	4.57	5.58	17.28	19.68	21.92	24.72
12	3.57	4.40	5.23	6.30	18.55	21.03	23.34	26.22
13	4.11	5.01	5.89	7.04	19.81	22.36	24.74	27.69
14	4.66	5.63	6.57	7.79	21.06	23.68	26.12	29.14
15	5.23	6.26	7.26	8.55	22.31	25.00	27.49	30.58
16	5.81	6.91	7.96	9.31	23.54	26.30	28.85	32.00
17	6.41	7.56	8.67	10.09	24.77	27.59	30.19	33.41
18	7.01	8.23	9.39	10.86	25.99	28.87	31.53	34.81
19	7.63	8.91	10.12	11.65	27.20	30.14	32.85	36.19
20	8.26	9.59	10.85	12.44	28.41	31.41	34.17	37.57
25	11.52	13.12	14.61	16.47	34.38	37.65	40.65	44.31
30	14.95	16.79	18.49	20.60	40.26	43.77	46.98	50.89
35	18.51	20.57	22.47	24.80	46.06	49.80	53.20	57.34
40	22.16	24.43	26.51	29.05	51.81	55.76	59.34	63.69
50	29.71	32.36	34.76	37.69	63.17	67.50	71.42	76.15
60	37.48	40.48	43.19	46.46	74.40	79.08	83.30	88.38
70	45.44	48.76	51.74	55.33	85.53	90.53	95.02	100.43
80	53.54	57.15	60.39	64.28	96.58	101.88	106.63	112.33
90	61.75	65.65	69.13	73.29	107.57	113.15	118.14	124.12
100	70.06	74.22	77.93	82.36	118.50	124.34	129.56	135.81
120	86.92	91.57	95.70	100.62	140.23	146.57	152.21	158.95
140	104.03	109.14	113.66	119.03	161.83	168.61	174.65	181.84
160	121.35	126.87	131.76	137.55	183.31	190.52	196.92	204.53
180	138.82	144.74	149.97	156.15	204.70	212.30	219.04	227.06
200	156.43	162.73	168.28	174.84	226.02	233.99	241.06	249.45
240	191.99	198.98	205.14	212.39	268.47	277.14	284.80	293.89

自由度 ν のカイ二乗分布の上側確率 α に対する χ^2 の値を $\chi^2_\alpha(\nu)$ で表す。
例：自由度 $\nu = 20$ の上側 5% 点 ($\alpha = 0.05$) は，$\chi^2_{0.05}(20) = 31.41$ である。
表にない自由度に対しては適宜補間すること。

参考文献

[1] 統計検定データサイエンス発展（DS発展）
https://www.toukei-kentei.jp/about/grade12/

[2] 数理・データサイエンス・AI教育強化拠点コンソーシアム，データサイエンス教育に関するスキルセット及び学修目標 http://www.mi.u-tokyo.ac.jp/consortium/model_curriculum.html

[3] 数理・データサイエンス・AI教育強化拠点コンソーシアム，データサイエンス教育に関するスキルセット及び学修目標第1次報告（リテラシーレベル）http://www.mi.u-tokyo.ac.jp/consortium/pdf/model_curriculum_2.pdf

[4] 数理・データサイエンス・AI教育強化拠点コンソーシアム，モデルカリキュラム（リテラシーレベル）http://www.mi.u-tokyo.ac.jp/consortium/model_literacy.html

[5] 日本統計学会（編），統計検定データサイエンス基礎対応 データアナリティクス基礎，日本能率協会マネジメントセンター（2023）

[6] 日本統計学会（編），改訂版 統計検定4級対応 データの活用，東京図書（2019）

[7] 日本統計学会（編），改訂版 統計検定3級対応 データの分析，東京図書（2020）

[8] 日本統計学会（編），改訂版 統計検定2級対応 統計学基礎，東京図書（2015）

[9] 日本統計学会（編），統計検定準1級対応 統計学実践ワークブック，学術図書出版（2020）

[10] 辻真吾（著），下平英寿（編），Pythonで学ぶアルゴリズムとデータ構造，講談社（2019）

[11] 北川源四郎・竹村彰通（編），内田誠一・川崎能典・孝忠大輔・佐久間淳・椎名洋・中川裕志・樋口知之・丸山宏（共著），教養としてのデータサイエンス，講談社（2021）

[12] 北川源四郎・竹村彰通（編），赤穂昭太郎・今泉允聡・内田誠一・清智也・高野渉・辻真吾・原尚幸・久野遼平・松原仁・宮地充子・森畑明昌・宿久洋（共著），応用基礎としてのデータサイエンス，講談社（2023）

[13] 竹村彰通・姫野哲人・高田聖治（編），和泉志津恵・市川治・梅津高朗・北廣和雄・齋藤邦彦・佐藤智和・白井剛・高田聖治・竹村彰通・田中琢真・姫野哲人・槇田直木・松井秀俊（共著），データサイエンス入門 第2版，学術図書出版（2021）

[14]	竹村彰通・田中琢真・椎名洋・深谷良治（編），飯山将晃・和泉志津恵・市川治・岩山幸治・梅津高朗・奥村太一・川井明・齋藤邦彦・佐藤正昭・椎名洋・竹村彰通・田中琢真・谷口伸一・寺口俊介・南條浩輝・西出俊・姫野哲人・深谷良治・松井秀俊（共著），データサイエンス応用基礎，学術図書出版（2024）
[15]	ビクター・マイヤー＝ショーンベルガー，ケネス・クキエ（著），斎藤栄一郎（翻訳），ビッグデータの正体 情報の産業革命が世界のすべてを変える， 講談社（2013）
[16]	総務省 平成29年版 情報通信白書 `https://www.soumu.go.jp/johotsusintokei/whitepaper/ja/h29/html/nc121100.html`，最終アクセス年月日 2024年5月31日
[17]	佐藤彰洋，統計学OnePoint15 メッシュ統計，共立出版（2019）
[18]	文部科学省 研究活動における不正行為への対応等に関するガイドライン 平成26年8月26日文部科学大臣決定 `https://www.mext.go.jp/b_menu/houdou/26/08/__icsFiles/afieldfile/2014/08/26/1351568_02_1.pdf`，最終アクセス年月日 2024年5月31日
[19]	内閣府 人間中心のAI社会原則 平成31年3月29日統合イノベーション戦略推進会議決定 `https://www8.cao.go.jp/cstp/aigensoku.pdf`，最終アクセス年月日 2024年5月31日
[20]	椎名洋・姫野哲人・保科架風（共著），清水昌平（編），データサイエンスのための数学，講談社（2019）
[21]	田中琢真，情報科学概論，学術図書出版（2019）
[22]	川井明・梅津高朗・高柳昌芳・市川治（共著），データ構造とアルゴリズム，学術図書出版（2018）
[23]	中村隆英・新家健精・美添泰人・豊田敬（共著），経済統計入門 第2版，東京大学出版会（1992）
[24]	北研二，確率的言語モデル，東京大学出版会（1999）
[25]	Python's sum(): The Pythonic Way to Sum Values, `https://realpython.com/python-sum-function/`，最終アクセス年月日 2024年5月31日
[26]	藤俊久仁・渡部良一（共著），データビジュアライゼーションの教科書，秀和システム（2019）
[27]	大阪府，色覚障がいのある人に配慮した色使いのガイドライン，`https://www.pref.osaka.lg.jp/attach/14768/00000000/20220401_R4.4.1_gaidorain.pdf`，最終アクセス年月日 2024年5月31日
[28]	増永良文，リレーショナルデータベース入門 [第3版] データモデル・SQL・管理システム・NoSQL，サイエンス社（2017）

索　引

数字

1階の条件　74
1次データ　22
16進数　90
2階導関数　71
2階微分　71
2次近似　71
2軸グラフ　30
2次データ　22
2進木　111
2進数　88, 251
2の補数表現　89
2分木　111
2分探索　114
3V　16
5数要約　145
5スターオープンデー
　　タ　48

欧文

ACID特性　128
AD変換　91
AIサービスの責任論
　　41
AIの非連続的進化
　　18
ASCIIコード　103,
　　255
availability　41

BASE特性　139

CAP定理　138
ChatGPT　18
CNN　22

confidentiality　41
Cookie　216
csv　48, 124

DA変換　92
DBMS　128
Dice係数　202
DoS攻撃　42

EBPM　239
ELSI　36

F1値　208
float()　121

GAN　18
GDPR　37
GIF　95
GPSデータ　216
gradation　94

i.i.d.　186
IEEE 754　99
int()　121
integrity　41
IoT　17

Jaccard係数　202
JISコード　103
JPEG　95
JSON　125

K-means法　155,
　　302
k次近似　72

LLM　18
LOD　48
luminance　93

MLE　194
MP4　95
MSE　191

n-gram　199
NLP　32, 198
NoSQL　138
n次元空間　52

Open Knowledge
　　Foundation
　　47

PDF　48
pixel　93
PNG　95
PPDACサイクル　33
PRAM　45
p値　195

QRコード　20

RCT　161
RDB　129
RDF　48
RGB　93, 203
RNN　22

Simpson係数　202
Society 5.0　18
SQL　136
str()　121

t分布　188

Unicode　104
UTF-8　104

Variety　17
Velocity　16

索 引　**349**

Volume　16

Web API　48

XML　125

和文

あ行

悪意ある情報搾取　46
アクセス制御　47
アクティビティ図
　　107
アナログ信号　91
アノテーション　23
アルゴリズム　109
アルゴリズムバイアス
　　40
暗号　42
暗号化　46
暗号学的ハッシュ関数
　　43
アンダーフロー　102

一次結合　53
一次独立　53
一様分布　181
一点鎖線　167
因果関係　149
インタープリタ　119,
　　258
インフォームドコンセ
　　ント　37
インフラ　20

上三角行列　57, 287
打ち切り　146
打ち切り誤差　102

エージェント　36
エキスパートシステム
　　20
エッジ　125
演繹　21
円グラフ　166

凹関数　72
応答変数　205
オーダー　110
オーダーメイド集計
　　49
オートエンコーダー
　　211
オーバーフロー　102
オープンデータ　23,
　　47
オプトアウト　37
親　111
折れ線グラフ　166

か行

回帰　28, 205
回帰結合型ニューラル
　　ネットワーク
　　22
回帰分析　151
改ざん　39
階乗　170
階層的クラスタリング
　　154, 300,
　　301
階調　94
カイ二乗検定統計量
　　196
カイ二乗分布　187
返り値　123
過学習　206
鍵　42
可逆圧縮　94
拡散モデル　19
学習データ　206
確率関数　172
確率質量関数　172
確率分布　173
確率変数　171
確率密度関数　172
可視化　160
仮数部　99
数と表現　251

仮説検証　27
画素　93, 203
画像処理　32
画像認識　203
画像分類　204
型　121
片側検定　195
片側対立仮説　195
型変換組込み関数
　　121
偏り　190
活動代替　27
過適合　206
かな漢字変換　202
加法モデル　198
可用性　41, 138, 236
刈込み平均　191
含意　97
間隔尺度　143
関係性の可視化　31
頑健性　146
関数　123
完全性　41, 236

偽　97
木　126
機械学習　20
機械語　120
機械の稼働ログデータ
　　17
機械判読可能なデータ
　　の作成・表記
　　方法　48
基幹統計　49
棄却　195
木グラフ　126
擬似相関　153
偽情報　39
擬似乱数　339
季節調整　307
季節変動　197
期待値　173
期待値記号　174, 175
期待値記号の線形性

174
期待値の存在　173
輝度値　93
帰納　21
基盤モデル　19
機密性　41, 236
帰無仮説　194
偽薬　161
逆関数　70
逆関数法　182
逆行列　60, 244
級数　64
強化学習　36
共起行列　200
教師あり学習　205,
　　　308
教師データ　206
教師なし学習　309
協調フィルタリング
　　　35
共通鍵暗号　42
共分散　148, 176
共分散行列　151
行ベクトル　50
共変量　151
行列　55
行列式　60
行列のサイズ　55
行列の積　59
極小　74
極大　74
極値　74
挙動・軌跡の可視化
　　　31

クイックソート　112
空間ベクトル　52
空集合　96
区分求積法　81, 294
組合せ　63, 171
クラスター抽出法
　　　159
クラスタリング　154,
　　　300

グラフ　125
繰り返し　122
繰り返し構造　109
グルーピング　29,
　　　154
グループ化　154
クロス集計表　157

計画策定　27
傾向変動　197
計算機の処理速度の向
　　　上　18
形態素解析　198
系統抽出法　159
桁落ち　102
けち表現　99
結合　132
欠測値　146
欠損値　146
決定木　154
元　95
原因究明　27
検索　113
原始関数　79
検出力　195
検証データ　206
検定統計量　195

子　111
コイン投げ　168
公開鍵暗号　43
高階微分　72
公共　20
公差　62
降順　111, 141
更新時異状　134
合成関数　69
構造化データ　22
公的統計　48
勾配降下法　74, 85
勾配ベクトル　83
公比　62
公表バイアス　41
交絡因子　153

コーディング支援　19
個人識別符号　44
個人情報保護　37
個人認証　46
個体　147
固有値　61
固有ベクトル　61
根元事象　168
コントロール群　161
コンパイラ　120

さ行

サーチ　113, 141
再帰型ニューラルネッ
　　　トワーク　22
再帰呼び出し　116
再現率　208
再識別　44
最小値　73
最小二乗推定量　152
最小二乗法　152, 298
最大値　73
最短距離法　155
最適化　302
サイバー攻撃　45,
　　　238
最頻値　144
最尤推定値　194
最尤推定量　194, 299
最尤法　194
鎖線　167
差分の差分法　161
産業データ　23
残差　152
残差平方和　152, 206
散布図　147, 166
散布図行列　149
サンプリング　92
サンプリング周期　92
サンプリングレート
　　　92

シェアリングエコノ
　　　ミー　35

索　引　**351**

視覚属性　164
示強性変量　144
時系列データ　306
次元　52
次元削減　210
試行　168
事後確率　170
自己符号化器　211
事象　168
指数関数　76
指数部　99
指数分布　183
指数分布の無記憶性
　　　183
事前確率　170
自然言語処理　32,
　　　198
下三角行列　57, 287
実験データ　22
質的データ　143
執筆支援　19
自動化処理　32
シフト JIS　104
四分位範囲　145
シミュレーション　30
射影　132
重回帰分析　151
集合　95
重積分　292
収束　64
従属変数　151, 205
周辺和　157
主成分分析　209
出版バイアス　41
受容　195
シュワルツの不等式
　　　55, 148
循環変動　197
順序構造　109
順序尺度　144
順列　171
条件をそろえた比較
　　　161

昇順　110, 141
小数法則　180
情報落ち　102
情報セキュリティの3
　　　要素　41
情報無損失分解　135
乗法モデル　198
情報量の単位　254
情報漏洩　45
常用対数　78
処置群　161
処理群　161
処理の前後での比較
　　　161
示量性変量　144
真　97
シングルバイト文字
　　　103, 255
深層学習　18
振幅　91
シンプソンのパラドク
　　　ス　271
真理値　97
数値の丸め　101
数理モデル　28
数列　61
スワッピング　45
正解率　207
正規化　131
正規分布　295
成功確率　171
整合性　138
脆弱性　45
生成 AI　18, 216
正則　61
成分　51
正方行列　56
制約条件　302
積分と微分の関係　81
セグメンテーション
　　　211
説明変数　151, 205

セル　157
ゼロベクトル　52
線形回帰　152
線形近似　67, 84
線形結合　53
線形従属　53
線形独立　53
線形連立方程式　244
潜在変数　211
全体集合　96
選択　132
選択構造　109
層化　154
層化抽出法　159
相関　148, 295
相関行列　150
相関係数　148, 176
相関係数行列　150
双対　98
双対性　96
層別　154
総和記号　62
総和記号の線形性　62
ソーシャルエンジニア
　　　リング　46
ソート　111, 141
ソートアルゴリズム
　　　289
属性　129
速度　16

た行

第1四分位数　145
第1主成分スコア
　　　209
第1主成分ベクトル
　　　209
第1種の過誤　195
第2種の過誤　195
第3四分位数　145
第4次産業革命　18
対角行列　57
対角成分　57

大規模言語モデル　18
対称暗号　42
対称行列　58
対照群　161
大数の法則　188
対数尤度　193
代入　109, 120
代表値　144
対立仮説　195
高さ　111
多項式回帰　153
多次元の可視化　30
多次元のデータ　147
畳み込みニューラル
　　ネットワーク
　　22
多段抽出法　160
縦ベクトル　50
タプル　129
ダブルバイト文字
　　103, 255
多様性　17
多要素認証　46, 237
単位行列　57
単回帰　298
単回帰分析　151
単回帰モデル　187
単語分割　198
探索　113, 141

チェインルール　69
知識ベース　20
知的財産権　38
チャート化　160
チャートジャンク
　　163
中央値　144
中心極限定理　188
超キー　130
調査データ　22
直積　97
著作権　38

対標本　161

（対数関数の）底　78
ディメンジョン　143
テイラー級数　72
テイラー展開　72
停留点　74
データ・AI活用におけ
　　る負の事例
　　41
データカタログサイト
　　47
データガバナンス　41
データ行列　56, 147
データ駆動型社会　18
データクレンジング
　　140
データサイエンスのサ
　　イクル　33
データ同化　30
データの取得　48
データのメタ化　23
データバイアス　40
データベース　128
データベース管理シス
　　テム　128
データ量の増加　18
適合率　208
敵対的生成ネットワー
　　ク　18
デジタル化　255
デジタル信号　91
テストデータ　206
点　125
転移学習　36
点線　167
転置　57
転置行列　57
デンドログラム　154

トイプロブレム　19
動画処理　32
統計情報の正しい理解
　　143
統計的推測　186
統計的モデル　186

統計法　48
統計モデル　186
統計量　186
等差数列　62
同時確率関数　175
同時確率密度関数
　　175
等比数列　62
盗用　39
匿名加工情報　43
独立　177
独立同一分布　159,
　　186
独立変数　151, 205
特化型AI　21
凸関数　72
特許権　38
トップコーディング
　　45
ドメイン　129
ド・モルガンの法則
　　96, 257
トレンド　197

な行

内積　53
名寄せ　140
並べ替え　111, 141

二項係数　63, 171
二項定理　63
二項分布　178
二点鎖線　167
ニュートン法　75,
　　291
ニュートン・ラフソン
　　法　75
ニューラルネットワー
　　ク　18
人間中心のAI社会原
　　則　39

根　111
ねつ造　39

索　引　**353**

ノード　125
ノルム　54

は行

葉　111
パーソナルデータ　23
バイアス　190, 191
バイアス分散分解
　　　191
排他的論理和　97
バイト　89
配列　118
配列変数　121
バウンディングボック
　　　ス　204
箱ひげ図　160
バスケット分析　29
パスワード　46
破線　167
ハッシュ関数　115
ハッシュ表　115
ハッシュ法　114
バブルソート　111
バブルチャート　166
バブルプロット　166
パラメータ　185
ハルシネーション　39
パルス符号化変調　93
判断支援　27
判別　154, 205
汎用AI　22

ヒートマップ　160
ヒープソート　113
非階層的クラスタリン
　　　グ　155,
　　　300, 302
非可逆圧縮　95
引数　123
非構造化データ　22
被説明変数　151, 205
非線形回帰　152
非対称暗号　42
ビッグデータ　16

ビット　88, 102
否定　97, 257
非特異　61
秘匿処理　44
人の行動のログデータ
　　　17
非復元抽出　159
微分可能　66
微分係数　66
微分積分学の基本定理
　　　81
秘密鍵　43
秘密の暴露や差別の誘
　　　因　44
表記ゆれ　140
標準正規分布　184
標準偏差　145
標本　159
標本化　92
標本化定理　93
標本空間　168
標本選択バイアス　40
標本点　168
標本不偏分散　190
標本分散　175
標本平均　175
平文　42
比例尺度　143, 162,
　　　276
ヒンジ関数　66

ファイ係数　158
フィールド　129
フィボナッチ数列
　　　117
ブール代数　97
ブール値　97
深さ　111
不規則変動　198
復元抽出　159
復号　42, 46
複合グラフ　30
複数技術を組み合わせ
　　　た AI サービ

ス　22
符号化文字集合　103
符号部　99
不正アクセス　46,
　　　238
物体検出　204
物流　25
不定積分　79
浮動小数点　99, 251
部分集合　96
部分積分の公式　82
普遍集合　96
不偏推定量　190
不偏分散　190
プライバシー　42
プライバシー保護　37
プラセボ　161
フレームレート　95
フローチャート　303
プロンプトエンジニア
　　　リング　19
分割統治　117
分割表　157, 197
分岐　122
分散　145, 174
分散共分散行列　151
分散行列　151
分断耐性　138
分配則　98
分類　28, 154, 205

平均　173
平均値　144
平均二乗誤差　191
平衡2進木　111
ベイズの定理　170
平面ベクトル　50
ベクタデータ　31
ベクトル　50
ベルヌーイ試行　168,
　　　178
ベルヌーイ変数　171
辺　125
ベン図　169

変数　120
偏相関係数　153
偏導関数　83
偏微分係数　83

ポアソン分布　299
棒グラフ　166
母集団　158
母集団分布　159
母数　185
母分散　175
母平均　175
翻訳　19

ま行

マージソート　290
マッチング　161
マルウェア　46, 238
マルチバイト文字
　　103
マルチモーダル　19
丸め　92
丸め誤差　92, 101

ミクロアグリゲーショ
　　ン　45

無限数列　62
無作為標本　186

名義尺度　144
命題　257
メジャー　143
メタデータ　23

モード　144
目的関数　74
目的変数　151, 205

文字コード　103
文字の表現　254
文字符号化方式　104
モンテカルロシミュ
　　レーション
　　30, 188

や行

有意水準　195
有害コンテンツの生
　　成・氾濫　39
有限数列　62
有効数字　101
ユーザ認証　46
尤度　193
尤度方程式　194, 299

要素　95
要配慮個人情報　44
要約　19
横ベクトル　50
予測値　152
予測モデル　28

ら行

ラスタデータ　31
ランサムウェア　46
ランダム化比較試験
　　161

リアルタイム可視化
　　31
離散一様分布　182
離散確率変数　171
離散グラフ　125
離散ネットワーク
　　125

リサンプリング　44
リスト　118
流通　25
量　16
両側対立仮説　195
量子化　92
量子化雑音　92
量的データ　143
リレーショナルデータ
　　ベース　129
リレーション　129,
　　263
隣接行列　126

累積寄与率　210
累積分布関数　172
ルールベース　32

レコード　129
レコメンデーション
　　35
列ベクトル　50
連結グラフ　126
連鎖律　69
連想配列　119
連続確率変数　172

ロジスティック回帰
　　153
論理積　97, 141, 257
論理値　97
論理和　97, 141, 257

わ行

ワードクラウド　200
分かち書き　199
忘れられる権利　38

■日本統計学会　The Japan Statistical Society

著者，編集者（2024年8月現在）

岩崎 学	順天堂大学健康データサイエンス学部 特任教授
梅津 高朗	滋賀大学大学院データサイエンス研究科 准教授
尾崎 順一	東京工業大学情報理工学院 助教
河合 玲一郎	東京大学数理・情報教育研究センター 教授（編集委員）
菅 由紀子	株式会社 Rejoui 代表取締役
久保 奨	公立鳥取環境大学人間形成教育センター 准教授
佐藤 彰洋	横浜市立大学大学院データサイエンス研究科 教授（編集委員）
志田 洋平	筑波大学システム情報系 助教
高部 勲	立正大学データサイエンス学部 教授
瀧川 一学	京都大学国際高等教育院 特定教授
竹村 彰通	滋賀大学 学長（編集委員長）
田中 琢真	滋賀大学大学院データサイエンス研究科 准教授
林 和則	京都大学国際高等教育院 教授
原 尚幸	京都大学国際高等教育院 教授
深谷 良治	滋賀大学データサイエンス・AIイノベーション研究推進センター 教授
藤田 慎也	横浜市立大学大学院データサイエンス研究科 准教授
丸山 祐造	神戸大学経営学部 教授

（肩書きは執筆当時のものです）

日本統計学会ホームページ　https://www.jss.gr.jp/
統計検定ホームページ　　　https://www.toukei-kentei.jp/

装丁（カバー・表紙）高橋 敦 (LONGSCALE)

日本統計学会公式認定　統計検定データサイエンス発展対応

データサイエンス発展演習　　　　　　　　　　　　Printed in Japan

2024 年 9 月 25 日 第 1 刷発行　　　　　　©The Japan Statistical Society　2024

編　集　日 本 統 計 学 会
発行所　東京図書株式会社
〒102-0072 東京都千代田区飯田橋 3-11-19
振替 00140-4-13803 電話 03(3288)9461
http://www.tokyo-tosho.co.jp

ISBN 978-4-489-02429-0

本書の印税はすべて一般財団法人 統計質保証推進協会を通じて統計教育に役立てられます。